博碩文化

博碩文化

商業分析師 的 數位轉型 專案策略

結合ChatGPT
從商業分析到
需求工程管理實務

徐夢潔 Zoe 著

特別收錄
ChatGPT
操作實際案例

各章節緊密串連，非單篇零碎資訊 ──
本書即是一個「專案」的全貌！

橫跨需求工程方法論、商業需求分析、系統需求分析、專案計劃、資訊系統分析五
個階段。帶領你實現系統化的需求分析步驟，產出結構化的高品質系統需求。並且
搭配ChatGPT的實際案例，讓你體驗生成式AI如何協助需求分析的產出。

博碩文化

作　　者：徐夢潔 Zoe
責任編輯：黃俊傑

董 事 長：陳來勝
總 編 輯：陳錦輝

出　　版：博碩文化股份有限公司
地　　址：221 新北市汐止區新台五路一段 112 號 10 樓 A 棟
　　　　　電話 (02) 2696-2869　傳真 (02) 2696-2867

郵撥帳號：17484299　戶名：博碩文化股份有限公司
博碩網站：http://www.drmaster.com.tw
讀者服務信箱：dr26962869@gmail.com
訂購服務專線：(02) 2696-2869 分機 238、519
（週一至週五 09:30 ～ 12:00；13:30 ～ 17:00）

版　　次：2023 年 10 月初版一刷

建議零售價：新台幣 650 元
I S B N：978-626-333-608-7（平裝）
律師顧問：鳴權法律事務所 陳曉鳴 律師

本書如有破損或裝訂錯誤，請寄回本公司更換

國家圖書館出版品預行編目資料

商業分析師的數位轉型專案策略：結合ChatGPT
從商業分析到需求工程管理實務 / 徐夢潔 Zoe
著. -- 初版. -- 新北市：博碩文化股份有限公司,
2023.10
　　面；　公分

ISBN 978-626-333-608-7(平裝)

1.CST: 專案管理　2.CST: 軟體研發
3.CST: 管理資訊系統

494　　　　　　　　　　　　　112015795

Printed in Taiwan

博 碩 粉 絲 團　歡迎團體訂購，另有優惠，請洽服務專線
　　　　　　　　(02) 2696-2869 分機 238、519

作者前言

▌在企業裡，是誰翻譯需求形成資訊系統的？

關於這個問題，我問了 ChatGPT 的看法（圖 0-1-1）。

▲ 圖 0-1-1　ChatGPT 對於是誰翻譯需求形成資訊系統的回答

這個回答沒有問題，完全正確。但具體來說，應該怎麼做？我們繼續詢問
ChatGPT（圖 0-1-2）。

▲ 圖 0-1-2　ChatGPT 對於收集和理解需求更進一步的回答

這個回答有點意思。我們可以依這個脈絡從跟 ChatGPT 的問答中學習需求管理的知識。但從這個過程中獲取的知識缺少了框架，一個在專案中能實際協助需求管理的方法。

本書的目標是讓讀者建立適合自己團隊的需求管理方法，並且在專案中具體實踐。在需求管理方法框架之下，需求分析過程被拆解成明確的步驟。每個步驟對應的章節內容中，都詳細描述需求分析技術所需要的背景知識、方法論、製作步驟、實務小技巧、更進一步學習，以及如何應用 ChatGPT 協助我們更快速執行專案中的任務。

此外，需求管理需要許多專業角色共同執行，才能促成資訊系統專案的成功。本書雖然是透過商業分析師的視角來描述需求從形成到具體進入資訊系統開發的過程（圖 1-2-1），但本書適用專案中需要執行需求管理的角色，包括產品經理、數據分析師、專案經理、系統分析師、UI/UX 產品設計師等。在本書＜第 2 章：商業分析涉及的專業領域＞介紹了各個角色在需求管理中的任務，不同的讀者都可以在本書找到適合自己角色的需求管理方法。

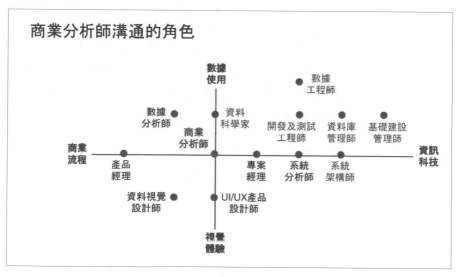

▲ 圖 1-2-1　商業分析師溝通的角色

本書還特別著重在數據需求管理（圖2-13-5），包含數據需求分析技術、數據架構介紹、數據建模方法，以及如何在需求分析及管理的過程中，為資訊系統未來的數據分析做準備，建立穩固的數據基礎。

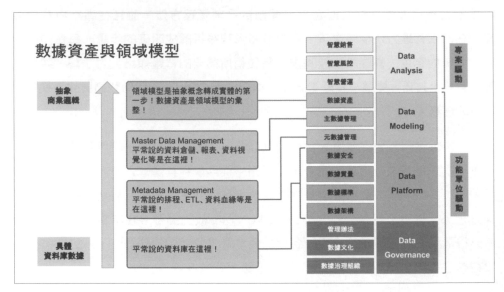

▲ 圖 2-13-5 數據資產與領域模型

需求管理是一個從抽象到具象的過程。也是從建立關係（利害關係人溝通）、彌合差距（需求分析）、清晰的藝術（需求文件）、價值最大化（專案形成）、資訊科技應用（專案實施）、應對挑戰（需求變更）、最後需求變為真實的資訊服務，實現企業業務目標的一個過程。

在從事需求管理工作廿幾年後，跟讀者分享這個千辛萬苦但結構豐富的知識體系。用一句座右銘總結需求管理這個專業的任務：把喜歡的事，做成別人喜歡的樣子。

▌ 感謝的話

我要把握這個機會,向我的家人、最好的朋友們,致獻我的感謝,感謝你們一如既往包容我投入工作後的任性。

我要感謝這一路走來許多合作夥伴的分享,是你們的痛點促成了我撰寫這本書的動機跟動力。感謝你們和我分享的想法與經驗,以及給我的挑戰(笑)。

中租迪和企業流程分析資深經理 江奕倫 *Niki*

中租迪和企業流程分析副理 范姜宏毅 *Arthur*

KPMG 安侯企業管理協理 張惠欣 *Stephanie*

雄獅旅行社資深經理 莊舜翔 *Christian*

MS in Business Analytics Candidate at University of Minnesota, *Ching Hsiao Chen*

數據分析師 陳致霖 *Josh*

感謝博碩文化產品經理蔡瓊慧 Abby,謝謝妳的督促(笑),讓這本書得以問世。

這是我的書,希望也成為你們的書。

徐夢潔 *Zoe*

閱讀方式

█ 章節目錄

全書分成五篇、23 章，從＜第 6 章＞至＜第 23 章＞將逐一帶領讀者了解需求是如何從形成到具體進入資訊系統開發。這些章節的順序也完整地呈現「需求」在專案中所經歷的過程（圖 0-2-1）。

第一篇＜第 1 章＞到＜第 5 章＞是關於需求工程方法論的介紹，目的是引導讀者「如何建立適合自己團隊的需求管理方法」。

第二篇主要關注商業需求分析，整體結構包括企業管理層級的「總體流程」、需求管理層級的「總體需求清單」，以及個別需求層級的「個別數位化作業」。

第三篇專注於系統需求分析，延續商業需求分析的結構，並推進三個層級從商業需求轉換為系統需求的細節。當系統需求分析完成後，需求將進入資訊系統專案的啟動階段。

第四篇則專注於專案計劃，列出了與需求管理密切相關的部分，目的是幫助讀者順利將需求分析結果轉化為具體的專案工作任務。

最後，第五篇聚焦於系統分析，詳細說明了系統規劃和系統設計階段與數據相關的內容，以幫助讀者在資訊技術架構中掌握需求的製作過程及資訊系統產出的數據，為未來數據分析建立穩固的基礎。

█ 分析階段及分析步驟的指引

本書為讀者打造全新的閱讀策略，以分析階段及需求分析步驟為雙主軸，讓讀者能快速掌握及查詢各階段及步驟的相關資訊。 從＜第 8 章＞開始，在章節內文前標示出目前介紹的分析階段，提供複雜需求文件架構中清晰的位置指向（圖 0-2-2）。而在＜第 8 章＞到＜第 17 章＞之間，還會在章節內文前標示出正在進行的需求分析步驟，讓讀者能夠快速查詢並無縫地進行學習（圖 0-2-3）。

章節	方法論		
	方法論		
第1篇 需求工程			
1	第1章：需求工程及需求管理 改進資訊系統開發的方法（為什麼要改變）		
2	第2章：商業分析涉及的專業領域 推動資訊需求的執行率（誰來改變）		
3	第3章：需求工程與軟體工程的關係 建立業務和資訊之間的橋樑（改變哪裡）		
4	第4章：需求形成的過程 促進資訊需求有效的轉換（改變的重點）		
5	第5章：分析階段產出文件 設計需求管理方法的框架（改變後的方法）		
6	第6章：參與人員組織圖 識別企業內專家形成有效的需求		
7	第7章：需求清單表 組織及排序需求以形塑業務流程架構		
	總體流程	**總體需求清單**	**個別數位化作業**
第2篇 商業需求規格書			
8	第8章：業務流程圖 透過需求分析改造業務流程		
9		第9章：業務作業清單 規劃企業數位化的目標	
10			第10章：使用案例 描繪數位化作業的需求細節
11	第11章：系統流程圖 擘劃業務專案的願景		
12			第12章：領域模型 彙整數位化作業的數據需求
13		第13章：數據資產 建立企業數據的全貌	
第3篇 系統需求規格書			
14			第14章：使用案例循序圖 梳理數位化作業的訊息流
15	第15章：系統功能流程圖 規劃業務專案的系統功能全貌	第15章：系統功能清單 規劃業務專案系統功能的全貌	
16			第16章：系統功能及線框圖 打造數位化作業的介面
17	第17章：測試案例（整合測試） 模擬數位化作業與線下作業的整合		第17章：測試案例（單元測試） 模擬數位化作業與線下作業的整合
第4篇 專案計劃書			
18	第18章：工作說明書 提升資訊系統專案的成功率		
19	第19章：專案時程 提升資訊系統專案的執行效率		
20	第20章：品質要求及服務級別協定 提升資訊系統服務品質的關鍵		
第5篇 軟體需求規格書			
21	第21章：系統架構圖 - 數據部分 掌握資訊系統數據的架構		
22	第22章：數據遷移及數據流程圖 掌握資訊系統數據的流動		
23	第23章：數據模型 使用及分析資訊系統的數據		

▲ 圖 0-2-1　本書章節閱讀方式

類別	需求發展階段			
	商業需求	系統需求	商業需求分析	系統需求分析
			商業需求清單表	系統需求清單表
			商業需求規格書	系統需求規格書
A	商業規則		✪ 業務流程圖 ✪ 業務作業清單 ✪ 使用案例	系統功能線框圖 (系統功能視覺稿) 系統功能需求說明 系統功能測試案例
	限制要求			
B	既有資訊系統	系統對接需求	✪ 系統流程圖	
	數據需求		✪ 領域模型 ✪ 數據資產 (數據輸出說明)	
C	-	功能性需求	✪ 使用案例循序圖 ✪ 系統功能清單 ✪ 系統功能流程圖	
D	-	非功能需求	非功能需求清單	
	-	品質要求	品質要求清單	
	需求管理階段			
	需求追溯矩陣			

系統分析階段			
可行性分析	系統規劃	需求分析	系統設計
專案計劃書	軟體需求規格書		
工作說明書 專案時程檔 (工作量評估 及WBS)	(整合至下方規格中)		
	系統架構圖 (軟體/硬體/網路)		
	資料分析 報告 (含數據遷移)	數據 流程圖	數據模型
	系統開發 標準	實體 關聯圖 系統功能 原型	系統功能 程式規格 系統功能 測試規格
	服務級別協定		

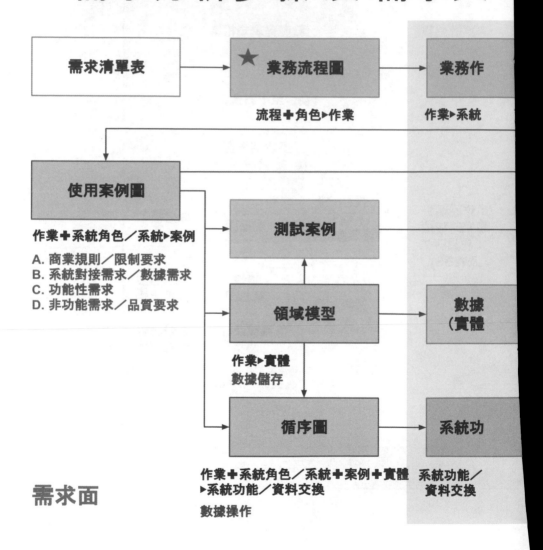

件關聯

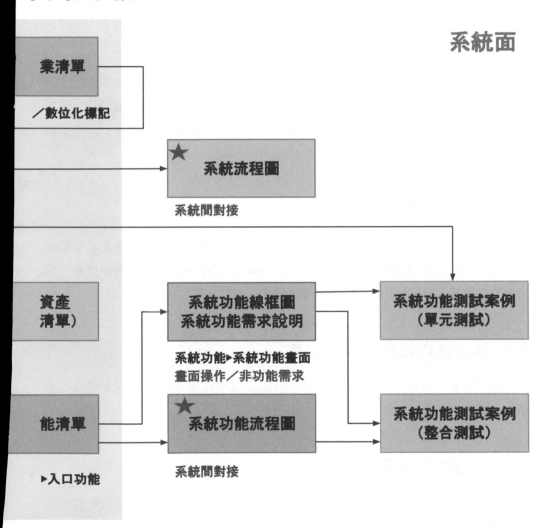

系統面

這些貼心的設計讓讀者能夠更輕鬆地掌握每個章節的重點，引導讀者輕鬆領略知識體系的架構，不再浪費時間翻閱尋找相關資訊。

▋ 在開始之前的準備

「在開始之前的準備」是指在每個章節內文前的初始段落。這個段落標示了使用需求分析方法和工具所需的基本知識和前置需求分析或需求文件的準備工作。

此外，**「在開始之前的準備」段落也具有橫向閱讀的特點，可以跨越整本書的＜第1 章＞到＜第 23 章＞，讓讀者快速瞭解從需求分析到系統分析的整個過程。**若讀者正在進行專案中，這個段落將非常有幫助。「在開始之前的準備」可做為確認當前階段的前提條件和下一個階段任務的提示。

▋ 問句式的標題

本書每個章節內文的段落標題都以問句形式呈現。**問句式的標題不僅能激發讀者的思考，還可以透過與生成式 AI（例如 ChatGPT）進行對話，獲取更多資訊，拓展學習的範圍。**請一定要試試看！讓學習更上一層樓。

▋ 實務小技巧及更進一步學習

本書每個章節內文中不時會穿插作者的「實務小技巧」經驗分享，或是提供「更進一步學習」的資訊，請參考使用。

▋ 重點總結及自我測驗

本書每個章節內文最後都會有「重點總結」及「自我測驗」段落，請在章節學習後，做為複習或檢測重點觀念是否都有獲取的練習。

此外，「重點總結」與「在開始之前的準備」段落一樣，都具有橫向閱讀的特點，可以跨越整本書的＜第 1 章＞到＜第 23 章＞，讓讀者快速瞭解從需求分析到系統分析的整個過程。若讀者正在進行專案中，這個段落將非常有幫助。「重點總結」可做為當前階段執行任務時的方法及技術提示。

▍應用 ChatGPT 操作實際案例

本書在數個章節後有附上 ChatGPT 如何輔助製作該章節任務的範例。除了提供問答的提示語模板外，還提供了 ChatGPT 問答截圖，供讀者操作時參考。

▍附錄的軟體安裝

本書中提及許多 ChatGPT 案例及 UML 圖案例，為了讓讀者可以實際重現案例，附錄中詳列了 ChatGPT 擴充套件的設定步驟及常見的製作 UML 工具，供讀者參考使用。

目錄

第 3 篇
System Requirements Specification
系統需求規格書

14 使用案例循序圖－梳理數位化作業的訊息流 229

15 系統功能清單及系統功能流程圖－規劃業務專案系統功能的全貌 241

第 4 篇
Project Plan 專案計劃書

> ## 第 5 篇
> ## Software Requirements Specification
> ## 軟體需求規格書

第 **1** 篇

Requirements Engineering 需求工程

01

需求工程及需求管理－改進
資訊系統開發的方法

"The future is not predicted, it is created." - Peter Drucker

「未來不是預測，而是創造。」－彼得‧杜拉克

美國管理顧問、現代管理學之父

《在開始之前的準備》

歡迎！我們即將一起體驗本書的所有章節，**透過各章節的串聯，我們會經歷一個資訊系統專案，從最初模糊不清的需求開始，直至需求結構化的過程。**

每個章節都有負責的需求分析步驟，並產出相應的具體成果。這些步驟與成果構成本書的縱橫交錯。對於經驗豐富的需求分析人員而言，你將在這些章節中獲得豐富的共鳴，並對過去的專案經驗發出原來如此的驚嘆；而對於經驗尚淺的需求分析人員來說，本書將為你提供清晰明確的需求管理方法框架。

現在就讓我們開始吧！

1. 資訊系統專案的共同挑戰是什麼？

首先，讓我們花點時間回顧一下我們過去的資訊系統專案經歷，想想我們合作過的角色。**他們的職責與專案的需求有什麼關係**？思考我們與不同角色的互動，尤其是與涉及資訊技術相關單位的互動。

通常，在此類互動中，我們會發現自己面臨複雜的、聽不懂的**資訊技術術語**，導致令人感到困惑的情況。是否遇到過自己無法理解對方試圖傳達及說明的情況？他們提供的每項技術解釋看似相似，但又略有不同。

另一方面，我們反思一下我們在資訊系統專案中製作的規格文件。曾經撰寫過「系統需求規格書」或類似文件嗎？有趣的是，即使是同一個專案的成員，幾乎**每個成員對同一份文件都會有不同的期望**。在這樣的情況下，有沒有遇過需求斷點、需求被忽略、或專案成員對需求的誤解？

此外，更資深的商業分析師可能會撰寫**非常詳細的需求說明文章**，並附有系統功能模擬畫面。然而，儘管做出了這些投注心血的努力，意想不到的需求仍不斷出現。似乎已經做了所有竭盡所能的需求管理，但專案的結果仍不盡滿意，這中間是不是有什麼原因或細節是我們沒有注意到的呢？

從這些困境中，我們可以列出來資訊系統專案的共同挑戰：

- **多元角色的協調**

  資訊系統專案涉及各種不同職責的角色，包括商業分析師、專案經理、軟體開發人員、數據分析師等。這些角色在專案中扮演著不同的角色和責任，因此協調彼此之間的合作是專案中的挑戰。

- **專業知識的轉換**

  在資訊系統專案中，每個角色都有不同的專業知識和技能，包括商業、財務、法規、資訊等。專業知識之間的轉換，可能導致需求理解上的困難。

- **需求理解的差異**

  資訊系統專案的需求通常非常複雜，需要對各種不同的功能和流程進行描述和解釋。然而，由於每個專案成員對需求的解讀和使用方式可能不一致，這可能導致溝通上有落差或發生誤解的情況。

- **資訊技術的理解不足**

  由於專案成員對資訊技術的理解程度不一致，對軟體開發的關鍵因素也未有充分瞭解。這可能導致重要的需求資訊被埋沒在大量的需求說明中。

資訊系統專案面臨著各種挑戰，但這些挑戰是可以克服的。如何**建立清晰的需求管理方法**，就是解決資訊系統專案挑戰的關鍵。讓我們一起來看看如何克服這些挑戰，實現成功的資訊系統專案。

2. 當前需求管理方法的缺點是什麼？

需求管理是確保資訊系統專案成功的關鍵步驟之一。傳統的需求管理方法存在一些缺點，這些缺點可能導致專案最終產出與利害關係人的期望不符，且也可能會加劇資訊系統專案的挑戰。**為了克服這些缺點和挑戰，需要一個完整的需求管理方法，它應該包含從需求的提出到規格書的產出，經過一系列的分析過程，以確保需求的準確性和完整性。**常見的需求管理方法有以下數種（圖 1-1-1）：

- **方法 1：提出需求項目及需求說明**

  這種方法常用於商業分析師對資訊科技領域不太瞭解或需求尚未明確的情況。他們透過文字條列的方式描述業務作業流程中的痛點或需求。然而，由於專業知識轉換的困難，這種方法往往無法全面性解決實際業務流程中的問題或需求。

- **方法 2：提出需求項目、需求說明與期望系統功能模擬畫面**

  這種方法除了文字描述需求之外，還使用系統功能模擬畫面來呈現需求。儘管

這看起來比第一種方法更具體，但卻**忽略了需求分析過程**，導致資訊人員需要同時理解需求說明和期望系統功能模擬畫面的需求。這種局部且分散的說明方式往往導致後期需求變更或需求誤解的情況。

- **方法 3：根據需求工程方法進行需求發展、需求分析與需求規格書的產出**
  這種方法依循一系列的分析過程，將業務作業流程的痛點或需求進行拆解和轉化，產生符合軟體工程需要的需求規格書。**這種方法標準化了商業分析師的需求發展過程和規格書的產出，同時也精準銜接資訊人員的系統分析過程**，以克服專案中的各種挑戰。

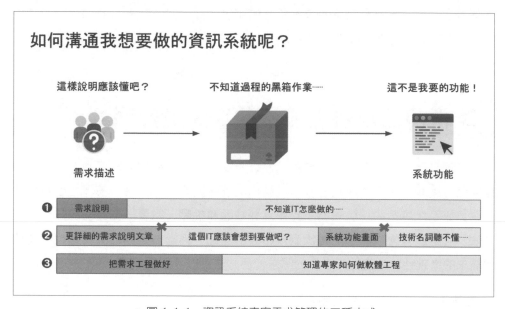

如何溝通我想要做的資訊系統呢？

▲ 圖 1-1-1　資訊系統專案需求管理的三種方式

從以上分析可以看出，完整的需求管理方法能提供以下優勢：

- **提高需求準確性**
  透過一系列標準需求分析過程，確保需求中關於軟體開發的關鍵因素都有精確揭露，以減少後期需求變更和誤解的風險。

- **促進溝通和理解**

  產生符合軟體工程可銜接的需求規格書，促進利害關係人、商業分析師和資訊人員之間的溝通和理解，確保需求被正確轉化為資訊系統功能。

- **有效利用資源和時間**

  雖然實施完整的需求管理方法需要更多時間和資源，但它可以提高資訊系統專案的品質和成功率，使這樣的投資更具價值。

- **降低專案風險**

  完整的需求管理方法可以降低專案風險，避免在專案執行過程中發生基本錯誤或失誤，進而節省時間和成本。

總結而言，**完整的需求管理方法是確保資訊系統專案成功的關鍵**。它可以提高需求的準確性，促進溝通和理解，並降低專案風險。儘管它需要更多的資源和時間，但它是一個值得投資的工作，可以帶來更高品質和成功率的資訊系統專案。

3. 如何設計需求管理方法來解決這些挑戰及缺點？

設計一個完整的需求管理方法需要依循以下幾個關鍵原則：

- **協作與溝通：實現需求共識**

  透過讓**利害關係人參與整個過程**，我們可以從他們那裡獲取對需求的寶貴洞察。**建立清晰透明的溝通策略**，有助於確保利害關係人和開發團隊之間的順暢溝通。這樣的協作和溝通機制有助於確保各方對需求的理解保持一致，並且可以及早發現和解決潛在的需求衝突。

- **需求收集和分析：精準把握需求**

  透過適當的技巧（如訪談、研討會、調查等），我們可以**收集到準確的需求**。同時，**對需求進行可行性、一致性和完整性的分析**非常重要。可行性是指確保需求能夠在專案範圍內實現。一致性是指需求內容符合專案目標。完整性則指需求的詳細程度和範圍。此外，需要**對需求進行優先排序和分類**，以及**建立識別和解決需求衝突的能力**，以便更好地管理和規劃需求。

- **文件和管理：確保需求可追溯**

  我們需要重視**需求文件的重要性，並遵循最佳實踐**。透過**建立需求可追溯性**，我們可以確保在需求和專案成果之間建立起清晰的連結。這樣的管理機制有助於追蹤需求的變化和演進，並確保專案成員在開發過程中始終對需求保持清晰的瞭解。同時，**適用的需求管理工具和技術**能夠提升管理效率，使需求管理更加順暢和可靠。

- **驗證和確認：確保需求符合期望**

  根據利害關係人的期望，**對需求進行驗證，確保需求符合專案目標和品質標準**。這有助於減少開發過程中的錯誤和風險，提高專案的成功率。同時，**讓利害關係人參與需求確認過程**，可以增加他們對專案的投入感和滿意度，並增強專案成功的可能性。

需求管理是一個複雜而重要的過程，它與專案的是否成功有著密不可分的關係。遵循以上關鍵原則，建立專案的需求管理方法，可以有效地管理和優化需求，進而提升專案的整體表現。

4. 如何在資訊系統專案實施需求管理方法？

商業分析師在需求管理方法的實施過程中扮演關鍵核心角色，然而，商業分析師和資訊工程師之間的溝通和相互理解卻是一個令人困擾的問題。要如何提升商業分析師和資訊工程師之間的溝通效率以及需求品質，成為實施需求管理方法的任務。

在需求管理的關鍵設計原則中，**「需求收集和分析」以及「文件和管理」兩個原則可透過需求工程的高度標準化作業來實現**。這些高度標準化作業能夠充分發揮需求管理對資訊系統專案所帶來的效益。因此，接下來的章節將根據這兩個原則進一步闡述具體的實踐方法。

透過實施需求管理方法，我們期望達到以下三個結果（圖 1-1-2）：

- 盡可能準確地記錄各角色的**權責界線和權責銜接點**；
- 將每份**文件的功能歸位**，使得每份文件能夠互相銜接；
- 讓每個專案成員對同一份文件都有**一致的效益期待和製作原則**。

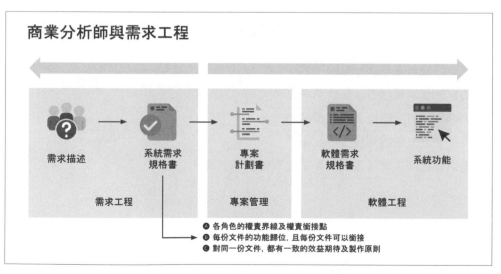

▲ 圖 1-1-2　實施需求管理方法期望達到的三個結果

透過實施本書所介紹的方法，我們相信商業分析師對於需求的掌握程度將會大幅提升，同時也能夠顯著提高資訊系統專案的成功率。

重點總結

資訊系統專案面臨著協調多元角色、專業知識轉換、溝通差異和軟體開發理解不足等共同挑戰。傳統的需求管理方法存在缺點，可能導致專案結果與期望不符。

為解決這些挑戰和缺點，我們需要設計一個完整的需求管理方法，包含協作與溝通、需求收集和分析、文件和管理，以及驗證和確認機制。這樣的方法可以提高需求準確性，促進專案成員間的溝通和理解，降低專案風險。

無論你是商業分析師、專案經理還是開發人員，請加入我們，一起克服需求管理的挑戰，創造一個成功的資訊系統專案！

自我測驗

1. 資訊系統專案有哪些共同挑戰？
2. 傳統的需求管理方法有什麼缺點？
3. 需求管理方法能提供哪些優勢？
4. 需求管理方法的關鍵設計原則？
5. 透過實施需求管理方法，期望達到哪三個結果？

02

商業分析涉及的專業領域 — 推動資訊需求的執行率

《在開始之前的準備》

企業中的決策和資源分配，商業分析扮演關鍵的角色。透過商業分析，協助企業以系統性且數據化的方式，深入瞭解市場趨勢、客戶需求和競爭對手情報，進而做出明智的決策。同時，商業分析還能協助企業合理分配資源，以最大程度提高績效和效益。

執行商業分析的商業分析師，在企業決策推動中扮演者重要的角色。**他們的職責、技能和價值使其成為業務和資訊之間的橋樑，有助於企業在實施業務策略時，促進資訊需求的執行和資源分配。**

因此，商業分析與資訊系統專案的成功密切相關，其中「商業需求分析」和「系統需求分析」方法尤為關鍵。

現在，讓我們一起來探討商業分析與資訊系統專案的各個層面。

5. 商業分析在資訊戰略中的關鍵作用？

企業內部資訊戰略的關鍵要素包括：

- **資訊治理**

  企業追求資訊治理的目標，包括提升資訊系統的可靠性和降低運營風險。這涉及制定規範程序，以管理資訊系統的開發、運作和維護。同時，確保符合相關法規和規範要求。

- **數據治理**

  建立有效的數據收集和儲存方法，確保數據品質。實施數據管理系統，使數據能夠高效存取、共享和分析。同時，確保符合相關法規和規範要求。

- **資訊及數據安全**

  定期評估企業資訊系統的風險和潛在漏洞。建立適當的權限控制機制，並使用加密技術保護數據。制定有效的安全事件處理計劃，包括及時檢測和修復安全漏洞，快速恢復系統運作，並進行調查和報告。

- **知識管理**

  收集和彙整企業內部的知識資源。建立知識共享平台，促進內部知識的交流和分享。創造鼓勵協作和學習的文化氛圍，不斷提升組織的資訊科技水準和競爭力。

資訊戰略的目標須確保資訊系統與企業的業務目標保持一致。 透過資訊系統所提供的功能、效能和安全性，須能滿足業務需求。此外，透過運用新興的資訊技術、數據分析和數位化工具，可以支持新的業務機會發展，提升企業的競爭力。

商業分析的作用在於協助企業制定業務目標。 透過對業務流程進行深入的數據分析，可以發現潛在的效率問題和資源浪費。進一步解決這些問題，企業能夠改進營運效率，提高生產力並降低成本，同時提升客戶滿意度。

總結來說，**商業分析是協助企業制定業務目標的重要手段，且這些業務目標也是資訊戰略所要達成的目標**。因此，商業分析方法和資訊戰略目標必須相互配合，以實現企業的願景。

6. 現有商業分析方法在資訊系統專案的限制是什麼？

讓我們首先探討一些提供有價值洞察力的商業分析方法：

1. **SWOT 分析：發現優勢和劣勢**

   SWOT 分析是一種廣泛使用的商業分析方法，用於評估企業的優勢（Strengths）、劣勢（Weaknesses）、機會（Opportunities）和威脅（Threats）。透過綜合評估企業內外部因素，此分析方法能夠幫助企業明確核心競爭力和面臨的挑戰。

2. **PESTEL 分析：把握市場機遇和挑戰**

   PESTEL 分析是一種環境分析方法，用於評估政治（Political）、經濟（Economic）、社會（Social）、技術（Technological）、環境（Environmental）和法律（Legal）等因素對企業營運的影響。透過此分析方法，企業可以更深入地瞭解市場環境的變化，掌握機遇，應對挑戰。

3. **波特五力分析（Porter's Five Forces）：識別市場競爭力**

   波特五力分析是一種評估產業競爭力的模型，包括供應商的議價能力、顧客的議價能力、替代品的威脅、新進入者的威脅以及現有競爭對手之間的競爭程度。透過這種分析，企業能夠深入瞭解產業的競爭環境，找到優勢和機會。

4. **價值鏈分析（Value Chain Analysis）：提升核心價值**

   價值鏈分析是一種評估企業價值創造活動的方法。透過將企業的價值鏈劃分為

一系列相關活動，從原材料供應到產品銷售和售後服務，幫助企業找到關鍵價值創造的環節。

5. **成本效益分析（Cost-Benefit Analysis）：優化投資報酬**

成本效益分析是一種評估投資成本和收益的方法。透過此分析，企業能夠瞭解投資的風險和報酬，合理分配資源，實現最佳的成本效益比。

另一方面，在＜第 1 章：需求工程及需求管理－資訊系統專案的共同挑戰是什麼？＞中，我們列出資訊系統專案的共同挑戰：

- 多元角色的協調
- 專業知識的轉換
- 需求理解的差異
- 資訊技術的理解不足

我們可以觀察到，傳統的商業分析方法在資訊系統專案中並非完全適用。雖然商業分析方法能夠提供市場的洞察和見解，但是這些洞察與實際資訊系統的需求之間存在著重大的差距。

作為實現資訊系統的基礎，軟體工程中的「需求分析」任務是系統分析的一個重要組成部分。**需求分析的目標是確定資訊系統所需的功能和特性，並將這些需求轉化為可行的技術解決方案。**

需求分析將商業需求和技術解決方案相連結，確保資訊系統能夠準確、有效地滿足資訊系統使用者的需求。因此，商業分析的洞察結果還需要透過需求分析進一步具體轉換為資訊系統能夠實現的解決方案。

在資訊系統專案中，商業分析師的角色絕不僅僅是「提出需求」而已。如果能夠更進一步完成「需求分析」任務以提高需求的品質，對於資訊需求的執行必定能夠有顯著的推進。

7. 商業分析師的職能在資訊系統專案中發揮什麼作用？

軟體工程中的需求分析是系統分析的一個重要步驟，由系統分析師負責執行。它的目標是將使用者提出的業務需求轉化為系統功能的具體實現。

傳統的需求分析方法往往僅關注單一資訊系統或特定系統功能，當企業層級的商業分析洞察結果由系統分析師執行需求分析時，往往會過於局限於微觀的資訊系統視角，導致最終的資訊系統功能與實際業務需求相比，有所缺失或難以擴展。

因此，**越來越多的企業將「需求分析」和「需求管理」的責任交給商業分析師，希望能夠更順暢且準確地將商業分析結果轉化為資訊人員可以理解的內容，同時也明確區分了「需求分析」和「系統分析」這兩個工作的責任範圍。**

儘管商業分析師承擔需求管理的責任，他們普遍仍遵循傳統的需求管理方法，就像在＜第 1 章：需求工程及需求管理－當前需求管理方法的缺點是什麼？＞中介紹的那樣。然而，這些傳統方法存在缺點，可能導致專案結果與期望不符。因此，我們需要設計一個完整的需求管理方法，以涵蓋商業分析結果、需求分析工作，同時要符合企業的業務目標，及可以提供資訊人員轉化為可行的技術解決方案。

因此，**設計需求管理方法是商業分析師的重要任務**。這個方法的設計，在＜第 1 章：需求工程及需求管理－如何設計需求管理方法來解決這些挑戰及缺點？＞中的介紹，應該遵循以下幾個關鍵原則：

- 協作與溝通：實現需求共識
- 需求收集和分析：精準把握需求
- 文件和管理：確保需求可追溯
- 驗證和確認：確保需求符合期望

其中「需求收集和分析」以及「文件和管理」兩個原則可透過需求工程的高度標準化作業來實現，接下來的章節將根據這兩個原則進一步闡述具體的實踐方法。

8. 商業分析師在資訊系統專案中面臨哪些溝通挑戰？

資訊系統專案的共同挑戰，大都是由於資訊系統專案涉及的專業領域眾多，因而造成溝通上的困難。因此，瞭解資訊系統專案的各個領域，以及可能出現的溝通挑戰，對於商業分析師在需求管理中是重要的課題。

首先，讓我們來看看資訊技術產業中常見的術語。雖然商業分析師實際上不太可能瞭解資訊技術產業的所有細節，但掌握基本術語是第一步。在專案中，根據不同企業和專案的差異，各種術語可能有所不同，但基本的概念是一致的。

資訊產業有哪些領域？

- 軟體相關：應用程式開發
- 數據相關：大數據、機器學習、AI 資料科學
- 韌體相關：硬體中的軟體程式開發
- 硬體相關：伺服器、個人電腦等
- 網路相關：網路架構、資訊安全等
- 雲端相關：雲端運算架構

資訊作業有哪些流程？

- 前端工程師、後端工程師、全端工程師等
- 資料庫工程師、大數據架構工程師等

- 韌體工程師、硬體工程師等
- 基礎架構工程師、雲端工程師等
- 網路工程師、資訊安全架構師等
- 營運工程師、測試工程師等

▌ 資訊工作分為哪些專長？

- 用流程區分：前後端、基礎網路、資料庫等
- 用程式語言區分：Java、Python、C++ 等
- 用應用系統區分：ERP 系統、POS 系統等
- 用資訊載具區分：Web、APP、IoT 等
- 用產業職能區分：客服系統、會計系統等

▌ 資訊組織有哪些職稱？

- CIO 資訊長、CTO 技術長、CDO 數據長或數位長
- 程式設計師、系統分析師、系統工程師、架構師、管理師等
- 技術總監、協理、經理等

現代資訊系統整合了大數據、雲端、人工智慧等各種技術，完成一個專案需要不同專業領域的專家共同合作。每個企業對於各個職稱的定義也有所不同，因此這裡所提到的角色指的是「專業領域」而非具體的職稱（更接近於職務）。完成資訊系統所需的專業領域不僅限於圖 1-2-1 中所列的角色，但在完成企業內部的業務系統時，通常會涉及到圖 1-2-1 中所列的角色。

- **商業分析師直接溝通的角色**（圖 1-2-1 黑字）
  產品經理／專案經理／系統分析師／數據分析師／資料視覺設計師／ UI/UX 產品設計師

- **商業分析師間接溝通的角色**（圖 1-2-1 灰字）
  系統架構師／開發及測試工程師／資料庫管理師／基礎建設管理師／資料科學家／數據工程師

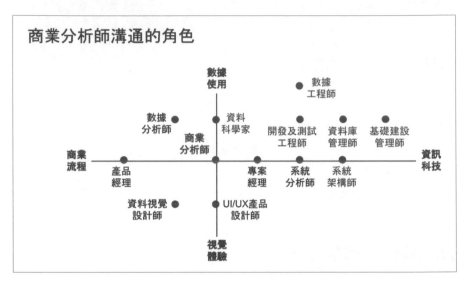

▲ 圖 1-2-1　商業分析師溝通的角色

這些角色的職責有時可能會混淆不清，透過比較不同角色的任務、職責界線和銜接點，我們可以更好地理解它們之間的差異。

▌容易混淆第一組：系統分析師 vs. 系統架構師

在理解系統分析師和系統架構師的職責和技能之前，我們需要澄清**系統需求**（**system requirements**）和**商業需求**（**business requirements**）之間的關係（圖 1-2-2）。

商業需求是透過分析現狀（as-is）業務活動和流程，進而定義未來（to-be）業務活動和流程，它涵蓋了整個業務活動和流程的改進和轉型。其中需要進行數位化的業務活動和流程，就是系統需求。

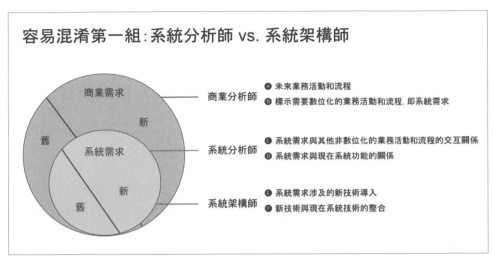

▲ 圖 1-2-2　系統需求和商業需求之間的關係

- **系統分析師**

  系統分析師負責收集和分析系統需求。他們的主要任務是瞭解使用者的業務需求，並將其轉化為具體的系統需求。

  系統分析師通常需要進行詳細的業務研究，以瞭解業務運作的流程和步驟。透過這樣的研究，他們能夠識別出系統的改進點和問題。同時，他們還負責進行可行性評估，評估系統實施的可行性以及可能存在的風險。

  系統分析師需要根據業務需求來定義系統的功能規劃。他們對系統的各個方面進行分析，確保系統能夠滿足使用者的需求並提供所需的功能。

- **系統架構師**

  系統架構師負責定義系統結構、行為和系統開發方式。他們關注整個系統的整體設計和結構，確保系統能夠達到預期的目標。

  系統架構師負責設計系統內不同元件之間的關係和相互作用。他們確保系統各個元件之間的溝通和整合無縫進行，進而實現系統的高效運作。

系統架構師需要設計系統的各個組件和接口，確保它們能夠相互配合並實現預期的功能，以及選擇合適的技術和工具來滿足系統的需求。

▋ 容易混淆第二組：系統分析師 vs. UI/UX 產品設計師

系統分析師與 UI/UX 產品設計師是常見的需求分析人員。但無論是由專案哪一個角色執行需求分析及系統分析，通常會按照以下順序進行（圖 1-2-3）：

1. **功能性需求**

   包括系統所需的需求，如商業規則、限制條件、系統對接需求和數據需求等。

2. **非功能性需求**

   指達到功能性需求之後的其他需求。例如，向下滾動時自動載入資料（頁面高度）、柔和的顏色（符合企業視覺配色）、快速載入影片（預載 5 秒）、快速顯示畫面（3 秒內回應）等。

3. **品質要求**

   指未達到功能性需求或非功能性需求時的要求。例如，當接口無回應時顯示警示頁面並發送通知郵件、系統停機時間不得超過 30 分鐘等。

4. **UI/UX 產品設計和需求**

   根據前面三項需求、完整的未來業務活動和流程，以及使用者體驗，UI/UX 產品設計師開始設計系統的視覺元素和視覺稿。

5. **系統架構設計**

   基於前面四項需求，再加上新技術的引入和現有系統技術的整合，系統架構師開始設計系統關係、系統組件和接口。

6. **系統功能設計**

   在這一階段，系統功能的要素已經齊備，系統分析師可以產出系統功能規格和程式規格了。

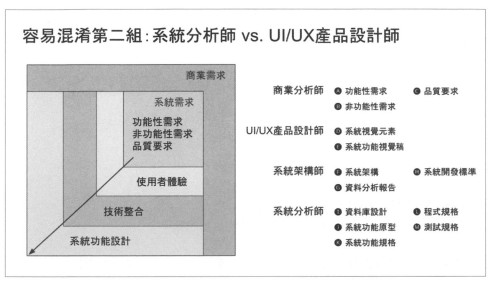

▲ 圖 1-2-3　需求分析及系統分析的進行順序

● 系統分析師

系統分析師負責搜集和分析系統需求，以確定如何滿足業務上的需求。透過與使用者的溝通和訪談，他們深入瞭解業務流程和系統操作。

系統分析師的工作主要集中在運用資訊科技解決業務問題上。他們的目標是確保系統能夠高效地運作並滿足業務需求。

● UI/UX 產品設計師

與系統分析師不同，UI/UX 產品設計師的職責是創造與使用者互動的介面、按鈕、圖示等視覺元素。

他們關注的焦點是使用者介面和使用者體驗，致力於提供直觀、易用且吸引人的設計。透過深入瞭解使用者需求和行為，他們創造出令人滿意且具吸引力的設計解決方案。

▋容易混淆第三組：資料視覺師 vs. 數據分析師 vs. 數據工程師

資料視覺師、數據分析師和數據工程師都是會接觸到數據需求的角色。數據相關的需求，首先要從這幾個面向將需求拆解（圖 1-2-4）：

1. **數據來源及數據取得方式**

   外部系統或內部系統、數據格式、數據交換方式等。

2. **數據生命週期**

   數據產生時間點、數據更新週期、數據消滅時間點。

3. **數據轉換及數據處理過程**

   數據格式的轉換或整併，及數據處理的業務邏輯。

4. **數據應用場景**

   例如週期性報表、機器學習數據集等。

容易混淆第三組：
資料視覺師 vs. 數據分析師 vs. 數據工程師

數據來源 數據取得方式	數據生命週期	數據轉換 數據處理	數據應用場景

商業分析師 資料視覺師 數據分析師	Ⓐ 領域模型 Ⓑ 數據資產	數據工程師	Ⓒ 資料分析報告 Ⓓ 數據流程圖 Ⓔ 數據模型

▲ 圖 1-2-4　數據相關需求的拆解面向

此處需要留意，不要只是關注在數據的應用場景上（例如報表等），而是要將數據應用場景進行反推及拆解，以確保需求的可行性。數據需求無法拆解時，是無法做到創造數據價值及見解的，也就是那句名言「Garbage in, garbage out.」。詳細的數據需求分析步驟在後續＜第 13 章：數據資產＞及＜第 22 章：數據遷移及數據流程圖＞中有詳細說明，並且在「數據流程圖」步驟呈現上述各面向的資訊。

- **資料視覺師（Data Visualizer）**

  資料視覺師的主要責任是將數據轉換成具有可視性的圖形，透過視覺方式傳達數據的見解和洞察。例如透過 Tableau、Power BI 等工具進行資料視覺化。

  他們需要理解業務需求並選擇合適的圖表和視覺元素，以有效傳達數據的核心資訊。資料視覺師的成果通常是固定且有一定的週期性，例如每月數據報告或季度業績分析。

- **數據分析師（Data Analyst）**

  數據分析專家的工作是透過收集、清理、分析和解釋數據來回答業務問題。他們使用統計和分析方法揭示數據背後的模式和趨勢，並提供業務決策所需的見解和建議。例如透過 SQL、R、Python 等程式語言進行數據處理及分析。

  他們能夠從數據中發現相互關聯和趨勢，並產出報告以幫助業務決策者更好地理解數據的意義。數據分析師的工作通常具有一定的靈活性和目標性，他們需要根據不同的業務需求進行分析並提供相應的解決方案。

- **數據工程師（Data Engineer）**

  數據工程師負責設計、開發和維護數據管道，以滿足數據分析和資料視覺化的需求。數據工程師需要熟悉數據儲存和數據處理技術，例如 Hadoop、Spark、Kafka 和雲端平台等。

  數據工程師的主要責任包括數據提取、轉換和載入（ETL）、資料庫管理和數據管道架構設計等。他們提供穩固的數據基礎和高效的數據管道，確保企業數據能被準確可靠的使用及分析。

▌ 容易混淆第四組：數據分析師 vs. 資料科學家 vs. UI/UX 產品設計師

數據分析師、資料科學家和 UI/UX 產品設計師都會接觸到數據分析或資料科學的角色。資料科學及人工智慧相關的需求，通常會按照以下順序進行（圖 1-2-5）：

1. 數據準備

收集、清理和轉換數據的過程，為後續的模型訓練和部署打下堅實的基礎。這一步驟的數據品質直接影響到最終模型結果的準確性和可靠性。

2. 模型訓練

使用已準備好的數據來訓練機器學習模型的過程。透過適當的模型設計和優化演算法，產出能夠進行準確預測和分析的模型。

3. 模型部署

將訓練好的模型部署到實際資訊系統環境中的過程，以實現模型預測和分析。

4. 模型服務及管理

確保部署的模型持續運行並保持良好性能。包括監控模型的運行狀態、及時修復問題、以及定期更新模型以符合新的數據和需求。

「數據準備」的數據需求一樣需要經過數據應用場景的反推及拆解。由於機器學習和資料科學通常涉及非結構化數據，因此在資訊技術方面的使用更為廣泛和進階。因此，數據應用場景的拆解需要具備更深厚的資訊技術能力。

「模型服務」可以視為系統對接的一種需求。在後續的章節中，包括＜第 10 章：使用案例＞、＜第 11 章：系統流程圖＞、＜第 14 章：使用案例循序圖＞和＜第 22 章：數據遷移及數據流程圖＞，將介紹如何進行系統對接需求分析，以滿足資訊系統對接的需求。

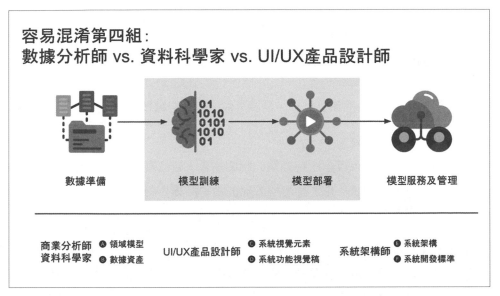

容易混淆第四組：
數據分析師 vs. 資料科學家 vs. UI/UX產品設計師

| 數據準備 | 模型訓練 | 模型部署 | 模型服務及管理 |

| 商業分析師 Ⓐ 領域模型 資料科學家 Ⓑ 數據資產 | UI/UX產品設計師 Ⓒ 系統視覺元素 Ⓓ 系統功能視覺稿 | 系統架構師 Ⓔ 系統架構 Ⓕ 系統開發標準 |

▲ 圖 1-2-5　資料科學及人工智慧相關需求的進行順序

- 數據分析師透過處理數據，提升數據價值，並解答業務問題；而資料科學家則融合計算機科學、數學和產業知識，建立以數據驅動的解決方案。

- 數據分析師的工作技能涵蓋商業智慧工具和敘述統計；而資料科學家的工作技能則包括數據建模和預測分析（統計推論、機器學習）。

- 數據分析師使用結構化數據回答業務問題；而資料科學家則運用結構化和非結構化數據，並創造出創新的數據服務。

- 使用者體驗產生大量結構化和非結構化數據，因此需要資料科學家建立模型和進行預測分析，並透過與 UI/UX 產品設計師的合作，將分析結果應用於系統中，實現使用者體驗或數據服務。

9. 商業分析師在資訊系統專案中需要哪些關鍵技能和能力？

在資訊系統專案中作為商業分析師，需要具備一系列關鍵技能和能力：

- **領域和公司治理知識**

  商業分析師需要深入瞭解所在產業的相關知識，包括產業趨勢、業務模式、市場競爭情況等。同時，也需要瞭解公司的治理結構、內部流程和政策，以在專案中提供洞察力。

- **商業和業務流程知識**

  商業分析師需要瞭解業務運作方式、流程優化和業務需求，以更好地理解業務的核心問題和挑戰，並提出相應的解決方案。

- **分析和解決問題能力**

  商業分析師需要綜合各種資訊來推導出關鍵結論的能力，以幫助專案團隊確定問題的本質，並提供有效的解決方案。

- **需求溝通和談判技巧**

  商業分析師需要與各方溝通，包括業務使用者、開發團隊等。良好的溝通技巧可以更好地理解需求，解釋分析結果並獲得專案成員的支持。同時，良好的談判技巧也能在利益衝突時協助達成共識，確保專案順利進行。

- **需求規格文件製作能力**

  商業分析師需要具備撰寫清晰、具體且易於理解的需求規格文件的能力，以便專案團隊能夠準確理解和實施這些需求。

- **數據分析能力**

  商業分析師需要收集、整理、分析數據，並從中提取有價值的見解，及提供基於數據的解決方案。

- **專案管理能力**

  商業分析師需要能夠有效地管理專案利害關係人的期望，以及解決需求的風險和問題。

- **資訊系統的技術知識**

  最後，商業分析師需要對資訊系統的技術知識有一定的瞭解。這包括對常見的資訊技術和系統架構的瞭解，以及對當前技術趨勢的掌握。瞭解資訊系統的技術知識可以幫助理解系統要求和限制，並更好地與技術團隊合作。

本書的主要焦點在於「需求規格文件製作能力」和「資訊系統技術知識」，希望協助商業分析師建立系統化的需求分析步驟，同時學習如何製作結構化的需求規格文件。 藉由這本書，你將能夠提升需求分析能力，並運用技術知識有效地產出資訊系統所需要的需求文件。

重點總結

商業分析是協助企業制定業務目標的重要手段，且這些業務目標也是資訊戰略所要達成的目標。因此，商業分析方法和資訊戰略目標必須相互配合，以實現企業的願景。然而，傳統的商業分析方法在資訊系統專案中並不完全適用。商業分析師可以進一步進行「需求分析」，以提高需求的品質，這對於資訊需求的執行必定能夠有顯著的推進。

為了提升需求的品質，商業分析師的重要任務之一就是設計一套完整的需求管理方法。接下來的章節將詳細介紹具體的實踐。

在資訊系統專案中，商業分析師面臨著許多溝通挑戰。因此，瞭解資訊系統專案的各個領域，對於商業分析師在需求管理中是重要的課題。除了溝通挑戰，商業分析師還需要具備一系列關鍵技能和能力，以支援資訊系統專案的執行和取得成功。

自我測驗

1. 資訊戰略的目標及商業分析的作用為何？
2. 商業分析師如何提高需求的品質？
3. 商業分析師在資訊系統專案中，直接溝通的角色有哪些？
4. 商業需求和系統需求有什麼差異？
5. 需求分析及系統分析的進行順序為何？
6. 數據相關需求應拆解為哪些面向？
7. 資料科學及人工智慧相關需求的進行順序為何？
8. 商業分析師需要具備哪些關鍵技能和能力？

03

需求工程與軟體工程的關係－建立業務和資訊之間的橋樑

"I am a slow walker, but I never walk backwards." - Abraham Lincoln

「雖然我走得很慢，但我從不後退。」－亞伯拉罕‧林肯

美國第 16 任總統

《在開始之前的準備》

什麼是需求（requirements）的具體定義？在資訊系統開發之前，正確地理解並明確定義需求是一個關鍵的任務。**需求是描述資訊系統如何實現業務目標，或者描述資訊系統實現業務目標的過程。**

需求在經過需求分析的過程後，才會成為資訊系統的解決方案，再透過需求文檔清晰的記錄需求分析結果。根據需求分析的結果，開發團隊才能一致且準確地理解需求，進而設計和實現一個高品質的資訊系統。

因此，**需求是促成資訊系統的「動機」，但不是製作資訊系統的「材料」**，必須先建立這個概念，才能正確理解後續內容。

10. 需求工程和軟體工程是什麼關係？

作業流程數位化的資訊系統專案，會歷經兩個分析階段，首先是需求工程的「需求發展」階段，再來是軟體工程的「系統分析」階段。

需求工程的「需求發展」階段會進行需求定義、分析、驗證等過程，產出需求規格書（Requirements Specification, RS）等文件，需求範圍含蓋整個業務作業流程，包含不在資訊系統上的作業流程，及資訊系統的作業流程，並且力求作業流程的效益及效率。圖 1-3-1 中Ⓐ部分即是需求發展階段的主要任務。這個階段產生的需求規格書是「系統分析」階段的主要依據。

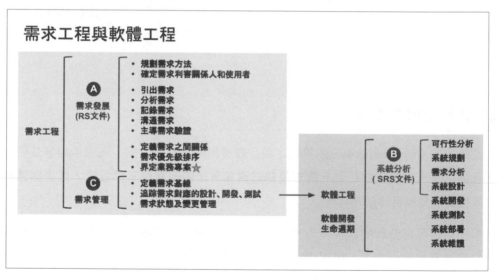

▲ 圖 1-3-1　資訊系統專案階段之間的關係

軟體工程的「系統分析」階段依據前述需求規格書，將資訊系統的作業流程需求，依資訊系統的技術架構及開發標準，將需求轉換成可進行資訊系統開發的軟體需求規格書（Software Requirements Specification, SRS）等文件，以提供後續軟體開發生命週期各階段所需。圖 1-3-1 中Ⓑ系統分析即是以Ⓐ的產出為依據。

需求工程的「需求管理」階段依據前述需求規格書，貫穿整個軟體開發生命週期，從系統分析到最後系統維護階段，任務包含需求基線、追蹤需求、需求變更管理等作業。圖 1-3-1 中❸部分即是需求管理的主要任務。

一般而言，需求發展及需求管理由商業分析師執行，系統分析由系統分析師來執行。三個階段按時序應為❶需求發展❷系統分析❸需求管理，形成「需求循環」。

但實務上，三個階段是一個交互影響的過程，若彼此的作業權責沒有明確區分，就會成為專案的潛在風險。因此，若無法避免三個階段同時開動，也務必要做到需求發展階段有異動時，系統分析階段須做出異動評估及調整，並更新需求管理階段的追蹤，以維持需求循環的穩定。

從這個推導過程，我們可以瞭解「需求」只是促成資訊系統的「動機」，真正成為製作資訊系統的「材料」是「系統分析」階段產出的「軟體需求規格書」，而軟體規格書又是依據「需求發展」階段產出的「需求規格書」，因此需求規格書的重要性不言可喻。

11. 整合需求工程和軟體工程的主要挑戰是什麼？

需求文件在軟體工程中扮演著重要的角色，它為資訊工程師提供了開展工作的基礎。然而，即使是完善的需求文件，資訊工程師在進行軟體工程時仍然會遇到各種困難，超乎預料的情況也時有發生，例如需求缺失、邏輯衝突等。因此，如何整合需求工程和軟體工程，以提高需求文件的有效性，成為需求工程的重要議題。整合議題包含以下四個方面：

▌ 溝通與協作方面：確保專業知識的一致性

商業分析師和資訊工程師之間的溝通鴻溝是需求有效性的主要障礙之一。這種鴻溝主要是由於專業術語和知識的差異導致的，導致對需求的誤解或不完全理解，進而在軟體工程的過程中產生偏差或錯誤的結果。為了克服這個問題，可以採取以下策略：

- **確保明確的溝通管道及文件**

  商業分析師和資訊工程師之間應確定明確的溝通管道，及具體文件格式。這樣可以確保雙方對需求進行充分的討論和記錄。

- **簡化術語和專業知識**

  商業分析師和資訊工程師應該盡量使用簡單明瞭的術語和語言進行溝通，文件使用雙方一致理解的專業術語記錄。

- **專業知識的訓練**

  商業分析師和資訊工程師可以參加商業及資訊相關專業知識訓練課程，以加強彼此之間的溝通和協作能力。

▌ 變更和範圍管理方面：靈活應對需求變更

軟體開發生命週期中，需求的不斷變更和專案範圍的調整是常見的。這可能導致專案時間表和資源的不斷調整，增加開發時程和成本費用。為了有效應對這些變化，可以採取以下策略：

- **靈活的需求管理方法**

  建立靈活的需求管理方法，以及時處理需求變更和範圍調整。例如，將需求分解為最小可管理的單位，且詳細記錄需求之間的關聯，以因應需求變更。

- **嚴格的變更控制**

  建立嚴格的需求變更程序。包括對變更進行評估、優先級排序和覆核，以確保需求變更是有價值和可行的。

- **明確的專案範圍定義**

  透過專案成員及利害關係人共同制定明確的專案範圍定義，減少需求的模糊性，並防止無限制的需求範圍擴大。

▍工具和技術方面：整合工具和資源

商業分析使用的數據、文件和工具與軟體開發使用的不一致時，可能會導致溝通成本增加和需求遺失等問題。為解決這些問題，可以採取以下策略：

- **整合工具和數據**

  透過使用共同的工具和平台，確保商業分析師和資訊工程師使用的數據米源是一致的，以達到確保數據分析結果的一致性。

- **使用統一的文件格式**

  需求工程所產生的文件與軟體工程的文件採用相同的格式或平台，可以確保需求文件在軟體工程階段的準確轉換，提高需求轉換成系統解決方案的效率。

- **建立文件共享平台**

  商業分析師和資訊工程師可以透過一個共享平台，用於共享數據、文件和工具。這樣可以提高溝通效率，減少需求遺失的可能性。

▍利害關係人方面：加強利害關係人的參與和溝通

利害關係人對專案的期望、商業分析的業務洞察、和資訊戰略的目標，三者之間可能存在衝突，這可能導致需求文件的有效性降低。為解決這個問題，可以採取以下策略：

- **加強利害關係人的參與**

  確保利害關係人在需求定義和評估的過程中得到充分的參與。這可以透過定期的會議和訪談等形式來實現。

- **清晰的需求驗證機制**

  建立清晰的需求驗證機制，以確保需求符合利害關係人的期望和目標。這可以透過文件審查、原型驗證、系統功能驗收測試等方式實現。

透過基礎一致的溝通與協作、靈活應對需求變更、整合工具和資源以及加強利害關係人的參與和溝通，實現提高需求文件的有效性，這將有助於軟體工程的順利進行，並最大限度地符合利害關係人的期望。

12. 需求管理方法如何整合需求工程和軟體工程？

在＜第 1 章：需求工程及需求管理－如何設計需求管理方法來解決這些挑戰及缺點？＞中，我們介紹設計一個完整的需求管理方法，應該遵循以下幾個關鍵原則：

- 協作與溝通：實現需求共識
- 需求收集和分析：精準把握需求
- 文件和管理：確保需求可追溯
- 驗證和確認：確保需求符合期望

其中「**需求收集和分析**」以及「**文件和管理**」兩個原則可透過需求工程的高度標準化作業來實現。

在＜第 1 章：需求工程及需求管理－如何在資訊系統專案實施需求管理方法？＞中說明，透過實施需求管理方法，我們期望達到以下三個結果：

- 盡可能準確地記錄各角色的**權責界線和權責銜接點**；
- 將每份**文件的功能歸位**，使得每份文件能夠互相銜接；
- 讓每個專案成員對同一份文件都有**一致的效益期待和製作原則**。

在前一個段落中，我們介紹了提高需求文件有效性的四個方面，本書可以協助商業分析師學習以下幾個策略，以實現實施需求管理方法的三個結果：

- 溝通與協作方面的「**確保明確的溝通管道及文件**」

  本書＜第 1 篇：Requirements Engineering 需求工程＞，協助商業分析師學習資訊系統專案中，需求發展及分析階段應該產出的文件架構。

- 變更和範圍管理方面的「**靈活的需求管理方法**」

  本書＜第 2 篇：Business Requirements Specification 商業需求規格書＞，及＜第 3 篇：System Requirements Specification 系統需求規格書＞，協助商業分析師學習需求文件製作方法及需求管理方法。

- 工具和技術方面的「**使用統一的文件格式**」

  本書＜第 4 篇：Project Plan 專案計劃書＞，及＜第 5 篇：Software Requirements Specification 軟體需求規格書＞，協助商業分析師學習需求工程文件如何無縫銜接至專案管理文件及軟體工程文件。

透過遵循以上關鍵原則，我們可以建立一個完整的需求管理方法，確保商業分析師在需求的收集、分析、文件和確認過程中能夠高效溝通、精準把握需求並且符合利害關係人期望。本書涵蓋了需求工程的各個方面，將幫助商業分析師學習相關策略和方法，進而提升需求文件的有效性和專案的成功率。

13. 哪些方法、技術可以促進需求工程及軟體工程的整合？

在軟體工程中，需求工程（Requirements engineering, RE）扮演定義、記錄和維護需求的重要角色。在軟體開發方法的瀑布模型（Waterfall Model）中，需求工程被視為開發過程的首要階段。

雖然需求工程對於資訊系統專案具有關鍵意義，但目前仍然缺乏系統性的方法論。儘管於 1997 年，IEEE 計算機協會正式建立了一個關於需求工程的會議系列，但仍需要更多的研究和發展。一般而言，需求工程涵蓋了以下六個主要活動（註 1）：

1. 需求啟發（Requirements Inception）
2. 需求分析和協商（Requirements Analysis and Negotiation）
3. 系統建模（System Modeling）
4. 需求規格書（Requirements Specification）
5. 需求驗證（Requirements Validation）
6. 需求管理（Requirements Management）

「需求啟發」活動是透過會議、研討、問卷等形式收集需求，也涉及許多溝通管理技巧，但本書著重在需求分析、系統建模、需求規格書、需求驗證、及需求管理，因此圖 1-3-1 需求發展階段涉及的活動形式，本書僅會在＜第 4 章：需求形成的過程＞提及「界定業務專案」部分。

「需求分析」和「系統建模」活動，經常使用使用案例（Use Cases）和 UML 圖形等技術。同樣地，軟體工程也會使用使用案例和 UML 等工具來進行系統分析和規格書的製作。因此，如果需求工程和軟體工程的文件能夠使用相同的分析技術，將有助於提高需求文件有效性。本書的＜第 2 篇：Business Requirements

Specification 商業需求規格書＞，及＜第 3 篇：System Requirements Specification 系統需求規格書＞詳細介紹了一系列的分析方法和工具，提供商業分析師學習如何以系統化的步驟進行需求分析，及產出結構化需求規格書。

「需求規格書」、「需求驗證」是需求管理方法的具體實踐活動，在本書＜第 5 章：分析階段產出文件＞中有詳細介紹。

「需求管理」活動貫穿整個軟體開發生命週期，從系統分析到最後系統維護階段，本書＜第 4 章：需求形成的過程＞、＜第 4 篇：Project Plan 專案計劃書＞及＜第 5 篇：Software Requirements Specification 軟體需求規格書＞，說明需求在進入到專案管理及軟體工程階段後，需求轉換成軟體需求及實現資訊系統的過程。

此外，在當前科技驅動的趨勢中，軟體開發和資料科學領域逐漸發展出許多關鍵的概念，包括 DevOps、DataOps、MLOps、AIOps 等。這些方法已經被廣泛應用於提升軟體持續交付、資料管理以及模型部署的可靠性等，進而推動企業的商業模式在市場中實現穩定的發展。因此，**商業分析師若能掌握這些方法原則上的差異，做為需求發展階段的基礎知識，並在資訊系統專案執行的過程中，協助決策者選擇合適的方法，便能促進需求工程和軟體工程的整合。**

- **DevOps：提升軟體開發效能與品質的方法**
  DevOps 是「開發」（Dev）和「營運」（Ops）的結合，透過整合系統開發工作和系統營運工作，達到縮短開發週期及提供高品質持續交付的方法。

  應用案例：A 公司是一家軟體開發公司，他們建立一個跨部門的資訊團隊，包括開發人員、測試人員和維運人員，透過使用版本控制系統、自動化測試和自動化部署工具，資訊團隊能夠快速且可靠地交付新功能和修補程式碼，減少了部署問題和程式碼錯誤的風險。

- **DataOps：優化數據分析與數據營運的方法**
  DataOps 是一種將敏捷開發、DevOps 概念應用於數據分析和數據營運的方法。其目標在於提高數據團隊的效率和數據專案的交付。

應用案例：B 公司是一家大型企業，他們面臨著數據管道不穩定和資料品質問題。因此他們建立一個自動化的數據管道，使用數據品質監控工具來檢測和修復數據品質問題。此外，還建立數據目錄，以幫助瞭解和共享數據資產。

- **MLOps：機器學習模型標準化的方法**

  MLOps 是一種標準化機器學習建模流程和在業務應用系統中提供模型服務的方法。目的是解決業務應用系統中機器學習模型遇到的問題。

  應用案例：C 公司是一家電子商務公司，電子商務網站使用商品推薦系統向客戶推薦關聯產品。他們建立一個端到端的機器學習建模流程，包括數據清理、特徵工程、模型訓練和模型部署。同時，使用模型監控工具來監測模型性能並進行自動化重新訓練和部署。實現推薦系統能夠快速迭代和改進，提供更準確的個性化推薦。

- **AIOps：以人工智慧支援業務營運場景的方法**

  AIOps 是一種運用人工智慧技術來支援業務營運的方法。它結合了機器學習、自然語言處理和數據分析等技術，以實現自動化的識別、建議、預測、及預防等協助營運的智慧服務。

  應用案例：D 公司是一家資訊服務提供商，他們需要處理大量的監控數據並快速處理問題事件。他們使用機器學習和自然語言處理技術對監控數據進行分析，自動識別和優先處理重要事件。同時，將自動化修復和人工處理流程結合，以快速解決故障。

總結來說，商業分析師瞭解軟體工程在這些方法的協助下，能夠為企業及專案帶來系統開發效率、數據分析能力和營運可靠性，商業分析師就能在需求工程階段，提早確認可實現的業務目標範圍和未來發展性，並推動業務目標的增長，以實現需求工程和軟體工程整合的最大化效益。

重點總結

一般而言，需求發展及需求管理由商業分析師執行，系統分析由系統分析師來執行。三個階段按時序應為❶需求發展❷系統分析❸需求管理，形成「需求循環」。我們瞭解到真正成為製作資訊系統的材料是「系統分析」階段產出的「軟體需求規格書」，而軟體需求規格書又是依據「需求發展」階段產出的「需求規格書」。

由此可見，整合需求工程和軟體工程，以提高需求文件的有效性，是需求工程的重要議題。商業分析師可透過不同的策略來提高需求文件的有效性，包括確保明確的溝通管道及文件、靈活的需求管理方法、及使用統一的文件格式等策略。

此外，商業分析師還可透過瞭解軟體開發和資料科學領域的關鍵概念，包括 DevOps、DataOps、MLOps、AIOps 等，以在資訊系統專案執行的過程中，協助決策者選擇合適的方法，便能促進需求工程和軟體工程的整合。

自我測驗

1. 需求循環的各個階段為何？
2. 如何提高需求文件的有效性？
3. 試舉例說明 DevOps、DataOps、MLOps、AIOps 的應用案例？

附註

1. 需求工程，https://en.wikipedia.org/wiki/Requirements_engineering

04

需求形成的過程－促進資訊需求有效的轉換

"To improve is to change; to be perfect is to change often." - *Winston Churchill*

「要提升價值就要改變；要達到完美就得經常改變。」－溫斯頓‧邱吉爾

英國前首相

《在開始之前的準備》

在前一章＜第 3 章：需求工程與軟體工程的關係＞中，我們探討了需求工程和軟體工程之間的關係，現在我們將重點放在需求工程本身上。

在資訊系統專案中，需求形成的過程對專案成敗有關鍵的影響。**需求形成過程涉及定義和記錄利害關係人的需求和期望，是促成建立資訊系統的動機。**資訊系統開發過程與準確收集和定義需求的過程高度相關。接下來，我們將探索不同的軟體開發方法的需求形成過程，並確定如何提高這一關鍵階段的有效方法和最佳實踐。透過更深入地瞭解需求形成過程，以提高資訊系統專案的成功率，並將與需求相關的風險降低至最低。

不同的軟體開發方法，儘管核心概念相同，但需求形成過程略有不同。**軟體開發方法的需求形成過程，著眼於實現最終資訊系統的「軟體需求」進行需求的形塑。而**

需求工程則著眼於商業分析方法，涵蓋了整個業務活動和流程的改進和轉型，其中需要進行數位化的業務活動和流程，才是「資訊系統需求」。兩者需求包含的範圍是不相同的。但透過瞭解軟體開發方法的需求形成過程，可以更好地把需求工程的資訊系統需求轉換成符合軟體開發的軟體需求。

14. 瀑布式軟體開發方法的軟體需求形成過程？

瀑布式軟體開發方法（Waterfall Methodology）

瀑布式是最常使用的軟體開發方法。它是一種線性、順序性的軟體開發方法。強調從一個階段到另一個階段是依序的推進，每個階段都是下一階段的基礎。瀑布式會在專案初期制定一系列步驟，通常包括需求收集、系統設計、系統開發、系統測試、系統部署、和系統維護。瀑布式方法在專案進行中的主要原則：

- **依循前一個階段的產出做為基礎**
  每個階段的執行都建立在前一個階段完成的基礎之上，確保軟體開發生命週期的過程逐漸推進。

- **定義明確的里程碑**
  建立明確的里程碑，包含專案時程里程碑、系統功能開發里程碑等，以更好的追蹤整個軟體開發生命週期的進度。

- **於初始階段明確需求**
  在瀑布式方法中，需求必須在初始階段明確，以做為後續階段的執行基礎。因此利害關係人通常僅參與初始的需求收集階段，在整個軟體開發生命週期中互動頻率較低。

- **記錄及保留文件**

  各個階段的推進，依賴前一個階段的文件產出，文件是階段之間傳遞階段產出的依據。

在瀑布式方法中，需求影響整個專案的決策，包括時程制定、資源分配、和專案管理方法。透過於初始階段預先定義的需求範疇，可預測軟體開發生命週期的執行樣貌及開發成果。

需求形成過程的步驟

1. **需求收集**

   透過訪談、調查、和會議等技術來瞭解及收集利害關係人的需求和期望。

2. **需求分析**

   徹底檢查和解析需求和期望，以確認全面需要實現的軟體功能。

3. **需求規格書**

   建立詳細且明確的需求規格書，說明系統的功能、限制和依賴等關係。

4. **需求驗證**

   透過審查、確認等方式，獲得利害關係人對需求規格書的回饋，以確保滿足利害關係人的期望。

5. **需求管理**

   在整個軟體開發生命週期中，有效處理需求的變更和更新，確保需求規格書的版本控制和需求可追溯性。

▌瀑布式開發方法的挑戰

- **收集和記錄所有需求**

  在初始階段收集和記錄所有需求是一項艱鉅的任務，部分需求可能在整個軟體開發生命週期中發現或變化。

- **管理不斷新增或改變的需求**

  每個階段都是依據前一個階段的產出，若發生新增或改變的需求，則會造成在各個階段間來回重複執行同一個階段工作的可能，導致時程及資源浪費。

- **利害關係人期望落差**

  利害關係人未參與整個軟體開發生命週期，導致溝通誤解、不準確、或不完整的需求。

瀑布式開發方法的計劃及階段間緊密關聯，可以透過優化開發流程，達到提升開發效率及交付品質的軟體開發成果。但瀑布式開發方法需要適當的維持需求變更與專案資源的平衡，以確保同時滿足專案成果及利害關係人的期望。

▌15. 敏捷軟體開發方法的軟體需求形成過程？

▌敏捷軟體開發方法（Agile Methodology）

敏捷強調靈活、迭代、和以客戶為中心的軟體開發方法，徹底改變了軟體開發長久以來使用瀑布式的開發形式。敏捷不依賴嚴謹的長期階段規劃，而是採用定期重新評估需求及調整軟體開發工作。透過將軟體開發工作分解為更小、可管理、可疊加的增量工作形式，敏捷使團隊能夠及早收集利害關係人的回饋並迅速進行開發成果的修正。敏捷方法在專案進行中的特色：

- **採用迭代和增量開發**

  敏捷開發過程為時程較短但頻率較高的迭代。每次迭代都會產生一個可測試、審查、調整的軟體版本，以收集每次迭代的利害關係人回饋，確保最終產出包含不斷變化的需求及期望。

- **強調協作文化及迅速調整**

  敏捷將開發人員、測試人員、產品經理等，相關的利害關係人聚集在一起共同定義需求，以減少需求誤解或不一致的風險。

- **需求形成過程涵蓋整個軟體開發生命週期**

  敏捷認為需求在整個軟體開發生命週期中會不斷演變，因此將需求變更視為是軟體開發的過程，並在每次迭代中納入有價值的新增或變更需求。

▍敏捷需求收集技術

- **利害關係人參與**

  透過關鍵利害關係人參與迭代過程，確保開發產出與利害關係人的需求及期望保持一致。

- **使用者故事和使用者角色**

  使用者故事是從使用者的角度描述需求及目標。更進一步，透過代表各種使用者的虛擬角色，幫助專案成員產生共鳴，進而更精準捕捉需求的核心。

- **故事地圖（Story Mapping）和優先級排序**

  故事地圖提供使用者旅程的整體視圖，幫助專案成員識別核心需求及優先級。透過 MoSCoW（Must Have, Should Have, Could Have, Won't Have，必須有、應該有、可能有、不會有）等優先級排序技術，有助於確認需求的重要性和影響性。

- **線框圖或原型設計**

    透過線框圖或原型設計，使專案成員能夠藉由可視化介面驗證需求，以促進利害關係人回饋，加速軟體開發的迭代和改進。

▋ 敏捷的關鍵步驟

- **利害關係人參與整個過程**

    與瀑布式方法在初始階段明確需求不同，敏捷鼓勵利害關係人參與整個軟體開發生命週期，與專案成員共同確保需求與業務目標保持一致。

- **跨團隊協作**

    瀑布式方法強調各階段不同團隊各自的執行效率，敏捷則是透過跨職能協作，建立對專案目標的共同理解，提高專案整體的執行效率。

- **定期確認回饋及驗證需求**

    瀑布式方法採用前一個階段的產出做為執行基礎，敏捷則是透過定期確認回饋和不斷改進，確保解決方案與利害關係人不斷變化的需求保持一致。

- **確保清晰的溝通和需求文件**

    雖然敏捷強調面對面的溝通，但仍須確保回饋及需求得到充分的記錄。

▋ 敏捷開發方法的挑戰

- **利害關係人參與和回饋不足**

    因利害關係人對敏捷的理解不夠深入，以及迭代僅提供部分增量開發產出，導致利害關係人參與意願不高，或無法提供回饋。

- **團隊技能差距及不一致敏捷實施**

    不同的團隊對敏捷的掌握程度不一致，或其原本的系統架構及工作流程不符合協作要求，導致敏捷全面實施困難。

- **文件缺失及需求反覆變更及蔓延**

  敏捷在迭代中快速調整需求，沒有足夠的文件記錄來支持開發或協作，導致難以保持敏捷的靈活性與文件的完整性。

敏捷透過協作和需求收集技術，讓軟體開發的產出與業務目標高度一致，以取得專案的成功。且敏捷倡導擁抱改變和客戶滿意度的文化，確保軟體開發的產出持續改進。但如何讓利害關係人樂於參與，以及維持團隊的技能及文件記錄的完整性，是敏捷開發方法需要面對的難點。

16. 有助於促進資訊系統需求轉換成軟體需求的行動是什麼？

需求工程著眼於商業分析方法，涵蓋了整個業務活動和流程的改進和轉型，其中需要進行數位化的業務活動和流程，才是「資訊系統需求」。瀑布式及敏捷軟體開發方法，則著眼於實現最終資訊系統的「軟體需求」。資訊系統需求與軟體需求，兩者需求來源及包含的範圍是不相同的。因此商業分析師面臨資訊系統需求形成過程的挑戰，與系統分析師面臨軟體需求形成過程的挑戰稍有不同：

- **溝通不充分**

  利害關係人包括專案經理、開發團隊、使用者等。這些利害關係人可能具有不同的背景、需求和期望，這可能導致溝通上的困難和衝突。

- **利害關係人參與不足**

  在實際專案中，可能會遇到利害關係人忙於其他工作、缺乏意願參與，或者對參與過程缺乏瞭解，導致需求收集的不完整和不準確。

- **需求衝突**

  不同的利害關係人可能會提出不同的需求和優先排序,導致需求之間的衝突和錯位。

- **模糊的需求**

  模糊的需求會導致開發團隊對需求理解不正確,產生系統設計和開發過程出現問題,同時增加後續的修改和調整成本。

- **需求蔓延**

  需求蔓延主要是因為利害關係人的新需求或變更需求,或者是由於一開始模糊的需求定義導致後續的需求增加和遺漏。

- **需求文件不完整**

  需求規格書主要是提供開發團隊準確理解和實現需求。商業分析師在進行需求文件的製作時,可能沒有完整記錄需求或沒有確實進行需求驗證,導致需求文件不完整或有缺少。

這些挑戰可以看出來主要圍繞兩個方面:需求收集及需求分析。促進溝通的技巧也很重要,但本書著重在需求分析方面的三個關鍵行動:

- **將模糊的需求具體化**
- **有效掌握需求變更的影響範圍**
- **結構化的需求規格書**

執行這三個關鍵行動,除了促進資訊系統需求轉換成軟體需求,對整個資訊系統專案的執行及需求管理也有全面的幫助。如何在需求形成的過程中實踐這三個關鍵行動呢?需要透過一系列需求分析步驟來實現。

17. 如何改進需求形成過程以促進資訊系統需求轉換成軟體需求？

最常見的需求規格書製作方式是，規範統一章節模板，並由參與的商業分析師進行填寫，內容可能包含：需求緣由、需求說明、流程圖、原型介面、業務規則說明等。最後再將所有文件彙整成一大冊文書，交付予系統分析師或系統開發人員進行後續作業。這樣的製作方式是哪裡發生誤解了呢？

透過圖 1-4-1 中左側所示的傳統需求形成過程，我們可以看到這是最常見的需求規格書製作步驟及順序，但也存在著一些誤解。透過需求訪談會議，利害關係人解釋需求內容，並在會議記錄中記錄下需求的描述。在需求訪談會議進行一段時間後，將所有會議記錄中的需求描述進行統整，由各個商業分析師負責進行需求分析，以產出他們各自對需求描述的理解。然後，將所有的需求規格書內容整合成一本規格書。

而圖 1-4-1 中右側則展示系統化需求形成過程，該過程與傳統的需求形成過程有很大不同，儘管最終目標仍是產出系統需求規格書（System Requirements Specification, SRS）。雖然這兩種需求形成過程所製作的系統需求規格書的章節沒有太大差異，但由於製作步驟及順序的不同，導致需求管理的效果大相逕庭。

系統化的需求形成過程最大的不同在於「需求分析」這個步驟如何將模糊的需求描述具體化。傳統的需求形成過程是由商業分析師自行進行需求分析，而**系統化的需求形成過程則包含了一系列的需求形成步驟**（圖 1-4-1）：

1. 將需求描述區分為商業需求（業務活動和流程的改進和轉型）和系統需求（需要進行數位化的業務活動和流程）。

2. 商業需求分析的結果將需求分為兩種類別：❹商業規則及限制要求、❺既有資訊系統需求及數據需求；

系統需求分析的結果將需求分為四種類別：🅐商業規則及限制要求、🅑系統對接需求及數據需求、🅒功能性需求、🅓非功能性需求及品質要求。

（各種需求類別會在＜第 5 章：分析階段產出文件＞中進一步說明）

3. 商業需求分析的結果可能會新增系統需求，需要合併到系統需求中；反之，系統需求分析的結果可能會新增商業需求，也需要合併到商業需求中。

   確認所有商業需求與系統需求之間的關係，系統需求不會單獨存在，一定會對應到商業需求。

4. 區分客戶需求和產品需求。

5. 產出需求規格書（Requirements Specification, RS）。

6. 界定業務專案，每個業務專案都會產出相應的系統需求規格書（System Requirements Specification, SRS）。

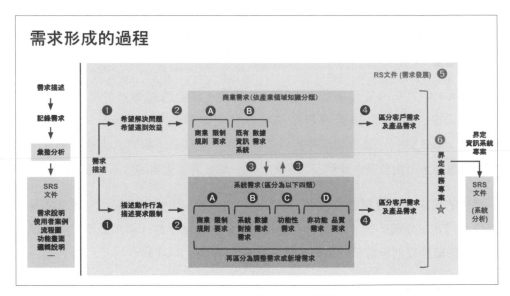

▲ 圖 1-4-1　需求形成過程的比較

傳統的需求形成過程與系統化的需求形成過程，除了需求分析步驟及需求規格書的差異之外，還有以下容易忽略的觀念差異：

- 需求規格書不是用來填寫的，是用來執行「需求發展」及「需求管理」過程的。（需求形成步驟 5）
- 共同通用的「商業需求」或「系統需求」，與共同通用的「系統功能」，是不同的事情。（需求形成步驟 4）
- 「系統需求規格書」不等於「軟體需求規格書」，兩者需求範圍也不相等。（需求形成步驟 6）

▌需求規格書不是用來填寫的，是用來執行「需求發展」及「需求管理」過程的

圖 1-4-1 中左側傳統需求形成過程，說明了資訊系統專案執行時，不考慮其它商業需求或與其它需求的關係。在這種每個需求各自獨立分析的過程中，當需求發生變動或資訊系統專案的範圍需要調整時，需求變更範圍的評估往往無法太精確，且變更的影響程度也相當複雜。

而圖 1-4-1 中右側系統化需求形成過程，則重視管理「需求之間的關係」。在需求形成步驟 3 中，將所有系統需求對應到商業需求，以確保所有系統需求都有明確地解決商業問題或達到效益。當需求發生變動時，評估影響範圍更加容易和精確。

一個能夠協助商業分析師執行「需求發展」，並在整個軟體開發生命週期中，協助商業分析師執行「需求管理」的需求規格書，才是正確的需求規格書。因此需求規格書應符合以下三個準則：

1. 需求描述分解為商業需求和系統需求後，仍然可以追蹤，並且文件之間有明確的關聯。
2. 需求能區分為客戶需求（特殊客製需求）和產品需求（共同通用需求）。
3. 需求可以提供界定業務專案的分類。

因此，一份優秀的需求規格書如圖 1-4-2 所示，透過管理上述三個重點，可以應對「需求發展階段」中需求頻繁變更的情況，及滿足「系統分析階段」中的特殊客製需求，並應對「需求管理階段」中需求重新組合的複雜情境。

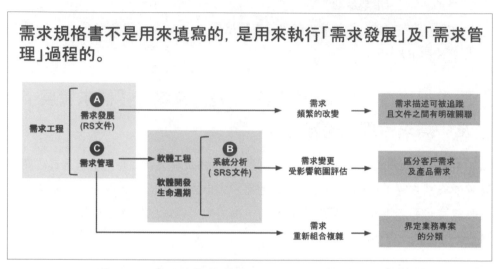

需求規格書不是用來填寫的，是用來執行「需求發展」及「需求管理」過程的。

▲ 圖 1-4-2　需求規格書如何用來執行需求發展及需求管理過程

▌共同通用的「商業需求」或「系統需求」，與共同通用的「系統功能」，是不同的事情

要有良好的共用設計，首要需要明確區分「共用需求」和「共用系統功能」，因為它們是不同的概念。舉個例子，「信用卡付款流程」可以是一個共用需求（Web 與 App 的信用卡付款流程相同），但不一定是共用系統功能（Web 與 App 的資訊技術不同，無法在系統功能層面共用）。

共用需求是在需求發展階段由商業分析師進行規劃的，而共用系統功能是在系統分析階段由系統分析師進行規劃的。共用需求（共同通用需求）被稱為「產品需求」，而非共用的其他需求（特殊客製需求）被稱為「客戶需求」。

為什麼將共用需求稱為產品需求呢？這裡有一個思維的轉變：在確認每個需求項目時，我們要先假設它是共用需求，然後再判斷是否為客製需求。換句話說，要將共用需求視為核心，在產品需求之外才添加客製需求的概念，以「打造產品」的方式進行。關於以產品的概念，可以參考＜第 19 章：專案時程－什麼是最小可行產品？什麼是概念驗證？＞的介紹。

通常情況下，只有在發現重複的需求後才將其總結為共用需求。這種方法的缺點是，不容易發現具有差異的需求實際上也可以作為共用需求；另一個缺點是，總結共用需求是在需求發展階段的後期進行的，此時進行大規模的需求調整會非常困難。

雖然使用產品概念對每個需求項目進行確認會耗費更多時間，但需求結構會更加穩定，並且在後期需求管理階段，需重新組合需求時也更容易管理。

在產品需求和客戶需求進入系統分析階段後，系統分析師根據系統架構和技術將這些需求轉化為系統功能。如果客戶需求被系統分析師轉換為「共用系統功能」，或者產品需求轉換為「一般系統功能」，而沒有轉化為共用系統功能（如圖 1-4-3 所示），**商業分析師需要密切關注這些系統功能的後續發展，因為它們的狀態與需求分析結果並不相同。**

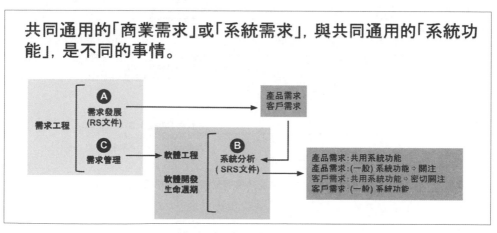

▲ 圖 1-4-3　共同通用的商業需求或系統需求，與系統功能的關係

▌「系統需求規格書」不等於「軟體需求規格書」,兩者需求範圍也不相等

根據業務目標,我們可以將商業需求和系統需求分為一個或多個業務專案（或稱為企劃專案）,然後將業務專案中包含的系統需求項目整合為「系統需求規格書」,這樣才能形成資訊系統專案的「軟體需求規格書」。

一個業務專案可能對應多個資訊系統專案,反之亦然;商業分析師負責業務專案的系統需求彙整,而資訊專案經理或系統分析師負責對資訊系統專案進行軟體需求分析。

商業分析師整合商業需求和系統需求成為一個或多個業務專案只需要考慮業務目標,資訊系統之間的相互影響應該在資訊系統專案中由資訊團隊提出（圖 1-4-4）。總結以上:

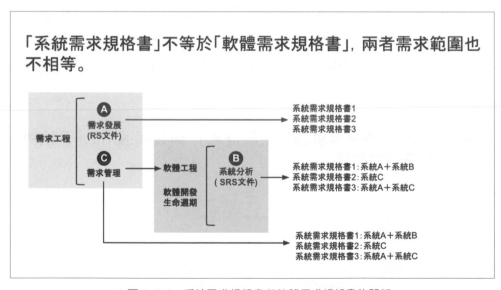

▲ 圖 1-4-4　系統需求規格書與軟體需求規格書的關係

- 商業分析是以完整未來（**to-be**）業務活動和流程為範圍；
- 業務專案（**Business Project**）是以達成指定業務目標為範圍；
- 資訊系統專案（**Software Project**）是以實現需要數位化的業務活動和流程（即系統需求）為範圍。

商業分析可能與多個業務專案相對應；同樣，一個業務專案也可能與多個資訊系統專案相對應。因此，商業分析需要全面記錄所有的流程需求，然後再將其劃分為業務專案和資訊系統專案，以確保未來能夠清楚地進行需求追蹤。

透過上述一系列的需求分析步驟，將需求形成過程系統化，並明確每個商業分析師的系統需求分析結果，將系統需求區分為四大需求類別，及界定業務專案及產出相應的系統需求規格書，達到商業需求與系統需求的精確對應，及建立結構化系統需求規格書的基礎，以實現資訊系統需求精確轉換成軟體需求的效益。

‖ 重點總結

瀑布式開發方法的計劃及階段間緊密關聯，但需要適當的維持需求變更與專案資源的平衡，以確保同時滿足專案成果及利害關係人的期望。

敏捷讓軟體開發的產出與業務目標高度一致，但如何讓利害關係人樂於參與，以及維持團隊的技能及文件記錄的完整性，是敏捷開發方法需要面對的難點。

需求工程著眼於商業分析方法，涵蓋了整個業務活動和流程的改進和轉型，其中需要進行數位化的業務活動和流程，才是「資訊系統需求」。瀑布式及敏捷軟體開發方法，則著眼於實現最終資訊系統的「軟體需求」。資訊系統需求與軟體需求，兩者需求來源及包含的範圍是不相同的。因此商業分析師在面臨資訊系統需求形成過程的挑戰，與系統分析師面臨軟體需求形成過程的挑戰稍有不同。

促進資訊系統需求轉換成軟體需求的三個關鍵行動：將模糊的需求具體化、有效掌握需求變更的影響範圍、結構化的需求規格書。如何在需求形成的過程中實踐這三個關鍵行動呢？需要透過一系列需求形成步驟來實現，以產出結構化的需求規格書。

自我測驗

1. 瀑布式軟體開發方法的需求形成步驟？以及瀑布式有哪些挑戰？
2. 敏捷軟體開發方法的關鍵步驟有哪些？以及敏捷有哪些挑戰？
3. 促進資訊系統需求轉換成軟體需求的三個關鍵行動？
4. 系統化的需求形成步驟有哪些？
5. 需求規格書應符合哪些準則？
6. 共用需求與共用系統功能有什麼差別？
7. 業務專案與資訊系統專案的對應關係？

05

分析階段產出文件－設計需求管理方法的框架

"If I have seen further, it is by standing on the shoulders of giants." - Isaac Newton

「如果我能看得更遠，是因為站在巨人的肩膀上。」－艾薩克·牛頓

科學史上最有影響力的人

《在開始之前的準備》

在任何資訊系統專案中，需求管理是確保資訊系統專案成功的關鍵因素之一。需求文件在需求管理中扮演重要角色，它們記錄了專案的目標、功能、限制條件以及利害關係人的需求和期望等重要資訊。這些文件確保專案成員和利害關係人對於需求有共同的理解，進而更好地溝通、計劃和執行專案。

撰寫需求文件的首要挑戰是準確理解利害關係人的需求。利害關係人通常對於他們所期望的軟體系統有一定的期望，但往往無法清晰表達。我們需要具備出色的**溝通技巧和分析能力**，透過與利害關係人深入交流，確保我們完全理解他們的需求，並能夠將其準確轉化為需求文件。

撰寫一份高品質的需求文件需要豐富的技術知識和專業能力。我們需要**瞭解軟體開發的相關領域**，包括不同的開發方法、工具和技術。同時，還需要具備優秀的分析和組織能力，將需求細分為可行的任務和目標。

在軟體開發過程中，需求的變更是不可避免的。利害關係人可能在開發過程中提出新的需求或修改現有需求。因此，在撰寫需求文件時，我們需要**具備靈活性和應變能力**，能夠及時處理需求變更並對需求文件進行相應的更新。

此外，在＜第 4 章：需求形成的過程－如何改進需求形成過程以促進資訊系統需求轉換成軟體需求？＞中，我們介紹了**需求規格書應該符合以下三個準則：**

1. **需求描述分解為商業需求和系統需求後，仍然可以追蹤，並且文件之間有明確的關聯。**
2. **需求能區分為客戶需求（特殊客製需求）和產品需求（共同通用需求）。**
3. **需求可以提供界定業務專案的分類。**

為了製作出符合準則的需求文件，在開始製作需求文件之前，我們需要先瞭解各種需求文件類型，以及如何設計適合自己專案的需求管理方法的框架。

18. 需求文件類型那麼多，都需要製作嗎？

在軟體開發和資訊系統專案中，常見幾種不同類型的需求文件：

- **商業需求文件（Business Requirements Document, BRD）**
  商業需求文件是專案的業務目標和商業需求的概述。它主要描述需要解決的業務問題，並提供對預期效益和結果的說明。

- **功能需求文件（Functional Requirements Document, FRD）**
  功能需求文件是系統或軟體功能和特性的概述。它主要描述系統應該執行的功能，以及在不同場景下應該具備的功能。

- **系統需求規格書（System Requirements Specification, SRS）**
  系統需求規格書提供了系統的全面描述，包括功能需求和非功能需求等。它還考慮了系統限制和需要實現的效果。

- **使用案例（Use Case）**

  使用案例概述了特定場景中使用者與系統之間的交互步驟。通常還會使用其他圖表或流程圖來說明事件的順序。

- **線框圖或視覺稿（Wireframes or Mockups）**

  線框圖或視覺稿展示預期的使用者介面和功能佈局。它們有助於利害關係人和開發人員瞭解軟體的外觀和使用體驗。

這些文件類型都是商業分析師常製作的文件。儘管可能因組織、軟體開發方法（例如敏捷或瀑布式）及專案本身的性質而需要製作不同的文件，但這些文件的定義及內容存在重疊部分，也導致了文件之間可能重複或無法關聯的落差。

因此，我們整合了資訊系統專案中必須製作的需求文件，並統整成**四大需求文件**，確保它們相互關聯但內容不重疊，進而提高商業分析師製作需求文件的效率，並可快速回應需求變更的情況。

四大需求文件各自扮演重要的角色，每個文件也都對應不同的專業領域，並在其相應領域中發揮關鍵作用（圖 1-5-1）：

- **商業需求規格書：商業分析的成果**

  商業需求規格書（Business Requirements Specification）用於描述企業對特定產品或專案的需求和期望，包含業務活動和流程的改進和轉型的需求。商業需求規格書在需求工程領域中通常扮演說明業務目標及預期效益的角色。

- **系統需求規格書：需求工程的關鍵**

  系統需求規格書（System Requirements Specification）是將商業需求中的系統需求（需要進行數位化的業務活動和流程）彙整而成。系統需求規格書在需求工程領域中非常重要，因為它將商業需求轉化為可執行的資訊系統需求。

- **專案計劃書：專案管理的指南**

  專案計劃書（Project Plan）用於描述實施專案的計劃和策略。在專案管理領域，專案計劃書是最重要的文件，因為它提供了實現專案目標的路線圖。

- **軟體需求規格書：軟體工程的基石**

  軟體需求規格書（Software Requirements Specification）是描述軟體需求的文件。它在軟體工程領域中是系統及軟體開發的基礎，為開發團隊提供了確定和理解軟體需求的依據。

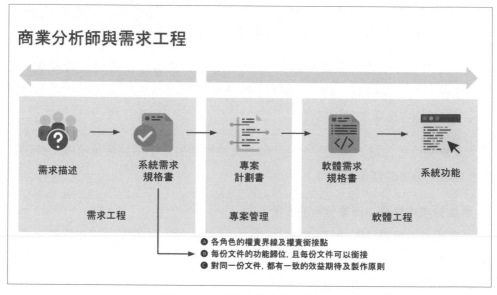

▲ 圖 1-5-1　需求文件對應的專業領域

四大需求文件在不同專業領域中各自發揮重要的作用，商業分析師負責編制商業需求規格書及系統需求規格書，專案經理負責製作專案計劃書，而系統分析師則負責編寫軟體需求規格書。因此，建立不同團隊之間需求文件的關聯，是需求管理的核心任務。**要實現跨團隊之間需求文件的有效關聯及對應，我們需要一個有結構的需求管理方法框架，以供各個團隊成員依循。**

19. 如何設計需求管理方法框架？

在＜第 1 章：需求工程及需求管理－如何在資訊系統專案實施需求管理方法？＞中說明，透過實施需求管理方法，我們期望達到以下三個結果：

- 盡可能準確地記錄各角色的**權責界線和權責銜接點**；
- 將每份**文件的功能歸位**，使得每份文件能夠互相銜接；
- 讓每個專案成員對同一份文件都有**一致的效益期待和製作原則**。

為了實現這三個結果，**一個需求管理方法框架包括三個方面：需求文件架構、需求文件關聯和需求文件對應**。每個方面關注的設計重點不同，不同的企業組織和資訊系統專案也會側重於不同的需求類別。因此，掌握每個方面的核心設計理念，然後對其進行詳細調整以符合自身組織和專案的需求管理框架，是需求分析和需求管理人員的重要責任。

需求文件架構

四大需求文件最常發生定義模糊不清的文件是需求發展階段的「系統需求規格書」（System Requirements Specification, SRS）與系統分析階段的「軟體需求規格書」（Software Requirements Specification, SRS）。兩者在英文簡稱皆為 SRS，部分內容也有重疊，為了更明確表達這兩個文件的差異，圖 1-5-2 中明確列出各階段的文件產出內容。實務上，這兩個文件若為同一個角色執行，很常合併成同一個文件。

另一組容易發生定義模糊不清的文件是「商業需求規格書」（Business Requirements Specification, BRS）及「系統需求規格書」，若商業需求需要在資訊系統上實現，則商業需求規格書的內容會銜接至系統需求規格書。如圖 1-5-2 及圖 1-5-4 中左側第一個粗框部分屬於商業需求規格書的範疇，左側第二個粗框部分屬於系統需求規格書的範疇。

有些企業的系統需求規格書由系統分析師製作，有些企業由商業分析師製作。隨著企業內組織分工對角色職責定義的不同，角色需產出內容也會不同，但無論角色職責的差異，這些規格書的基本組成內容是固定的，且內容產出也有固定順序。因此，**確認各規格書的基本組成內容，除了可以解決定義模糊不清的情況，還可以明確各角色的權責。**

類別	需求發展階段				系統分析階段			
	商業需求	系統需求	商業需求分析	系統需求分析	可行性分析	系統規劃	需求分析	系統設計
			商業需求清單表	系統需求清單表	專案計劃書	軟體需求規格書		
			商業需求規格書	系統需求規格書				
A	商業規則		○ 業務流程圖 ○ 業務作業清單 ○ 使用案例	系統功能線框圖 (系統功能視覺稿) 系統功能需求說明 系統功能測試案例	工作說明書 專案時程檔 (工作量評估 及WBS)	(整合至下方規格中)		
	限制要求							
B	既有資訊系統	系統對接需求	○ 系統流程圖			系統架構圖 (軟體/硬體/網路)		
	數據需求		○ 領域模型 ○ 數據資產 (數據輸出說明)			資料分析報告 (含數據遷移)	數據流程圖	數據模型
C	-	功能性需求	○ 使用案例循序圖 ○ 系統功能清單 ○ 系統功能流程圖		系統開發標準	實體關聯圖	系統功能程式規格	
D	-	非功能需求	非功能需求清單			系統功能原型	系統功能測試規格	
	-	品質要求	品質要求清單			服務級別協定		
	需求管理階段							
	需求追溯矩陣							

▲ 圖 1-5-2　需求文件架構

需求文件關聯

在前一章＜第 4 章：需求形成的過程－如何改進需求形成過程以促進資訊系統需求轉換成軟體需求？＞中，我們介紹了需求形成六步驟，其中步驟 2 將：

- 商業需求分析的結果將需求分為兩種類別：Ⓐ商業規則及限制要求、Ⓑ既有資訊系統需求及數據需求；

- 系統需求分析的結果將需求分為四種類別：Ⓐ商業規則及限制要求、Ⓑ系統對接需求及數據需求、Ⓒ功能性需求、Ⓓ非功能性需求及品質要求。

圖 1-5-2 呈現不同的需求類別相對應的分析技術：

- **商業規則及限制要求**：業務流程圖、業務作業清單、使用案例。
- **既有資訊系統需求及系統對接需求**：系統流程圖。
- **數據需求**：領域模型、數據資產。
- **功能性需求**：使用案例循序圖、系統功能清單、系統功能流程圖。
- **非功能性需求**：非功能需求清單。
- **品質要求**：品質要求清單。

結合上述所有需求，我們將透過「系統功能線框圖或視覺稿」、「系統功能需求說明」來呈現系統介面和功能布局的需求內容，且以視覺化的方式呈現。同時，不同情境下的系統功能需求也會透過「系統功能測試案例」來呈現。

換句話說，**當利害關係人提出一個需求時，我們需要將其拆分為不同的需求類別，並使用不同的分析技術來表示這些需求內容**。圖 1-5-3 呈現需求文件關聯，當需求被拆分並用不同的分析技術表示時，這些分析技術之間存在著緊密的關聯。在需求管理過程中，我們可以隨時透過這些關聯來追溯需求的原始內容。

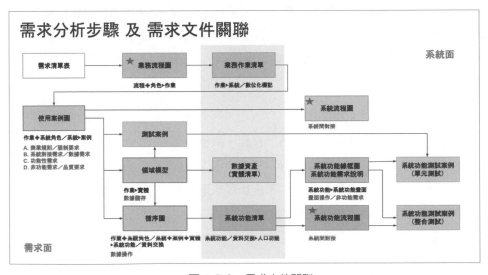

▲ 圖 1-5-3 需求文件關聯

透過這一系列有序的需求分析過程，我們可以將商業需求有組織地轉化為系統需求，同時確保商業需求和系統需求的完整性。另外，透過「業務作業清單」、「數據資產」和「系統功能清單」，我們可以獲得專案層級完整的需求清單內容，進一步增強需求管理的效力。

需求文件對應

在前一章＜第 4 章：需求形成的過程－有助於促進資訊系統需求轉換成軟體需求的行動是什麼？＞中，我們已經探討了將系統需求轉換為軟體需求所面臨的挑戰。這些挑戰主要圍繞兩個方面：需求收集及需求分析。需求分析方面有三個關鍵行動：

- **如何將模糊的需求具體化**
- **有效掌握需求變更的影響範圍**
- **結構化的需求規格書**

執行這三個關鍵行動，可以促進系統需求轉換為軟體需求，即將系統需求規格書轉換為軟體需求規格書。**透過「需求文件架構」，我們可以實現結構化的需求規格書，透過「需求文件關聯」，我們可以將模糊的需求具體化，透過「需求文件對應」，我們可以有效掌握需求變更的影響範圍。**根據圖 1-5-2，可以看到以下對應關係：

- 系統流程圖：對應系統架構圖
- 領域模型及數據資產：對應數據流程圖、數據模型
- 使用案例循序圖、系統功能清單、系統功能流程圖、系統功能線框圖、系統功能需求說明：對應實體關聯圖、系統功能原型、系統功能程式規格
- 系統功能測試案例：對應系統功能測試規格
- 品質要求清單：對應服務級別協定

換句話說，**當需求已經清晰地分為不同的需求類別，並使用正確的分析技術來表示需求內容，在轉換為軟體需求時，需求文件會有一定的對應邏輯**。這提高了需求轉換的可理解性，並使我們能夠更好地掌握需求變更的影響範圍。

此外，當資訊系統專案進入至系統分析階段後，不同階段需要產出不同的需求文件。從圖 1-5-2 中，可以看到各階段文件為：

- **可行性分析階段**：專案計劃書關鍵文件包含工作說明書、專案時程檔等。
- **系統規劃階段**：軟體需求規格書關鍵文件包含系統架構圖、資料分析報告、系統開發標準、服務級別協定等。
- **需求分析階段**：數據流程圖、實體關聯圖、系統功能原型等。
- **系統設計階段**：數據模型、系統功能程式規格、系統功能測試規格等。

需求管理方法框架同時適用瀑布式和敏捷軟體開發方法。當專案採用敏捷方法時，上述的需求文件架構、需求文件關聯、及需求文件對應仍然適用。差別只在需求文件不會在初始階段就完成，而是在每次迭代的過程中逐漸補充各需求文件的內容。在專案結束或特定時間點時，需求文件仍應忠實呈現當下的需求內容。

本書接下來的內容，將依序由 Ⓐ 至 Ⓓ 進行（圖 1-5-4）。

Ⓐ 部分包含業務流程圖、業務作業清單、使用案例、系統流程圖、領域模型、數據資產（數據輸出說明），對應本書為＜第 2 篇：Business Requirements Specification 商業需求規格書＞。

Ⓑ 部分包含使用案例循序圖、系統功能清單、系統功能流程圖、系統功能線框圖（視覺稿）、需求說明、測試案例，對應本書為＜第 3 篇：System Requirements Specification 系統需求規格書＞。

Ⓒ 部分包含工作說明書、專案時程檔（工作量評估及 WBS）、品質要求清單、服務級別協定，對應本書為＜第 4 篇：Project Plan 專案計劃書＞。

D 部分包含系統架構圖（數據部分）、資料分析報告（含數據遷移）、數據流程圖、數據模型，對應本書為＜第 5 篇：Software Requirements Specification 軟體需求規格書＞。

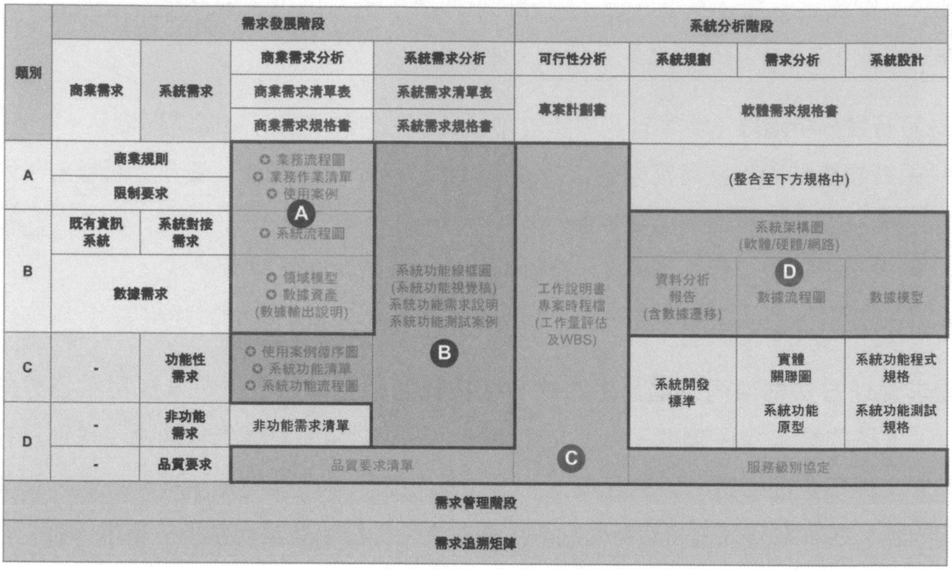

▲ 圖 1-5-4　需求文件架構與本書章節的對應

20. 如何實踐需求收集及需求驗證？

在＜第 3 章：需求工程與軟體工程的關係－需求工程和軟體工程是什麼關係？＞中，我們介紹了需求循環，包含需求發展、系統分析、需求管理三個階段的任務。在需求發展的任務中（圖 1-5-5），在規劃需求方法及確定需求利害關係人和使用者之後，下一步是開始需求收集作業。

需求收集作業從引出需求到需求驗證，是一個連續不間斷且反覆的過程。主要目的是希望獲得利害關係人真實的需求及期望。選擇合適的引出需求技術，可以盡

可能收集詳盡的需求內容。在經過分析及記錄需求後，透過溝通及需求驗證，需求得到利害關係人的認同，因此明確需求的有效性。

分析及記錄需求在後續＜第 2 篇：Business Requirements Specification 商業需求規格書＞及＜第 3 篇：System Requirements Specification 系統需求規格書＞的章節中有詳細說明，以下針對常見需求引出技術及需求驗證的方法做介紹。

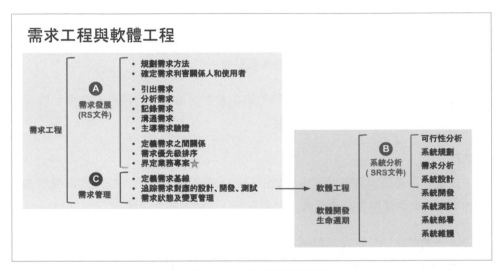

▲ 圖 1-5-5　需求發展的任務

▌常見需求引出技術

每種需求引出技術都有其獨特的優勢和限制。以下介紹這些技術和適用場景。

- **會議**

  會議是將多個利害關係人聚集在一起，共同討論需求的技術。適合在需求收集初期，需求不明確或需要創意發想的情境。

  會議的優勢在於能夠促進不同觀點的交流。但會議形式可能存在參與者之間的權力不平衡和意見不一致的問題。

- **調查**

  調查是透過問卷或問題的形式，以收集大量利害關係人的意見和回饋的技術。需要標準化的作業流程需求，很適合透過調查進行需求收集。

  調查的優勢在於能夠快速收集大量數據，並且可以匿名進行。但問卷設計需要確保問題清晰明確，以免有誤導的情況。

- **觀察**

  透過觀察使用者在特定情境下的行為來瞭解他們的需求。使用者不擅長表達需求時適用，或評估作業流程是否需要數位化的情境下使用。

  觀察的優勢在於能夠直接瞭解他們的需求和使用習慣。但觀察的結果可能受到環境因素和觀察者主觀偏見的影響。

- **訪談**

  訪談是一種直接與利害關係人對話的技術，透過提問和回答的方式來瞭解他們的需求。適合使用在已有明確主題需要深入探討的需求情境。

  訪談的優勢在於可以深入瞭解利害關係人的觀點、態度和期望，並能夠直接解答他們的問題。但訪談容易受到語言文化的影響，以及可能存在特定利害關係人代表性不足的風險。

- **案例**

  透過描述使用者在指定情境下如何使用資訊系統的技術。當指定情境包含不同領域的專業知識，或需求收集人員對該情境不瞭解時使用。

  案例的優勢在於能夠清晰地描述需求和系統功能之間的關係，並能夠作為開發和測試的基礎。但案例可能存在忽略少數特殊情境需求的局限性。

- **原型設計**

  透過建立系統功能的模擬畫面，來收集和確認需求的技術。適合使用在已有資訊系統的系統功能優化，或需求收集後期凝聚利害關係人共識使用。

原型設計的優勢在於能夠提供具體、可視化的體驗，並能夠及早發現問題。但製作原型設計需要額外的時間和資源。

▌ 需求驗證的方法

需求驗證是需求收集中最重要的環節，需求必須獲得利害關係人的確認及取得共識，才能成為正式的需求。為了有效地驗證需求，常見的驗證技術有：

- **需求說明**
  向利害關係人及開發團隊說明需求分析的結果，並收集回饋、問題或建議。

- **案例或原型模擬**
  透過與利害關係人共同模擬需求分析後的案例情境或系統功能原型，確認需求的正確性，以及評估它們對現有資訊系統環境的影響。

- **需求規格書審查**
  與利害關係人一起對需求規格書進行審查，以確認和解決需求中的任何錯誤、歧義或差距。

- **資訊系統測試**
  在系統開發完成，或階段性完成時，透過利害關係人參與系統測試過程，確認需求收集及需求分析結果的適用情形。

「需求引出」是需求收集的第一個步驟，「需求驗證」方法則可以明確需求內容及分析結果。每種技術都有其獨特的優勢和限制，選擇合適的技術取決於實際的情境。透過適當運用這些技術，我們可以更好地理解真正的需求，以開發出符合利害關係人期望的資訊系統。

21. 哪些情況容易發生需求缺失，以及如何避免？

需求缺失是需求收集過程中常見的問題，我們可以採取相應的措施來減少這些情況的發生。容易導致需求缺失的情況有：

- **只觀察與訪談而未納入流程改造及優化**

  在觀察和訪談利害關係人時，只關注當前的業務流程，忽略了流程改造和優化。這可能導致無法捕捉到潛在的需求，或錯過對現有流程改進的機會。

  為了避免需求缺失，在需求分析階段應納入流程改造和優化，以確保新資訊系統能夠更好地滿足業務需求。

- **採用系統功能原型進行需求訪談導致有盲點**

  在進行需求訪談時，可能使用系統功能原型來展示預期的系統功能和介面。但這種方式可能會導致需求內容與利害關係人的實際期望不相符。因為利害關係人可能更關注業務流程的改善和需求的實際效益，而不僅僅是系統的功能。因此，在進行需求訪談時，我們應該著重於理解利害關係人的實際需求和期望，而不僅僅是系統的功能要求。

- **利害關係人無法對需求有效回饋**

  在製作需求文件時，忽略了利害關係人的回饋和參與。這可能導致需求文件的不完整或不準確。為了確保需求的準確性和完整性，我們應該積極邀請利害關係人參與需求定義和審查過程，並及時處理他們的回饋和意見。

- **需求文件不再更新**

  需求是一個動態的過程，隨著專案和業務的變化，需求可能會不斷變化和演進。如果我們不定期更新需求文件，將導致需求文件不再準確或不具可行性。為了確保需求的有效性，我們應該定期審查和更新需求文件，並與利害關係人保持密切的溝通。

綜上所述，要避免需求缺失，我們應該充分考慮流程改造和優化、理解利害關係人各方面的期望、積極邀請回饋和更新需求文件。這些措施將有助於確保資訊系統專案的成功實施，並滿足業務的真正需求。

22. 有哪些流行的需求管理工具？

需求管理工具通常會被歸類為需求管理工具（Requirements Management Tools）或應用生命週期管理工具（Application Lifecycle Management, ALM）。有些工具則歸入問題追蹤系統（Issue Tracking System）或專案計劃工具（Project Planning Tools）。近年來，敏捷開發工具的迅速增長使得需求管理工具在敏捷計劃工具（Agile Planning Tools）中也變得非常常見（附錄 1）。

需求管理工具的選擇需要考慮以下幾個要素：

- **需求管理方法的框架**
  需求文件管理及後續需求變更追蹤是需求管理工具的重要任務。在選擇需求管理工具時，務必確保工具能夠與需求管理方法相配合。

- **軟體開發方法的選擇**
  無論使用傳統的瀑布式還是敏捷開發方法，須確保需求管理工具能夠支援。

- **系統架構的設計**
  需求管理工具應該能夠支援及保存清晰的系統架構圖等相關文件。

- **系統開發標準的建立**
  有些需求管理工具可以協助制定和執行系統開發標準，也提供文件的共享功能。

- **系統測試的方法**
  有些需求管理工具可以支援不同測試方法和測試工具，有助於提高測試效率和準確性。

- **系統維護的方法**

  一個優秀的需求管理工具不僅在需求發展階段發揮作用，應該也能支援系統維
  護階段，提供追蹤和管理系統錯誤、問題和需求變更的功能。

在＜第 3 章：需求工程與軟體工程的關係－整合需求工程和軟體工程的主要挑戰
是什麼？＞中，我們介紹到，商業分析使用的數據、文件和工具與軟體開發使用
的不一致時，可能會導致溝通成本增加和需求遺失等問題。因此，在選撰需求管
理工具時，應優先考慮如何整合需求工程和軟體工程，以發揮需求管理工具的功
效。以下我們介紹數個包含需求管理工具的軟體或平台。

Microsoft Azure DevOps

https://azure.microsoft.com/zh-tw/products/devops

Azure DevOps 是一個雲端平台，提供軟體開發全生命週期的開發管理工具，包括
版本控制、專案管理、自動化建置和部署、持續整合和持續交付等。

▲ 圖 1-5-6 Microsoft Azure DevOps

▌ ATLASSIAN Jira Software

https://www.atlassian.com/software/jira

Jira Software 以工作流程管理著稱，專為團隊協作和專案管理而設計，提供專案管理、問題追蹤和任務管理的功能。

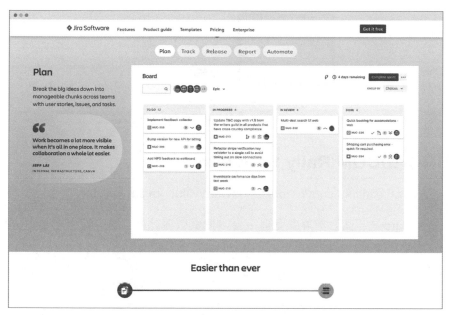

▲ 圖 1-5-7 ATLASSIAN Jira Software

▌ digital.ai

https://digital.ai/

digital.ai 專注在軟體交付的自動化和流程優化，包括持續交付、專案管理和測試自動化等。

▲ 圖 1-5-8　digital.ai

▎BROADCOM Rally Software

https://www.broadcom.com/products/software/value-stream-management/rally

Rally Software 是一個敏捷專案管理平台，提供敏捷計畫、迭代管理、資源分配和報告分析等功能。

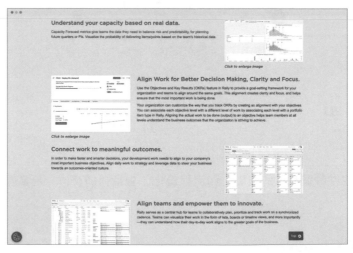

▲ 圖 1-5-9　BROADCOM Rally Software

Jama Software Jama Connect

https://www.jamasoftware.com/

Jama Connect 是一個需求管理和產品開發平台，專為協助追蹤和驗證產品需求而設計。它提供了集中式需求管理、變更控制和測試管理等功能。

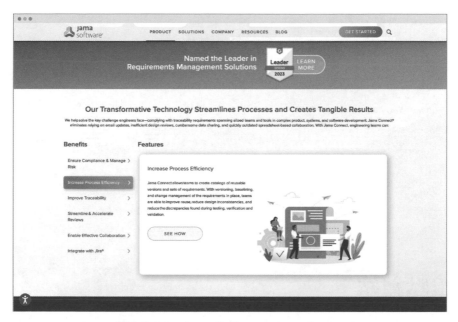

▲ 圖 1-5-10　Jama Software Jama Connect

INTLAND Software codebeamer

https://intland.com/codebeamer/

codebeamer 整合了應用程式生命週期的管理平台，提供需求管理、測試管理、變更控制、協作工具和報告分析等功能。

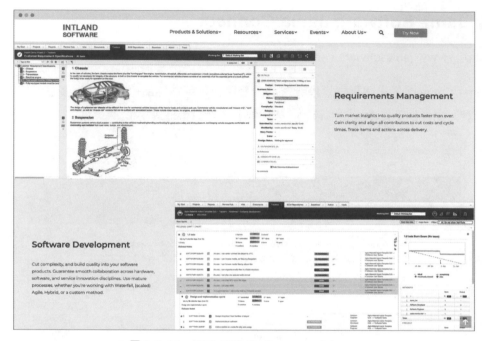

▲ 圖 1-5-11　INTLAND Software codebeamer

▍重點總結

我們整合了資訊系統專案中必須製作的需求文件，並統整成四大需求文件，確保它們相互關聯但內容不重疊，進而提高商業分析師製作需求文件的效率。四大需求文件各自扮演重要的角色，每個文件也都對應不同的專業領域，並在其相應領域中發揮關鍵作用。

要實現跨團隊之間需求文件的有效關聯及對應，我們需要一個有結構的需求管理方法框架，以供各個團隊成員依循。一個需求管理方法框架包括三個方面：需求文件架構、需求文件關聯和需求文件對應。

在規劃需求方法及確定需求利害關係人和使用者之後，下一步是開始需求收集作業。「需求引出」是需求收集的第一個步驟，「需求驗證」方法則可以明確需求內容及分析結果。每種技術都有其獨特的優勢和限制，選擇合適的技術取決於實際的情境。透過適當運用這些技術，我們可以更好地理解真正的需求，以開發出符合利害關係人期望的資訊系統。

接著我們介紹了常見容易發生需求缺失的情況，以及如何避免的方法。最後說明了需求管理工具的選擇考慮要素，及數個需求管理工具或平台。

需求管理方法框架如何具體實踐，在接下來的章節即將展開，準備好了嗎？專案開始囉！

自我測驗

1. 四大需求文件在不同專業領域各發揮什麼關鍵作用？
2. 設計需求管理方法框架包括哪三個方面？
3. 需求文件架構定義各階段應產出的文件有哪些？
4. 試說明各個需求文件關聯。
5. 需求工程與軟體工程的需求文件對應關係為何？
6. 常見的需求引出技術有哪些？各有什麼優勢和限制，以及適用場景？
7. 常見的需求驗證方法有哪些？
8. 哪些情況容易發生需求缺失，以及如何避免？
9. 需求管理工具的選擇需要考慮哪些要素？

附錄

1. Magic Quadrant for Enterprise Agile Planning Tools
   https://www.gartner.com/doc/reprints?id=1-29V8H96S&ct=220425&st=sb

第**2**篇

Business Requirements Specification
商業需求規格書

06

參與人員組織圖－識別企業內專家形成有效的需求

"Talent wins games, but teamwork and intelligence win championships."
- Michael Jordan

「天賦可以贏得比賽，但團隊合作和智慧可以贏得冠軍。」－麥可‧喬丹
美國非裔運動員、NBA 歷史上最具影響力籃球員

《在開始之前的準備》

在開始進行需求訪談及製作需求規格書之前，我們還有幾件重要的事情需要執行。其中最重要的是，我們必須找出關鍵利害關係人。對於需求工程而言，關鍵利害關係人是企業內的專家，他們擁有豐富的知識，同時也是潛在的資訊系統專案需求提出者。

儘管找出關鍵利害關係人和組織圖的概念相對簡單，但在實際執行中卻往往被簡化處理。然而，簡化這個步驟將對資訊系統專案產生明顯的影響。**因為錯誤的利害關係人，會導致資訊系統專案往不正確的方向發展。**因此，我們需要踏實地進行本章內容，為資訊系統專案的需求建立穩固的基礎。

23. 如何識別企業內的專家及人工智慧如何提供企業所需知識？

在以知識和效率為主軸的現代商業領域中，專家是企業內最寶貴的資源。他們憑藉著專業知識和技能，為組織創造巨大價值。識別組織內的專家並有效地利用他們的知識，能夠為資訊系統專案提供更高品質和更有效的需求。以下是一些識別專家的方法：

- **優良專案經驗的實績專家**

  這些專家在特定領域展示出非凡的能力和專業知識，透過瞭解他們在專案的貢獻和成果，可以更好瞭解他們的能力和知識領域。

- **建立有效知識共享制度**

  有效的知識共享制度，會促進潛在專家之間的交流。包括定期的會議、內部知識庫等。透過這些會議及活動，識別參與成員熟悉的知識及表現。

- **透過社交網絡找尋專家連結**

  利用社交網絡平台，識別組織內活躍於特定領域的專家在社交網絡上的參與度和影響力。也可以找尋組織內專家與外部專家的連結，以建立專家群體。

- **訪談和調查潛在專家**

  透過與組織內的員工、同事和合作夥伴進行深入交流，瞭解到哪些人在特定領域擁有獨特的知識和技能，以幫助我們更好地利用他們的知識。

透過上述方式識別並有效地利用組織內的專家，及拓展外部專家群體，以提升資訊系統專案的品質和效益。因此，企業應該重視和支持專家的發展，並創造一個鼓勵知識共享和協作文化的環境。

在 2022 年底問世的生成式人工智慧 ChatGPT，為商業領域帶來了嶄新的知識應用層次。人工智慧（Artificial intelligence, AI）能夠在特定領域中複製人類專家的知

識理解能力，透過結合演算法和知識資料庫，AI 能夠在複雜的場景中提供組織所需可靠且一致的專業知識。儘管目前仍有許多知識正確性及道德安全議題需要我們共同面對，但在可見的未來，AI 將能夠取代特定專家的工作，這一點已經可以預見。

儘管 AI 目前尚無法完全取代人類專家，然而隨著技術的不斷進步和數據的累積，AI 將在更多領域中發揮重要作用。因此，人類專家和 AI 之間的合作將成為一個重要的方向。AI 可以為人類專家提供支持和協助，使其工作更加高效和準確。

因此，在本書的各章節後，我們提供了適用於商業分析師的 ChatGPT 工具，以協助商業分析師在進行需求分析時，獲得生成式 AI 的強大協助。但我們也必須認識到生成式 AI 存在一些道德和安全問題。AI 的判斷和決策是基於數據和模型訓練的，但數據可能存在偏見和不完整性，這可能導致結果不準確。因此，**在使用本書舉例的 ChatGPT 工具時，仍應透過人類專家的知識進行謹慎判斷，再加以使用。**

當我們識別出企業內的專家來源後，在資訊系統專案中，商業分析師將透過這些專家的知識和專長，建立更高品質和更有效的需求。在＜第 5 章：分析階段產出文件－如何實踐需求收集及需求驗證？＞中，我們介紹了常見需求引出技術及需求驗證的方法，商業分析師透過這些技術和方法與專家共同合作，以及 ChatGPT 工具的協助，將能大大提升資訊系統專案需求分析的效率。

24. 資訊系統專案有哪些組織類型及對需求分析有什麼影響？

商業分析師面對著各種不同的組織類型。這些組織類型包括利害關係人與企業內專家所屬的組織，以及資訊系統專案的專案組織。儘管每個企業的組織類型都有所不同，但它們仍有共同的基本架構。**在商業分析師進行需求引出技術之前，瞭**

解利害關係人的組織類型對於增加需求引出的有效性是關鍵。以及瞭解資訊系統專案的專案組織，對於需求驗證和掌握需求執行狀態也非常重要。

▌利害關係人所屬的企業組織

在組織設計中，階層式、矩陣式和專案式組織是常見的類型，它們代表了不同的組織架構和匯報關係。（圖 2-6-1）

● **階層式組織**

階層式組織呈現一種傳統的、自上而下、金字塔形的組織架構。在這種組織中，每個員工只向一個上級匯報，並且有明確的權責劃分。這種組織適合規模較大、分工較明確、需要高度控制和協調的團體。

階層式組織可以清楚地展示出不同層級之間的關係和權限。這樣的架構使得資訊佈達清晰，決策層級明確。但可能會導致資訊傳遞的延遲和破碎，並且組織較為僵化。

● **矩陣式組織**

矩陣式組織呈現一種複雜的、跨部門或跨專案的組織架構。在這種組織中，每個員工可能向多個上級匯報，並且在不同的角色或職能之間切換。這種組織適合規模較小、靈活度較高、需要多元化和創新能力的團體。

矩陣式組織可以展示出不同角色或職能之間的協作和溝通。在矩陣組織中，員工同時隸屬不同專案或團隊，進而提高了創新能力和靈活度。但可能會導致權責模糊和決策困難，需要更高的協調和溝通成本。

● **專案式組織**

專案式組織呈現一種扁平化的組織架構。在這種組織中，每個員工都有相對較大的自主權和決策權，並與其他員工或領導者保持直接溝通。這種組織適合規模極小、非常靈活、需要高度協作和參與感的團體。

專案式組織能夠反映出高度自主和參與感。每位員工在這樣的組織中都扮演著重要的角色，能夠更直接地參與到組織的運作和決策中。但可能會導致權力分散和協調困難，需要更強的溝通和協作能力。

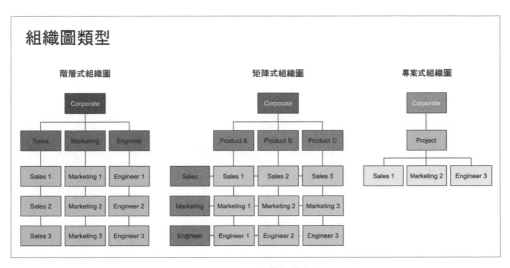

▲ 圖 2-6-1　企業組織類型

▌資訊系統專案的專案組織

在＜第 4 章：需求形成的過程－瀑布式軟體開發方法的軟體需求形成過程？＞及＜第 4 章：需求形成的過程－敏捷軟體開發方法的軟體需求形成過程？＞中，我們介紹了最常見的兩種軟體開發方法。瀑布式和敏捷的專案組織結構有很大不同。實際上，企業還可能根據組織、專案規模和其他因素等，促使專案組織形成獨特的結構。比較常見的專案組織結構有以下：

- **瀑布式：開發順序的結構**

  在瀑布式中，專案分為多個階段依序執行，每個階段都取決於前一個階段的完成。常見的階段是需求收集、設計、開發、測試和部署。每個階段都有專門的團隊負責執行該階段的工作。

- **瀑布式：開發職能的結構**

  在瀑布式中，根據設計、開發、測試和文檔等開發職能進行團隊的劃分，每個團隊負責不同的職能。在專案形成時，由各職能團隊的成員組成專案團隊，並且透過專案辦公室及專案經理進行分層管理及溝通。

- **敏捷：扁平的結構**

  敏捷團隊通常是授權團隊成員集體做出決策，透過專案經理或敏捷專家（Scrum Master）提供指導，並促進團隊進步及專案推展。

- **敏捷：動態的結構**

  敏捷專案的特點是靈活性和適應性。隨著需求的變化，團隊的組成可能會發生變化，成員會承擔不同的角色或職責來配合專案需求的變化。

▎不同的企業組織對資訊系統專案的影響

- **階層式組織**

  如果利害關係人之間的權責劃分不清楚，在階層式組織中可能會導致許多的任務無人執行和無法銜接的情況。面對這種組織結構時，須確保利害關係人清楚瞭解自己的角色和責任，並且有良好的溝通管道，以避免資訊傳遞的困難。

- **矩陣式組織**

  如果利害關係人較為資淺或對專案執行流程不熟悉，在矩陣式組織中可能會導致專案決策品質不一致或專案方向走偏的情況。面對這種組織結構時，須確保利害關係人具備足夠的知識和能力，以確保專案的順利進行。

- **專案式組織**

  如果利害關係人較缺乏自主驅動或溝通意識，在專案式組織中可能會導致專案決策小圈圈或各自為政的情況。面對這種組織結構時，須確保利害關係人具備良好的溝通和協作能力，並建立良好的溝通管道和決策機制，以確保專案目標的達成。

商業分析師在面對不同組織類型時，需要適應並選擇適合的溝通和引出需求的方法。瞭解利害關係人所屬的組織類型以及資訊系統專案的專案組織對於需求引出及需求驗證非常重要，以確保資訊系統專案的順利推展。

25. 企業內專家知識如何有效收集及協助業務需求的形成？

一旦確定了組織內的專家，並且瞭解這些利害關係人所屬組織架構需要注意的事項，接下來的關鍵在於運用這些專家的知識，形成業務需求。在＜第 5 章：分析階段產出文件－如何實踐需求收集及需求驗證？＞中，我們已經介紹了常見的需求引出技術。**在需求引出的過程中，專家所提供的知識可能包含專案以外的需求或企業知識，如何將這些寶貴的知識加以整理，對於企業治理會有更加明確的面貌，這也是商業分析師的重要工作之一。**因此，必須擁有強大的工具來有效地捕捉和組織專家的知識，我們可以透過一些工具來協助：

1. **知識管理系統**

   知識管理系統（Knowledge Management System, KMS）是一個用於捕捉、儲存和檢索企業知識的平台。這些系統通常包括文件儲存、全文檢索、知識共享等功能。

2. **決策樹或心智圖軟體**

   透過決策樹或心智圖軟體可以將專家的知識轉化為可行的決策流程。這些工具能夠記錄專家判斷的邏輯和規則，為企業建立一個決策流程來複製專家的經驗。

3. **協作平台**

   協作平台可以即時溝通、文件共享和多人同時協作，為企業內專家創造一個高效累積知識的環境。

4. **自然語言處理工具**

隨著生成式 AI 的快速發展,現在愈來愈多平台及軟體,利用自然語言處理技術提供更強大功能,例如從文件、電子郵件和聊天日誌等非結構化數據中提取和分析知識,使我們能夠捕捉有價值的知識並將其統整到知識庫中。

《實務小技巧》

在進行需求引出的過程中,我們應該鼓勵專家和利害關係人描述完整的業務場景,這樣可以提供後續業務流程圖步驟所需的全面業務流程資訊,進而幫助我們做出更合適的數位化作業和資訊系統需求的決策和設計。

同時,我們應該儘量避免只要求專家和利害關係人描述需求本身。因為這樣做可能包含了當事人對需求的理解和判斷,而且也容易受到需求引出人的引導影響,進而導致需求收集結果與實際業務流程或目標有偏差的情況發生。

因此,我們應該在需求引出過程中注意這一點,確保收集到的需求能夠真實反映業務的實際需求情況。

總結來説,知識是形成業務需求的基礎,選擇適當的工具,企業才能發揮知識資產的潛力並推動創新和增長。以下我們介紹一些當前流行的平台,綜合了知識管理及協作等功能,並且大部分也都有整合生成式 AI 的強大功能!

SharePoint

https://www.microsoft.com/zh-tw/microsoft-365/sharepoint/collaboration

提供文件儲存和管理，以及建立工作流程。SharePoint 以與 Microsoft 產品的整合而聞名。

▲ 圖 2-6-2　SharePoint

Confluence

https://www.atlassian.com/software/confluence

以文件、Wiki 等形式建立、組織和共享知識。Confluence 強調易用性，並提供版本控制、任務追蹤和評論等功能。

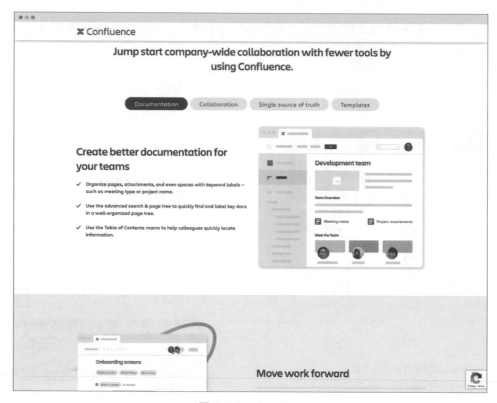

▲ 圖 2-6-3　Confluence

▌Notion

https://www.notion.so/product

是多功能的工具，集筆記、專案管理和知識管理功能於同一個平台。允許使用者建立和組織文件、資料庫、Wiki 等。Notion 以其靈活且可自製介面脫穎而出。

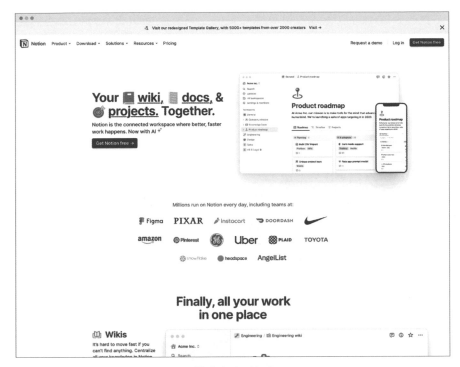

▲ 圖 2-6-4　Notion

重點總結

我們介紹了四種識別專家的方法，以及生成式 AI 如何扮演專家的角色，兩者都可以提升資訊系統專案的品質和效益。但也強調目前 AI 提供的知識可能存在偏見和不完整性。因此，在使用本書舉例的 ChatGPT 工具時，仍應透過人類專家的知識進行謹慎判斷，再加以使用。

接著我們介紹了商業分析師需要面對的各種組織類型，包括利害關係人及企業內專家所屬的組織，以及資訊系統專案的專案組織。不同組織類型各有需要注意的事項，以確保資訊系統專案的順利推展。

最後，我們介紹了可以有效收集專家知識的工具，以協助商業分析師建構企業治理的明確面貌。

做好了這些準備，我們下一個章節就要開始需求訪談了，需求訪談會議開始囉！

自我測驗

1. 有哪些識別企業內專家的方法？
2. 目前使用生成式 AI，例如 ChatGPT 時，應注意哪些議題？
3. 利害關係人所屬的企業組織有哪幾種？各有什麼優勢及劣勢？
4. 資訊系統專案的專案組織有哪幾種？
5. 不同的企業組織對資訊系統專案有什麼影響？
6. 收集專案以外的專家知識有什麼好處？
7. 哪些工具可以協助商業分析師有效地捕捉和組織專家的知識？

讓 ChatGPT 成為你專屬的人力資源規劃專家！

- Chrome Extension: AIPRM for ChatGPT
- Topic: Productivity
- Activity: Plan
- Prompt: One Click Human Resources Pro

專案經理如何定義專案成員的權責及工作內容劃分呢？讓 ChatGPT 提供專業的意見給你！透過 ChatGPT 列出特定產業指定職務的職責及資格等，進一步可以列出日常工作項目及考核績效指標，就可以快速的列出這個職務的工作輪廓了！

人類專家的提醒：在使用 ChatGPT 時，仍應透過人類專家謹慎判斷 ChatGPT 提供的回答後，才可正式使用喔。

1. 描述公司產業及指定職務名稱。

▲ 圖 2-6-5　在 ChatGPT 列出特定產業指定職務的職責（未完）

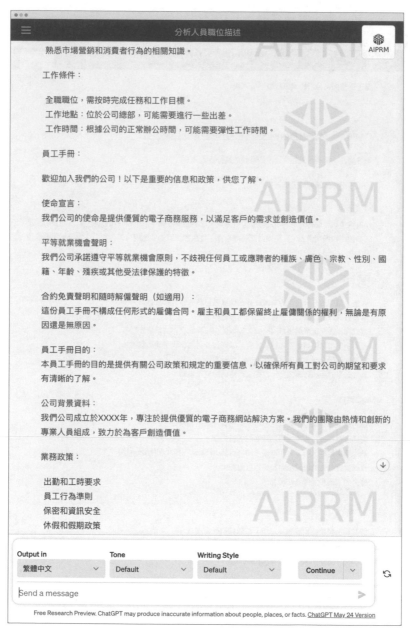

熟悉市場營銷和消費者行為的相關知識。

工作條件：

全職職位，需按時完成任務和工作目標。
工作地點：位於公司總部，可能需要進行一些出差。
工作時間：根據公司的正常辦公時間，可能需要彈性工作時間。

員工手冊：

歡迎加入我們的公司！以下是重要的信息和政策，供您了解。

使命宣言：
我們公司的使命是提供優質的電子商務服務，以滿足客戶的需求並創造價值。

平等就業機會聲明：
我們公司承諾遵守平等就業機會原則，不歧視任何員工或應聘者的種族、膚色、宗教、性別、國籍、年齡、殘疾或其他受法律保護的特徵。

合約免責聲明和隨時解僱聲明（如適用）：
這份員工手冊不構成任何形式的雇傭合同。雇主和員工都保留終止雇傭關係的權利，無論是有原因還是無原因。

員工手冊目的：
本員工手冊的目的是提供有關公司政策和規定的重要信息，以確保所有員工對公司的期望和要求有清晰的了解。

公司背景資料：
我們公司成立於XXXX年，專注於提供優質的電子商務網站解決方案。我們的團隊由熱情和創新的專業人員組成，致力於為客戶創造價值。

業務政策：

出勤和工時要求
員工行為準則
保密和資訊安全
休假和假期政策

Output in 繁體中文　Tone Default　Writing Style Default　Continue

Send a message

Free Research Preview. ChatGPT may produce inaccurate information about people, places, or facts. ChatGPT May 24 Version

▲ 圖 2-6-6　在 ChatGPT 列出特定產業指定職務的職責（續）

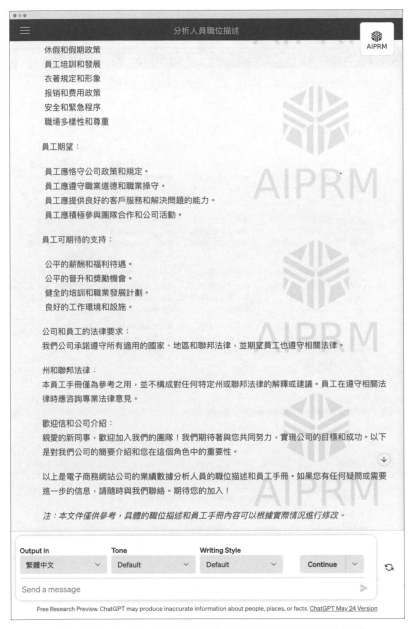

休假和假期政策
員工培訓和發展
衣著規定和形象
報銷和費用政策
安全和緊急程序
職場多樣性和尊重

員工期望：

員工應恪守公司政策和規定。
員工應遵守職業道德和職業操守。
員工應提供良好的客戶服務和解決問題的能力。
員工應積極參與團隊合作和公司活動。

員工可期待的支持：

公平的薪酬和福利待遇。
公平的晉升和獎勵機會。
健全的培訓和職業發展計劃。
良好的工作環境和設施。

公司和員工的法律要求：
我們公司承諾遵守所有適用的國家、地區和聯邦法律，並期望員工也遵守相關法律。

州和聯邦法律：
本員工手冊僅為參考之用，並不構成對任何特定州或聯邦法律的解釋或建議。員工在遵守相關法
律時應咨詢專業法律意見。

歡迎信和公司介紹：
親愛的新同事，歡迎加入我們的團隊！我們期待著與您共同努力，實現公司的目標和成功。以下
是對我們公司的簡要介紹和您在這個角色中的重要性。

以上是電子商務網站公司的業績數據分析人員的職位描述和員工手冊。如果您有任何疑問或需要
進一步的信息，請隨時與我們聯絡。期待您的加入！

注：本文件僅供參考，具體的職位描述和員工手冊內容可以根據實際情況進行修改。

Output in	Tone	Writing Style	
繁體中文	Default	Default	Continue

Send a message

Free Research Preview. ChatGPT may produce inaccurate information about people, places, or facts. ChatGPT May 24 Version

▲ 圖 2-6-7　在 ChatGPT 列出特定產業指定職務的職責（續）

2. 進一步要求 ChatGPT 列出該職務的工作項目產出。

▲ 圖 2-6-8　在 ChatGPT 列出職務的工作項目產出

3. 進一步要求 ChatGPT 列出該職務的考核績效指標。

▲ 圖 2-6-9　在 ChatGPT 列出職務的考核績效指標

需求清單表－組織及排序需求以形塑業務流程架構

"Your values determine your priorities and guide your actions." - Stephen Covey

「你的價值觀決定你的優先事項並指導你的行動。」－史蒂芬‧柯維

美國著名管理學大師、《與成功有約－高效能人士的七個習慣》作者

《在開始之前的準備》

開始需求訪談了。透過需求引出技術，我們可以從利害關係人獲得「需求」。我們在＜第 3 章：需求工程與軟體工程的關係＞有提到：需求是描述資訊系統如何實現業務目標，或者描述資訊系統實現業務目標的過程。需求在經過需求分析的過程後，才會成為資訊系統的解決方案，再透過需求文檔清晰的記錄需求分析結果。

但需求分析不僅僅是從會議記錄中擷取或濃縮需求描述即可。而是需要透過「需求分析步驟」一系列的動作，才能形成高品質且有效的需求。在接下來的三個章節＜第 7 章：需求清單表＞、＜第 8 章：業務流程圖＞、＜第 9 章：業務作業清單＞，我們將具體實作完整一系列的需求分析步驟。

我們開始吧！

26. 高品質的需求應該具備哪些特徵？

高品質的需求具有許多特徵，例如國際商業分析協會（International Institute of Business Analysis, IIBA）的國際商業分析師認證（Certified Business Analysis Professional, CBAP）的 BABOK 指南，建議優良需求應具備以下特點：有凝聚力（cohesive）、完全的（complete）、持續的（consistent）、正確的（correct）、可行的（feasible）、可修改（modifiable）、不含糊（unambiguous）、可測試（testable），且每個需求都應與一個且只有一個事物相關。雖然這些特徵相當抽象且不易實踐，但我們可以具體遵循以下幾個指引（見圖 2-7-1）：

- 每個需求都應該只與一個事物相關，足夠詳細（detailed），且無法再更進一步細分。
- 可追溯（traceable）。
- 可測試（testable）。
- 可測量（measurable）。

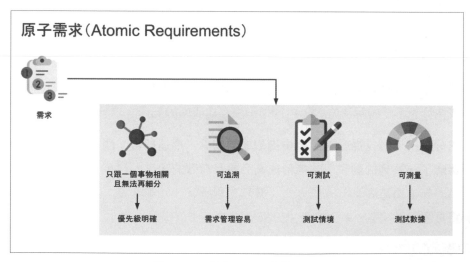

▲ 圖 2-7-1 製作原子需求遵循的準則

▍製作原子需求

使用無法再進一步細分的原子方式表達需求（Atomic Requirements）有助於明確定義需求的優先級，避免多個需求混合成一個需求，導致難以確定總體優先級或需要進行需求變更時難以評估。

另一個優點是可以獲得更好的可追溯性。若需求是混合的，將涉及不同的利害關係人，導致需求之間的關係和依賴性變得複雜，使得需求管理在專案後期變得困難並引發問題。

此外，我們應謹記可測量和可測試的特點。**在列出需求時，即要定義在系統開發完成後的測試情境及案例項目，並且要量化需求的內容及測試數據。**實務上，測試案例和測試資料在「使用案例」步驟之後才明確，因此在此步驟之時，我們只能先收集相關資訊。

此外，一開始收集需求清單時，一定會有各式各樣的需求混雜在一起，且也無法馬上明確有多少需求需要進行數位化。因此，**需求清單表會同時混有商業需求及系統需求是正常的。**實務上，在「業務流程圖」步驟後，才能明確有多少數位化作業的系統需求。

以圖 2-7-2 的需求清單表為例，可由不同的商業分析師彼此互相確認是否符合原子需求指引：

- 該需求只與一個事物相關嗎？若有成員表示該需求不是原子需求，則表示需求不夠詳細。
- 該需求中若有需求變更，會涉及不同利害關係人嗎？若有多位利害關係人，表示該需求是混合的。
- 該需求要如何測試及測量方式是什麼？若無法提出，表示需求的情境不夠原子化，需要將需求再更詳細拆分。

提出單位	提出角色	需求依據	需求編號	需求描述	業務流程
行銷企劃	網站企劃人員	會議記錄0301.docx	BR001	購物車、訂單、及金流功能，流程要簡化。	2-訂單及客服流程
行銷企劃	網站企劃人員	會議記錄0301.docx	BR002	登入帳號後要有我的追蹤及瀏覽紀錄的功能。	3-網站行銷流程
資訊單位	專案經理	會議記錄0301.docx	BR003	系統角色權限需對接內部權限管理系統。	0-帳號流程
行銷企劃	網站企劃人員	會議記錄0301.docx	BR004	要有訂單處理功能及訂單報表功能。	2-訂單及客服流程
行銷企劃	網站企劃人員	會議記錄0301.docx	BR005	產品上架功能。包含3張縮圖及5張圖片，可以嵌入影片連結，要可以編輯文字格式。可以設定多個日期區間及數量區間的價格。	1-產品及庫存流程
行銷企劃	網站企劃人員	會議記錄0301.docx	BR006	產品上架需有審核流程。	1-產品及庫存流程

▲ 圖 2-7-2　需求清單表

▎原子需求的好處及挑戰

當需求清單表中的所有需求都使用原子需求方式描述時，會為資訊系統專案帶來以下好處：

- **提高需求的清晰度和理解力**

  原子需求可以確保利害關係人對專案的結果有更清晰的瞭解，也可以避免開發人員誤解需求。

- **改善專案成員的溝通與協作**

  清晰且具體的原子需求有助於專案團隊成員之間有效的溝通，包括開發人員、UI/UX 設計人員等。

- **增強資訊系統的靈活性和適應性**

  透過將需求分解為原子單位，資訊系統開發團隊獲得更靈活設計的優勢。包括允許在開發過程中更容易地進行合併或組裝需求，進而提供專案所需的敏捷性。

- **資訊系統如期如質交付**

  原子需求也促使專案時間表和成本預算更易於管理，進而降低延遲和成本超支的風險。這有助於資訊系統專案在期間內和預算內順利完成交付。

實現原子需求並非沒有挑戰，原子需求的製作容易發生以下障礙：

- **需求蔓延**

  當需求範圍擴大，或新需求不斷湧現時，可能導致需求的目標改變，導致需要重新製作原子需求。

  為了應對需求蔓延，我們需要建立一個明確的需求管理方法，包括對需求進行嚴格的篩選和評估。同時，我們還需要與利害關係人積極進行溝通，確保他們理解和支持需求的範圍和目標。

- **技術限制**

  當現有的技術基礎無法滿足需求時，導致難以原子化需求；或需要先進行重大的技術改進，才能進行需求的原子化。這導致需要額外的資源和時間。

  為了克服技術限制，需要與技術團隊緊密合作，確保技術的實現。

- **組織阻力**

  組織中的各個部門和利害關係人可能對資訊系統專案抱有不同的態度和觀點。這種內部衝突可能導致原子需求的製作產生衝突或不一致的情況。

  為了克服組織阻力，我們需要確保所有利害關係人都參與原子需求的作業，以獲得所有利害關係人對原子需求的認同與協助。

在＜第 5 章：分析階段產出文件－如何實踐需求收集及需求驗證？＞我們介紹了常見需求引出技術，以及＜第 6 章：參與人員組織圖－企業內專家知識如何有效收集及協助業務需求的形成？＞中，我們介紹了獲取專家知識的方法和工具，在本章中，我們將知識及需求形成原子需求及需求清單表。原子需求是資訊系統專案的基石，也是需求工程的第一步。

《實務小技巧》

原子需求的定義最困擾的情境是，什麼樣粒度的需求算是原子需求？粒度太細的需求會導致需求過於分散，粒度太粗的需求會導致需求品質不良。

實務上有兩個方法可以協助判斷。首先，我們可以判斷該需求是否涉及兩個以上的利害關係人？如果是，那麼我們需要再進一步細分需求。第二個判斷準則是透過多位需求分析人員的共同判斷，當多數人達成共識時，我們才能認定是符合品質的原子需求。

需要注意的是，需求清單表將在後續需求分析步驟中繼續被深化，包含業務流程圖及使用案例等步驟，屆時原子需求有可能會發生需求內容的改變。所以只需要掌握一個適當的原子粒度即可，不必過度侷限於原子需求的定義。

27. 如何有效率的進行需求優先級排序？

在我們製作原子需求及獲得需求清單表之後，緊接著需要進行的是需求優先級的排序。**需求優先級的排序是確保未來系統需求會依照重要性和價值，進行有序執行的關鍵。**不同的優先級排序技術可以幫助商業分析師判斷哪些需求應該先被執行，以達到最佳效益。以下是幾種常見的需求優先級排序技術：

- 莫斯科（MoSCoW）
  莫斯科法將需求分為四個類別：必須具備（Must Have）、應該具備（Should Have）、可以具備（Could Have）和不會具備（Won't Have）。

必須具備的需求是專案成功的關鍵。其次是應該具備的需求，這些需求對專案的價值較高，但不像必須具備的需求那麼關鍵。可以具備的需求是次要的，可以在資源允許的情況下實現，而不會具備的需求則是次要的或不太重要的需求，可以在專案的後期再考慮即可。

- **價值與努力矩陣（Value vs. Effort Matrix）**

  價值與努力矩陣將需求根據「價值」和「所需工作量」在矩陣上進行視覺化呈現，以幫助確定優先級。**矩陣的橫軸代表需求的價值，縱軸代表所需的工作量。** 將需求標註在相應的位置上，可以清楚地顯示哪些需求具有高價值且工作量較小，則優先級應較高。

  在矩陣中，應該優先考慮位於高價值和低工作量區域的需求。這些需求能夠在較短的時間內提供顯著的價值，有助於專案的快速推進。而位於高價值和高工作量區域的需求則需要更多的努力，可能需要更長的時間才能實現，因此其優先級次之。

- **艾森豪威爾矩陣（Eisenhower Matrix）**

  艾森豪威爾矩陣將需求分為四個區域：緊急且重要、重要但不緊急、緊急但不重要，和不緊急且不重要。 這種優先級排序方法有助於快速識別和處理最重要的任務，同時避免將時間浪費在不重要的任務上。

  在四個區域中，應優先處理緊急且重要的需求，這些需求應該要立即解決。接下來是重要但不緊急的需求，應該要合理分配時間和資源，確保這些需求不被忽視。緊急但不重要的需求可以透過委派增加資源或延後處理。而不緊急且不重要的需求則可以選擇不執行或在資源允許時再處理。

- **基於風險的優先級（Risk-Based Prioritization）**

  基於風險的優先級排序方法根據需求相關的風險程度對其進行排序。 這種方法的目的是在專案的早期階段解決潛在的問題，以減少風險的影響。

在排序後的清單中，應優先處理具有較高風險的需求。這些需求可能會對進度、資源或品質產生重大的影響。同時，風險程度較低的需求可以在後續階段再處理即可。

需求優先級排序技術也可以綜合使用。對每一個需求都進行各種排序技術的評估，以綜合價值、工作量、緊急性、重要性及風險性的判斷，得出最佳的排序結果。

《實務小技巧》

在實務中，需求的排序不僅需要符合企業的業務目標和戰略目標，還經常受到組織人員和其他因素的影響。我們建議採用以下方法：

首先按照需求優先級排序技術對需求進行排序，然後再使用特殊因素進行排序。接著，將排序技術的結果與特殊因素的結果進行比較及差異分析，再進行評估和決策。這個過程的目的是為了避免特殊因素影響企業的業務目標和戰略目標的需求排序結果。

---

28. 業務需求與資訊系統的關係？

在我們完成需求優先級排序後，我們需要針對每個需求定義「業務流程」。 或許許多商業分析師會提出，每個需求的業務流程不就是需求提出的單位嗎？實際上並非如此。

需求清單中的需求若需要數位化，則表示該需求將進行數位流程的改造，以將現有的線下作業流程完全提升至線上數位作業，或者將局部數位化作業與線下作業整合。 因此，在整合後的完整作業流程中，將涉及人工作業和資訊系統的線上作業。

另一方面,需要數位化的需求最終將在企業資訊系統中實現,以實現數位化的效益。商業分析師在進行數位化需求評估時,除了瞭解業務需求本身,還需要瞭解企業資訊系統的高層次設計概念,以設計出符合資訊系統概念的作業流程,及在數位化作業和線下作業流程整合方面取得成效。

綜合這兩個因素,業務清單表中每個需求定義的業務流程(圖 2-7-2 的業務流程欄位),指的是未來(to-be)數位化後的業務流程,但不一定等同於現狀(as-is)的業務流程。**這樣的業務流程分析過程被稱為業務流程再造,指透過識別低效率、重新設計業務流程並利用最新資訊科技技術,以顯著提高作業效率、客戶滿意度和整體績效。「業務流程再造」與資訊系統的「系統功能流程重構」是不同的分析技術,但通常業務流程再造會引發資訊系統的系統功能流程重構需求。**業務流程再造於<第 8 章:業務流程圖－如何透過需求清單表進行業務流程再造?>有更進一步的說明。

當商業分析師在定義每個需求的業務流程時,需要同時考慮數位化後的業務流程,以及這些流程與企業資訊系統之間的互動關係。企業資訊系統(Enterprise Information Systems)是現代企業中不可或缺的一部分。這些系統透過整合不同的業務功能,將業務流程數位化,以協助企業有效管理資源、流程和資訊,進而提升業務效能。以下介紹幾種常見的企業資訊系統:

- **企業資源規劃(Enterprise Resource Planning, ERP)**
  企業資源規劃系統是一種整合系統的解決方案,它將財務、人力資源、供應鏈、製造和客戶關係等核心業務功能統一在同一個資訊系統框架中。透過 ERP 系統,企業可以實現不同部門之間的資訊共享,提高營運效率及降低營運成本。

- **客戶關係管理系統(Customer Relationship Management, CRM)**
  客戶關係管理系統是將與客戶互動、銷售流程、行銷活動等和客戶相關的資訊及作業流程整合在同一個資訊系統中。透過 CRM 系統,企業可以更明確瞭解客戶需求,以提高客戶滿意度。

- **銷售自動化系統（Sales Force Automation, SFA）**

  銷售自動化系統是整合銷售管理、商機追蹤、銷售預測和績效分析的管理系統。透過 SFA 系統，業務團隊可以更高效管理客戶資料、跟進商機，以提升銷售業績。

- **生產製造管理系統（Manufacturing Execution Systems, MES）**

  生產製造管理系統用於監視和控制製造流程，包括生產調度、品質管理和即時數據收集等。透過 MES 系統，企業可以實現生產過程的可視化，以提高生產效率和產品品質。

- **供應鏈管理系統（Supply Chain Management, SCM）**

  供應鏈管理系統用於協調和管理整個供應鏈中的商品、服務和資訊。透過 SCM 系統，企業可以實現供應鏈各環節的協調，以降低成本、提高交貨效率。

- **商業智慧系統（Business Intelligence, BI）**

  商業智慧系統透過資料倉儲、數據挖掘、營運報表和資料視覺化等方法，為企業決策提供有價值的見解。透過 BI 系統，幫助企業瞭解市場趨勢、分析業務績效，以制定有效的策略。

- **人力資源管理系統（Human Resource Management Systems, HRMS）**

  人力資源管理系統用於管理員工資訊、薪資、福利、績效評估、教育訓練和職涯發展等方面的資訊。透過 HRMS 系統，企業可以更好地管理人力資源，提高員工工作效率和滿意度。

- **財務管理系統（Financial Management Systems, FMS）**

  財務管理系統用於管理財務流程，包括會計、預算、財務報告和財務分析等。透過 FMS 系統，企業可以將財務資訊集中管理和提供即時準確的報告，以符合法規及幫助管理層做出明智的財務決策。

- **企業資產管理系統（Enterprise Asset Management, EAM）**

  企業資產管理系統用於管理企業資產的整個生命週期，包括維護、折舊、淘汰等。透過 EAM 系統，企業可以有效管理資產，降低資產成本並提高營運效率。

- **專案管理系統（Project Management Systems, PMS）**

  專案管理系統用於管理專案規劃、任務分派、資源分配以及團隊成員之間的協作平台。透過 PMS 系統，企業可以更清楚地掌握專案進展，提高專案產出的準時性和品質。

- **知識管理系統（Knowledge Management Systems, KMS）**

  知識管理系統用於企業內組織和彙整知識和資訊，以促進學習和協作。透過 KMS 系統，企業可以更好地使用內部知識和經驗，提高創新和競爭力。

- **學習管理系統（Learning Management Systems, LMS）**

  學習管理系統用於提供線上學習和教育訓練計劃，包括課程管理、課後測驗和學習者追蹤等功能。透過 LMS 系統，企業可以提高員工的學習效果和降低教育訓練的成本。

業務流程再造與資訊系統的系統功能流程重構，各自都是非常具有專業挑戰的領域。商業分析師不妨先透過本書對這兩個議題有初步概念後，再逐步探索更進階的主題。業務流程再造關於數位化作業的部分，於＜第 8 章：業務流程圖－如何透過需求清單表進行業務流程再造？＞有更進一步的說明。

重點總結

高品質的需求具有許多特徵，雖然這些特徵相當抽象且不易實踐，但我們可以具體遵循數個指引製作高品質的原子需求。將所有原子需求彙整成需求清單表，這是資訊系統專案的基石，也是需求工程的第一步。

接著需要對需求優先級排序。我們介紹了數種需求優先級排序技術。需求優先級排序技術可以單獨使用，也可以綜合使用，以綜合價值、工作量、緊急性、重要性及風險性的判斷，得出最佳的排序結果。

我們還需要針對每個需求定義業務流程。業務清單表中每個需求定義的業務流程是經過業務流程再造分析後的結果，指的是未來（to-be）數位化後的業務流程。值得注意的是，「業務流程再造」與資訊系統的「系統功能流程重構」是不同的分析技術，但通常業務流程再造會引發資訊系統的系統功能流程重構需求。

當商業分析師在定義每個需求的業務流程時，需要同時考慮數位化後的業務流程，以及這些流程與企業資訊系統之間的互動關係。因此，最後我們介紹了幾種常見的企業資訊系統。

我們終於在漫長的需求訪談會議後，捕捉到利害關係人的需求，並且我們也分析出高品質的需求清單表。下一個章節我們要開始進行業務流程改造。

自我測驗

---

1. 高品質的需求可以具體遵循哪四個指引？
2. 製作原子需求時，為什麼需要一起定義測試情境及案例項目？
3. 製作原子需求時容易遇到什麼障礙？
4. 有哪幾種常見的需求優先級排序技術？
5. 業務清單表中每個需求定義的業務流程是怎麼產生的？
6. 業務流程再造與資訊系統的系統功能流程重構有什麼差別？

08

業務流程圖－透過需求分析改造業務流程

"In any given moment, we have two options: to step forward into growth or to step back into safety." - Abraham Maslow

「在任何時刻，我們都有兩種選擇：向前邁進，追尋成長，或是退回到安全之中。」－亞伯拉罕·馬斯洛

美國知名心理學家、「需求層次理論」提出人

《在開始之前的準備》

在需求清單表之後，需求分析的第一個文件產出，就是「業務流程圖」。**業務流程圖是未來系統需求的指引，也是整合線下作業及線上數位化作業的具體呈現。**請牢記，業務流程圖的重要性不僅僅在於視覺化呈現業務流程，它更是關乎資訊系統專案及企業數位轉型的實施。

現在，就讓我們開始製作第一個需求分析文件吧！

類別	需求發展階段					系統分析階段			
	商業需求	系統需求	商業需求分析	系統需求分析	可行性分析	系統規劃	需求分析	系統設計	
			商業需求清單表	系統需求清單表	專案計劃書	軟體需求規格書			
			商業需求規格書	系統需求規格書					
A	商業規則		◎ 業務流程圖 ◎ 業務作業清單 ◎ 使用案例	系統功能線框圖 (系統功能視覺稿) 系統功能需求說明 系統功能測試案例	工作說明書 專案時程檔 (工作量評估 及WBS)	(整合至下方規格中)			
	限制要求								
B	既有資訊系統	系統對接需求	◎ 系統流程圖				系統架構圖 (軟體/硬體/網路)		
	數據需求		◎ 領域模型 ◎ 數據資產 (數據輸出說明)			資料分析報告 (含數據遷移)	數據流程圖	數據模型	
C	-	功能性需求	◎ 使用案例循序圖 ◎ 系統功能清單 ◎ 系統功能流程圖			系統開發標準	實體關聯圖	系統功能程式規格	
D		非功能需求	非功能需求清單				系統功能原型	系統功能測試規格	
	-	品質要求	品質要求清單			服務級別協定			
	需求管理階段								
	需求追溯矩陣								

▲ 圖 2-8-1　商業需求規格書的業務流程圖

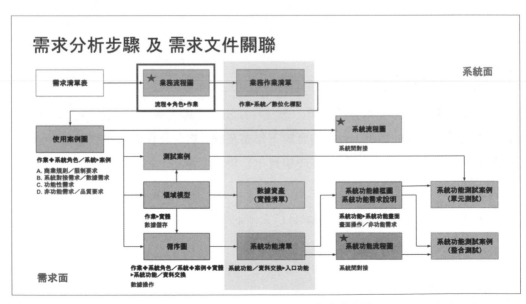

▲ 圖 2-8-2　需求分析步驟的業務流程圖

29. 如何透過需求清單表進行業務流程再造？

在＜第 7 章：需求清單表－業務需求與資訊系統的關係？＞中，我們針對每個需求定義了業務流程。接著我們要如何透過「業務流程再造」技術重新優化業務流程，以實現企業數位轉型呢？

業務流程再造（Business Process Re-engineering, BPR）（附錄 1）是對現有業務流程進行重新設計的方法，以實現業務效率和流程價值的提升。**在從根本上重構企業的業務流程時，還可以引入更有效的流程控制機制，或導入新的資訊科技技術，為企業帶來能夠快速適應變化和變革的能力。**

透過導入新的資訊科技技術的業務流程再造，近些年更常稱呼為「企業數位轉型」，其過程中與資訊系統相關的關鍵步驟有：

1. **分析原始業務流程**

   我們可以透過業務流程圖來協助研究和分析現有的業務流程，以瞭解業務流程的結構、特徵和問題。在流程分析過程中，主要任務是識別流程瓶頸點和探討低效率作業的改善方案。

2. **重新設計新業務流程**

   接著我們需要討論重新設計業務流程的概念和目標，以消除流程瓶頸點和低效率作業。在設計新業務流程過程中，主要任務是評估改善方案的預期效益、成本費用及對現有業務流程的衝擊配套措施等。

   改善方案最常見的方式為新資訊技術的導入，也就是需要數位化的需求。本書即是著重在數位化需求的需求分析過程。

3. **實施資訊系統專案**

   在擬定新業務流程後，需要數位化的需求經過一系列需求分析步驟後，會以系統需求規格書及資訊系統專案的形式，實現資訊系統的建設。本書即是著重在數位化需求的資訊系統實作過程。

4. **實施新業務流程**

接著搭配新建設的資訊系統,開始實施新業務流程。實施新業務流程可能面臨組織文化阻力、人員抵觸情緒等挑戰。因此利害關係人的支持是實施新業務流程的關鍵因素。這也是為什麼一開始在分析原始業務流程時,就必須與利害關係人共同進行。透過利害關係人參與需求分析的過程,以爭取他們對業務流程再造的支持。

在實施新業務流程的過程中,主要任務還包括新業務流程的漸進式實施、教育訓練、和持續監測及評估等。

從業務流程再造的關鍵步驟可以發現,業務流程圖有著關鍵的作用。**在需求清單表中,需求被分解成無法更進一步細分的原子需求。這些原子需求在業務流程圖中,透過業務流程再造的步驟,被重新設計成更有效益的新業務流程。因此原子需求及業務流程再造,是需求分析中最重要的兩個概念。**

30. 業務流程圖與系統功能流程圖有什麼差異?

在<第 7 章:需求清單表-業務需求與資訊系統的關係?>中,我們介紹了:「當商業分析師在定義每個需求的業務流程時,需要同時考慮數位化後的業務流程,以及這些流程與企業資訊系統之間的互動關係。」而具體的互動關係,就是呈現在業務流程圖。那麼「數位化後的業務流程」與「企業資訊系統」有什麼樣的關係呢?可以從以下幾個部分來理解他們的關係:

● **資訊系統是自動化的業務流程**

透過資訊系統的技術,可以將手動作業自動化,進而減少錯誤及提高生產率。資訊系統應與業務流程保持一致,以確保業務流程能順暢及無縫接軌的操作。

- **業務流程的資訊流就是資訊系統的數據流**

  業務流程過程中的資訊，即是存放在資訊系統的資料庫等應用程式中的數據。再透過資料視覺化、數據分析等應用程式，將數據提供給業務流程中的活動使用，以達到業務流程的資訊傳遞效果。

- **業務流程可能需要多個資訊系統整合實現**

  業務流程通常需要透過多個資訊系統實現資訊流的資訊傳遞。資訊系統需要確保各個系統之間數據流的完整性及安全性，以及確保使用者在跨系統間方便及有效率的操作方式。

因此，資訊系統和業務流程是高度關聯的關係。整合的資訊系統實現業務流程的自動化及數據管理，以提高業務流程的效率及達成企業的營運和戰略目標。

資訊系統中，商業分析師最常接觸到的文件應該是系統功能流程圖。在探討業務流程圖之前，我們需要先瞭解資訊系統中的「系統功能流程圖」與「業務流程圖」的差異。雖然這兩者都是流程圖，但實際上有很大的差異（圖 2-8-3）：

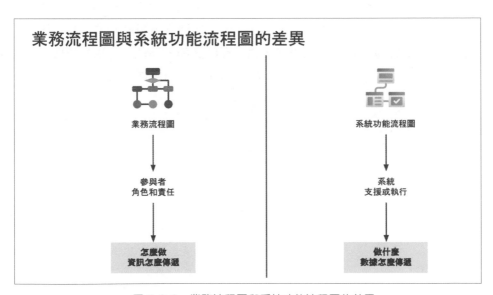

▲ 圖 2-8-3　業務流程圖與系統功能流程圖的差異

- **業務流程圖**是用來展示業務流程中的各個活動和關係，以及參與者的角色和責任，**主要關注參與者之間的資訊流。**
- **系統功能流程圖**是用來展示系統如何支援或執行業務流程中的某些活動，**主要是關注系統功能之間的數據流。**

簡單來說，業務流程圖關注的是「怎麼做及資訊怎麼傳遞」，而系統功能流程圖關注的是「做什麼及數據怎麼傳遞」。

因此，**商業分析的產出是業務流程圖，不是系統功能流程圖；在商業分析過程中，應以「作業」為單位彙整業務流程圖，不是以「系統功能」彙整業務流程圖。**系統功能流程圖的細節在＜第 15 章：系統功能清單及系統功能流程圖＞有更進一步的介紹。

《實務小技巧》

當業務流程已經數位化並建設資訊系統後，透過查看既有資訊系統的系統功能流程圖，可以迅速瞭解業務流程。**但必須謹記，系統功能流程圖所呈現的業務流程並不包含實際線下業務作業的細節。**因此，特別需要關注線下的業務作業，以獲得正確且完整的業務流程資訊。透過深入瞭解線下業務作業，我們才能確保流程的準確性和完整性，也才能進一步提升整體業務流程的效率。

31. 如何製作正確的業務流程圖？

我們已經知道業務流程圖在業務流程再造中扮演著重要的角色。業務流程圖因為具備以下兩個特色，促成業務流程圖的重要性：

- **將複雜流程視覺化**

  業務流程通常涉及多個作業及多個參與者，包含不同部門和人員。透過圖形化的業務流程圖，能夠讓商業分析師及利害關係人更清晰地理解流程的結構和內容，進而分析和優化流程。

- **可快速識別瓶頸點和低效率作業**

  業務流程圖可以清晰地看到流程中的各個作業、決策點和相互關係。當商業分析師能夠明確地看到哪些作業耗時、哪些決策點影響效率時，我們就可以針對性地進行流程優化，進而提高流程的效率和效益。

活動圖（Activity Diagram）正是符合這兩個特色的 UML 技術（統一塑模語言 Unified Modeling Language）。活動圖非常適合描述業務流程，及製作出容易閱讀的業務流程圖。當活動圖用於描述業務流程圖時（圖 2-8-4），活動圖的橫向是「流程」，縱向是參與者，稱「角色」。會使用泳道（分區）做區隔。活動圖中間的元素是「活動」或稱「作業」。各個元素的具體使用方式：

- **角色（不是資訊系統的角色）**

  包含「組織的角色」及「既有的資訊系統」。例如人資人員、人資主管、人力資源管理系統。

  組織角色如果是「集合角色」需要標示出來。集合角色是指多個組織角色的集合，例如以幕僚人員代表企業內所有的幕僚角色，包含財務角色、人資角色等。

- **流程**

  即為需求清單表的業務流程欄位（圖 2-7-2）。區分流程的依據是「中斷後的流程仍為可完整執行的一段流程」即可單獨成為一個流程。

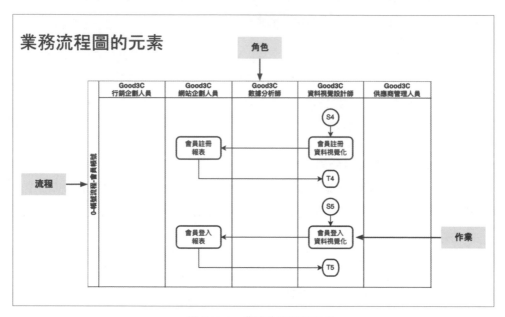

▲ 圖 2-8-4　業務流程圖的元素

- **作業**

  以需求清單表的需求為基礎，製作業務流程圖。值得注意的是，需求清單表的需求可能有所缺失，導致業務流程圖無法完整製作。此時，需要將缺失的需求同時新增至需求清單表及業務流程圖中，以實現完整的業務流程圖。**發現缺失需求，是活動圖將業務流程視覺化帶來的最重要效益。**

  作業包含需要數位化及不需要數位化的所有需求（系統功能流程圖才僅包含數位化作業的系統功能）。此外，不可以在作業旁邊新增任何表示文件或其它資訊的元素，這是常見錯誤的業務流程圖表示方式。

《更進一步學習》

根據維基百科的定義，統一塑模語言是非專利的第三代塑模和規約語言。UML 是一種開放的方法，用於說明、視覺化、構建和編寫一個正在開發的、物件導向的、軟體密集系統的產品的開放方法（附錄 2）。可以參考其官方網站（https://www.uml.org/）及其它線上教學網站進一步學習。

製作業務流程圖時，還有以下的重點提醒：

- 每個流程一定需有一個或一個以上的「開始」及「結束」。開始是指流程的「發動點」。而結束位置所處的泳道位置，表示該角色需要為流程結束負責。因此，連結結束元素時，不可隨意選擇任一結束元素。
- 技術上雖然允許跨流程的連線，即 A 流程裡某一個作業直接連線至另 B 流程的另一個作業，但要盡可能減少這樣的設計。實務上這樣的連線通常都是代表該流程需要再細分成不同子流程。
- 作業在「不同流程」但「相同角色」時可以共用（即共用作業，有可能是共用需求，但不一定是共用系統功能）。但作業有異動時，需要確認對所有涉及角色的影響。
- 確認需求清單表的需求是否有全部包含在業務流程圖裡。

製作業務流程圖時，業務流程圖裡的作業就像是把工作交付給另一個單位來執行一樣，不干涉如何完成該作業，只要作業的輸入及輸出正確即可。所以每個作業都是一個黑箱，這個黑箱裡的需求內容，會在後續的需求分析步驟展開細節（使用案例等步驟），但此處是著重在每個作業的流程。

32. 為什麼會造成分析癱瘓及如何避免發生？

製作業務流程圖時，最常發生的錯誤情境是分析癱瘓（Analysis Paralysis）。試著回想一下，在討論需求的會議中，議題是否越來越雜亂無章，最終導致需求訪談會議毫無進展？這就是分析癱瘓所帶來的困境。所謂分析癱瘓，是指當利害關係人面對龐雜的資訊和眾多選擇時，或是每個決策都會產生影響而讓人束手無策時，利害關係人便陷入遲疑和無法做出抉擇的狀態。這種情況不僅影響決策制定的效率和準確性，更會影響需求訪談的進度及需求分析結果。導致分析癱瘓的原因很多，以下列舉一些常見原因及應對方式：

- **利害關係人對需求不瞭解**

  當利害關係人對需求缺乏瞭解時，往往會導致商業分析師無法捕捉到正確的企業知識和需求內容。為了避免這種情況，在需求訪談前必須正確識別企業內的專家。在＜第 6 章：參與人員組織圖－如何識別企業內的專家及人工智慧如何提供企業所需知識？＞中有詳細介紹。

- **試圖確認的需求範圍過大**

  在需求訪談會議中，如果沒有適當地規劃每次會議的需求範圍，利害關係人將面臨大量的資訊，進而容易陷入分析癱瘓的狀態。為了避免這種情況，需要製作高品質的原子需求，在＜第 7 章：需求清單表－高品質的需求應該具備哪些特徵？＞中有詳細介紹。

- **沒有適當的需求優先級排序**

  如果沒有對需求進行優先級排序，當利害關係人面臨多個選項時，可能無法做出決策。為了避免這種情況，需要借助需求優先級排序技術，在＜第 7 章：需求清單表－如何有效率的進行需求優先級排序？＞中有詳細介紹。

- **過度需求分析**

  過度需求分析最常發生在使用錯誤方式製作業務流程圖時。例如試圖在業務流程圖中同時呈現業務流程和資訊系統的架構，導致流程資訊不夠充足，同時又包含許多業務流程圖不需要的資訊。為了避免這種情況，在製作業務流程圖時必須符合本章節介紹的製作方式。

- **決策者感知到可能犯錯或面臨外部壓力**

  當利害關係人對決策後果的感知，或害怕決策犯錯誤，或面臨外部壓力和期望時，導致無法做出決策的狀態。為了避免這種情況，需要正確理解利害關係人所屬的企業組織，以分辨權責關係。在＜第 6 章：參與人員組織圖－資訊系統專案有哪些組織類型及對需求分析有什麼影響？＞中有詳細介紹。

分析癱瘓是商業分析師常常面臨的情境。但商業分析師可以透過一些技術手段提早避免這種情況的發生。在每次的需求訪談中，商業分析師應該不斷鍛鍊自己需求分析的技術，以獲取實際的經驗，進而提升需求分析的品質並優化業務流程的產出。

重點總結

我們介紹了業務流程再造技術的關鍵步驟，將需求清單表中的業務流程重新設計，以實現企業數位轉型。在需求清單表中，需求被分解成無法更進一步細分的原子需求。這些原子需求在業務流程圖中，透過業務流程再造的步驟，被重新設計成更有效益的新業務流程。因此原子需求及業務流程再造，是需求分析中最重要的兩個概念。

我們接著探討數位化後的業務流程與企業資訊系統之間的互動關係，以及呈現互動關係的業務流程圖。資訊系統中，商業分析師最常接觸到的文件應該是系統功能流程圖。我們介紹了業務流程圖與系統功能流程圖的差異。

業務流程圖可以使用 UML 技術中的活動圖來製作，我們說明了製作過程及表示方式的注意事項。製作業務流程圖時，業務流程圖裡的作業就像是把工作交付給另一個單位來執行一樣，不干涉如何完成該作業，只要作業的輸入及輸出正確即可。所以每個作業都是一個黑箱，這個黑箱裡的需求內容，會在後續的需求分析步驟展開細節，但此處是著重在每個作業的流程。

最後我們介紹了需求分析裡常見的分析癱瘓。導致分析癱瘓的原因有許多，我們介紹了不同原因的應對方式。

在業務流程改造後，接下來將開始進行「數位化作業」的規劃，我們在往系統需求及資訊系統專案的方向上，更邁進了一步。

自我測驗

1. 業務流程再造的關鍵步驟有哪些？
2. 原子需求與業務流程再造的關係是什麼？
3. 數位化後的業務流程與資訊系統有什麼關係？
4. 業務流程圖與系統功能流程圖有什麼差異？
5. 使用活動圖來製作業務流程圖時，有哪些基本元素？
6. 發生分析癱瘓的原因有哪些，以及如何應對？

附錄

1. Business process re-engineering

   https://en.wikipedia.org/wiki/Business_process_re-engineering

2. 統一塑模語言

   https://zh.wikipedia.org/zh-tw/ 統一塑模語言

讓 ChatGPT 幫你撰寫業務流程的 SOP ！

- Chrome Extension: AIPRM for ChatGPT
- Topic: Productivity
- Activity: Plan
- Prompt: Standard Operation Procedure (SOP)

雖然 ChatGPT 暫時沒辦法畫出精準的業務流程圖，但可以數秒內幫你寫出自帶標準格式的 SOP 文件！讓我們可以花更多時間解決問題瓶頸點及業務流程優化。當然，翻譯成其它語言的 SOP 文件絕對是標配功能！

人類專家的提醒：在使用 ChatGPT 時，仍應透過人類專家謹慎判斷 ChatGPT 提供的回答後，才可正式使用喔。

1. 描述標準作業程序的場景及業務流程等。

▲ 圖 2-8-5　在 ChatGPT 列出標準作業程序（未完）

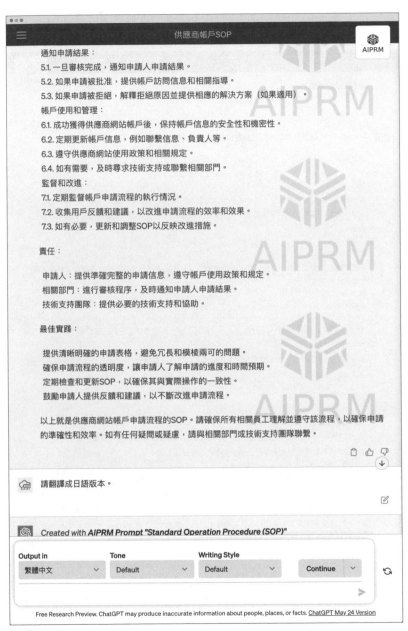

通知申請結果：

5.1. 一旦審核完成，通知申請人申請結果。

5.2. 如果申請被批准，提供帳戶訪問信息和相關指導。

5.3. 如果申請被拒絕，解釋拒絕原因並提供相應的解決方案（如果適用）。

帳戶使用和管理：

6.1. 成功獲得供應商網站帳戶後，保持帳戶信息的安全性和機密性。

6.2. 定期更新帳戶信息，例如聯繫信息、負責人等。

6.3. 遵守供應商網站使用政策和相關規定。

6.4. 如有需要，及時尋求技術支持或聯繫相關部門。

監督和改進：

7.1. 定期監督帳戶申請流程的執行情況。

7.2. 收集用戶反饋和建議，以改進申請流程的效率和效果。

7.3. 如有必要，更新和調整SOP以反映改進措施。

責任：

申請人：提供準確完整的申請信息，遵守帳戶使用政策和規定。

相關部門：進行審核程序，及時通知申請人申請結果。

技術支持團隊：提供必要的技術支持和協助。

最佳實踐：

提供清晰明確的申請表格，避免冗長和模棱兩可的問題。

確保申請流程的透明度，讓申請人了解申請的進度和時間預期。

定期檢查和更新SOP，以確保其與實際操作的一致性。

鼓勵申請人提供反饋和建議，以不斷改進申請流程。

以上就是供應商網站帳戶申請流程的SOP。請確保所有相關員工理解並遵守該流程，以確保申請的準確性和效率。如有任何疑問或疑慮，請與相關部門或技術支持團隊聯繫。

請翻譯成日語版本。

Created with AIPRM Prompt "Standard Operation Procedure (SOP)"

Output in	Tone	Writing Style	
繁體中文	Default	Default	Continue

Free Research Preview. ChatGPT may produce inaccurate information about people, places, or facts. ChatGPT May 24 Version

▲ 圖 2-8-6　在 ChatGPT 列出標準作業程序（續）

2. 若有需要可要求 ChatGPT 將內容翻譯成其它語言的版本。

▲ 圖 2-8-7　在 ChatGPT 列出翻譯版本的標準作業程序（未完）

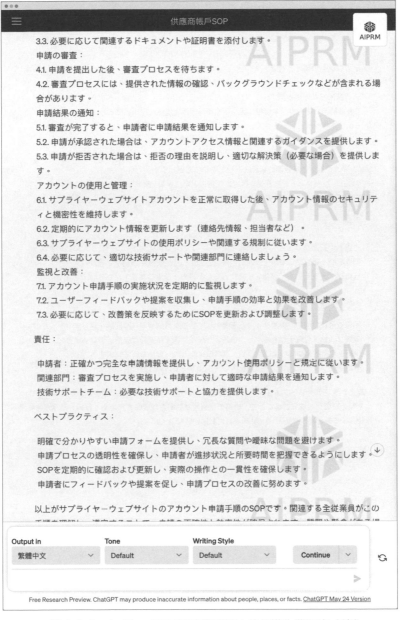

▲ 圖 2-8-8　在 ChatGPT 列出翻譯版本的標準作業程序（續）

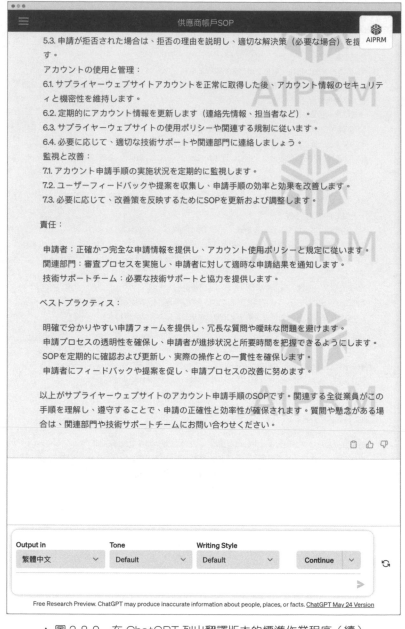

▲ 圖 2-8-9　在 ChatGPT 列出翻譯版本的標準作業程序（續）

09

業務作業清單－規劃企業數位化的目標

"Believe you can and you're halfway there." - Theodore Roosevelt

「相信你可以，你已經完成一半了。」－狄奧多·羅斯福

美國第 26 任總統、現代美國的塑造者

《在開始之前的準備》

在＜第 7 章：需求清單表＞和＜第 8 章：業務流程圖＞的基礎上，我們必須緊接著製作「業務作業清單」。**需求清單表、業務流程圖和業務作業清單，是需求的三巨頭，它們從不同的角度表達需求內容，最終透過業務作業清單來管理需求。**

在本章完成業務作業清單後，我們將深入分析每個需求的細節。因此，在這個關鍵的轉折點上，請結合前兩章的內容，將需求進行系統化的梳理，以在之後的章節能更好地處理需求細節。

讓我們開始進行這個關鍵步驟，為需求管理建立結構化的業務作業清單。

類別	需求發展階段					系統分析階段			
	商業需求	系統需求	商業需求分析	系統需求分析	可行性分析	系統規劃	需求分析	系統設計
			商業需求清單表	系統需求清單表	專案計劃書	軟體需求規格書		
			商業需求規格書	系統需求規格書				
A	商業規則		◉ 業務流程圖	系統功能線框圖 (系統功能視覺稿) 系統功能需求說明 系統功能測試案例	工作說明書 專案時程檔 (工作量評估 及WBS)	(整合至下方規格中)		
			◉ 業務作業清單					
	限制要求		◉ 使用案例					
B	既有資訊系統	系統對接需求	◉ 系統流程圖			系統架構圖 (軟體/硬體/網路)		
	數據需求		◉ 領域模型 ◉ 數據資產 (數據輸出說明)			資料分析報告 (含數據遷移)	數據流程圖	數據模型
C	-	功能性需求	◉ 使用案例循序圖 ◉ 系統功能清單 ◉ 系統功能流程圖			系統開發標準	實體關聯圖	系統功能程式規格
							系統功能原型	系統功能測試規格
D	-	非功能需求	非功能需求清單					
	-	品質要求	品質要求清單			服務級別協定		
	需求管理階段								
	需求追溯矩陣								

▲ 圖 2-9-1　商業需求規格書的業務作業清單

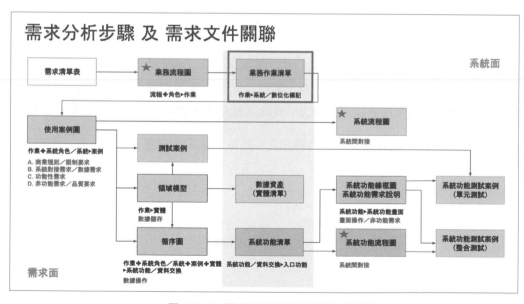

▲ 圖 2-9-2　需求分析步驟的業務作業清單

33. 為什麼業務作業清單是需求規格書的核心？

我們在＜第 7 章：需求清單表＞需求被分解成無法更進一步細分的原子需求，在＜第 8 章：業務流程圖＞時，原子需求透過業務流程再造的步驟，被重新設計成更有效益的新業務流程，並呈現在業務流程圖中。但接下來要如何繼續進行更一步細節的需求分析？答案是透過業務作業清單。

業務作業清單的目的是將業務流程轉換成可管理的需求項目。需求清單表描述了利害關係人的原子需求，而業務流程圖展示了經過再造後的流程。但這兩者之間存在一個差距，即業務流程再造所帶來的企業數位轉型預期效益。因此，僅使用需求清單無法涵蓋業務流程再造和視覺化業務流程的好處。另一方面，僅使用業務流程進行需求管理也不方便，因為它跨越流程、角色和作業這三個維度。因此，我們需要使用業務作業清單（圖 2-9-3）來包含需求清單表和業務流程再造的所有需求，以確保全面的需求管理。

子業務流程	業務作業	業務作業編號	數位化標記	系統別	Good3C 行銷企劃人員	Good3C 網站企劃人員	Good3C 數據分析師	Good3C 資料視覺設計師	Good3 供應商管理人員
12-訂單資料視覺化	訂單資料視覺化	E05	Y	E-視覺化系統				V	
12-訂單資料視覺化	訂單報表	C08	Y	C-營運管理系統					V
12-訂單資料視覺化	訂單報表	B08	Y	B-供應商系統					
13-廣告版位管理	廣告版位定價	C10	Y	C-營運管理系統	V				
13-廣告版位管理	廣告版位管理	C11	Y	C-營運管理系統	V				
13-廣告版位管理	廣告版位申請	B09	Y	B-供應商系統					
13-廣告版位管理	廣告投放	A10	Y	A-商城平台					
14-廣告版位點擊資料視覺化	廣告版位點擊報表	C12	Y	C-營運管理系統	V				
14-廣告版位點擊資料視覺化	廣告版位點擊資料視覺化	E06	Y	E-視覺化系統				V	
14-廣告版位點擊資料視覺化	廣告版位點擊報表	B10	Y	B-供應商系統					
15-產品推薦	產品推薦規則	C13	Y	C-營運管理系統	V				
15-產品推薦	產品推薦模型	D01	Y	D-數據分析系統			V		
15-產品推薦	產品推薦	A11	Y	A-商城平台					

▲ 圖 2-9-3　業務作業清單

業務作業清單具有明確區分角色、作業和系統別的優點,並建立一致的業務作業編號和數位化標記,方便後續的需求管理。透過業務作業清單的角色欄位,可以一目瞭然地知道每個角色所涉及的所有業務作業。此外,它還能夠輕鬆發現重複或不必要的作業,提高需求訪談和需求分析的效率和品質。

業務作業清單的缺點是建立和維護所需的時間和資源較多。如果業務流程經常變動,就需要不斷更新業務作業清單和業務流程圖的對應(圖 2-9-4)。

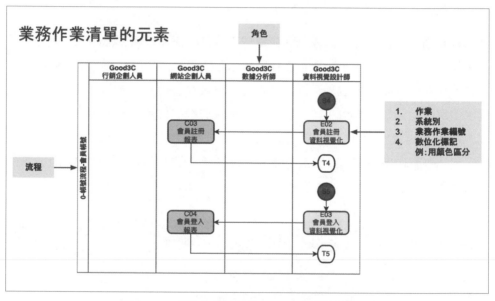

▲ 圖 2-9-4 業務作業清單的元素與業務流程圖的對應

總結來說,**透過業務流程再造,將原子需求重新設計為新業務流程。從新業務流程中,整理每個業務作業,形成業務作業清單,並定義每個作業的角色、系統別、業務作業編號和數位化標記。在接下來的需求分析和需求訪談中,每個業務作業都是需求管理的需求項目。**

《實務小技巧》

在＜第 5 章：分析階段產出文件－有哪些流行的需求管理工具？＞中，我們介紹了多種需求管理工具。每個工具都擁有獨特的需求清單管理功能。在導入這些工具時，建議參考本書中的需求管理方法，結合工具的特色，打造團隊專屬的需求管理方法。重要的是要從結構化的角度建立需求管理的策略，而工具僅僅是輔助手段而已喔。

---

34. 彙整業務作業清單的具體步驟？以及如何制定業務專案？

依據業務流程圖，彙整業務作業清單的具體步驟（圖 2-9-5）：

1. **整理角色對應的作業，明確角色權責**

   在進行業務作業清單的製作之前，首先需要從業務流程圖中，彙整每個角色所負責的作業，以明確每個角色的權責範圍。尤其是業務流程再造後的新業務流程，角色的權責範圍可能不存在於當前業務流程中，因此需要審慎確認。

2. **依角色或使用工具的不同，將作業區分成不同系統**

   根據角色的不同或使用的工具不同，將業務作業分為不同的系統。一般而言，同角色所需要執行的作業，皆會彙整在同一個資訊系統中。例如行銷人員角色涉及的所有作業，全部歸屬於行銷管理系統中。雖然業務作業清單階段所劃分的系統，指的是需求分析的系統需求，而非實際資訊系統，但仍可透過系統需求一窺未來資訊系統的樣貌。

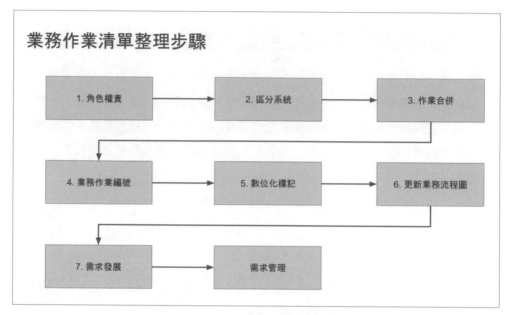

業務作業清單整理步驟

1. 角色權責 → 2. 區分系統 → 3. 作業合併

4. 業務作業編號 → 5. 數位化標記 → 6. 更新業務流程圖

7. 需求發展 → 需求管理

▲ 圖 2-9-5　業務作業清單整理步驟

3. 確認作業是否有重複或需要合併

在整理作業清單時，需要仔細檢查各個作業是否存在重複或可以進行合併的情況。如果有相同或類似的作業，可以考慮將它們合併，進而減少未來重複性的系統需求。合併作業時，限定同角色的作業才能合併，因為不同角色的作業在步驟 2 可能會歸屬於不同的系統中。

4. 將所有角色、作業及系統別資訊整理成業務作業清單，並進行編號

在確定了每個角色的作業範圍，區分了不同的系統，並檢查了作業的重複性後，將所有這些資訊整理起來，形成一份完整的業務作業清單（圖 2-9-3）。這份清單將包括每個角色所負責的作業，以及系統需求資訊。

業務作業編號時，需要注意業務流程圖中「共用作業」部分。共用作業是指，在業務流程圖中發生跨流程的連線，即 A 流程裡某一個作業直接連線至另 B 流程的另一個作業的情況。詳細可參考＜第 8 章：業務流程圖－如何製作正確的

業務流程圖？＞。因此，在業務作業清單中，會存在有相同業務作業編號但隸屬不同業務流程的情形。

5. **標示作業是否需要數位化**

在業務作業清單中，應該對每個作業進行標示，明確指出作業是否需要進行數位化。這樣可以更好地把握哪些作業需要進行自動化或數位化改進，以做為後續系統需求的基礎。

6. **將業務作業編號及數位化標記更新回業務流程圖**

最後一個步驟是將業務作業清單中的資訊回饋到業務流程圖中（圖 2-9-4）。這包括每個作業的業務作業編號，以及需要進行數位化的標記。這樣可以使業務流程圖更加完整和詳細，方便日後的管理和優化。

透過以上這些步驟，我們可以製作出一份完整的業務作業清單。這份清單將明確列出每個角色的權責範圍，區分不同的系統需求，並標示作業的數位化需求。**後續需求發展及需求管理皆使用業務作業編號為基礎（例如使用案例等）。此後若發生新需求或需求變更時，需要從需求清單表、業務流程圖及業務作業清單，依序更新。**

除了標示數位化標記外，在＜第 4 章：需求形成的過程－如何改進需求形成過程以促進資訊系統需求轉換成軟體需求？＞的圖 1-4-1 中，我們介紹了界定業務專案步驟，而**數位化標記即是界定業務專案時重要的參考依據**。例如業務作業清單中標記需要數位化的作業，且歸屬於同一個系統需求，那麼這些作業及其所屬的業務流程，就合適界定為同一個業務專案。此外，區分客戶需求及產品需求，是在下一章＜第 10 章：使用案例＞中，透過需求分析才能定義業務作業內的需求細節是客戶需求或產品需求。

綜上所述，因為業務作業清單記載每個作業的角色權責、系統、業務作業編號，及數位化標記，促使業務作業清單成為需求規格書的核心。

35. 如何評估數位化作業？

在＜第 8 章：業務流程圖－如何透過需求清單表進行業務流程再造？＞中，我們曾提到業務流程改造時，最常見的改善方式是引入新的資訊技術，以解決流程中的瓶頸點和低效率作業。也就是說，我們需要數位化的解決方案。那麼，評估流程中的瓶頸點和低效率作業，以確定是否適合引入資訊技術來改善，成為一個關鍵問題。通常，我們會從以下幾個方面進行評估。**如果作業透過資訊技術能夠改善一個或多個方面，那麼這個作業就適合引入資訊技術，以改善流程中的瓶頸和低效率。**

- **營運自動化減少人工**

  最常見的資訊科技改善方案。透過實施數位自動化解決方案，企業可以簡化營運、減少人為錯誤並提高效率。

- **一致溝通基礎改善協作**

  數位化可以改變溝通方式，包括打破地理障礙實現異地協作、即時共享資訊等。一致的溝通基礎可以提高生產力並加快決策速度。

- **提取數據分析見解**

  數位化能夠收集、分析和解釋大量數據，以獲得有關客戶行為、市場趨勢和營運的寶貴見解。

- **標準化作業增加擴展性**

  數位化使企業能夠標準化業務作業，及增加業務彈性，協助企業可以更快速拓展業務。

- **增強客戶體驗**

  數位化可以改變企業與客戶的互動方式，及使企業能夠了解客戶偏好、預測需求並提供便捷的解決方案，及培養客戶忠誠度和滿意度。

● **勞動力轉型**

數位化可以促使勞動力技能的轉變，使員工具備在數位時代所需的數位能力。

但數位化作業並非完全沒風險。與數位化相關的風險包括網路安全威脅、數據洩露、個人隱私問題、資訊技術中斷，以及需要持續提升資訊技能的預期成本等。數位化風險涉及更多屬於資訊科技領域的範疇。因此，商業分析師在評估數位化作業時，應平衡考量數位化可帶來的效益，以及資訊相關單位所評估的數位化風險，以為企業的業務流程及作業，做出最佳的判斷。

重點總結

業務作業清單的目的是將業務流程轉換成可管理的需求項目。業務作業清單具有明確區分角色、作業和系統別的優點，並建立一致的業務作業編號和數位化標記，方便後續的需求管理。因此業務作業清單是需求規格書的核心。

在瞭解業務作業清單的重要性後，我們介紹了六個製作業務作業清單的步驟。六個步驟將業務作業清單與業務流程圖關聯起來。因此，若發生新需求或需求變更時，需要從需求清單表、業務流程圖及業務作業清單，依序更新。

此外我們還介紹了數位化標記即是界定業務專案時重要的參考依據。以及評估數位化作業的幾個方面，及數位化風險的考慮。

在業務作業清單之後，我們已逐步可以從需求分析結果中窺見資訊系統的輪廓。接下來我們將持續透過不同的需求分析技術及工具，進一步細化每個作業的需求細節。

自我測驗

---

1. 為什麼需要製作業務作業清單？

2. 製作業務作業清單的步驟為何？

3. 新需求或需求變更時，修改需求分析文件的順序是什麼？

4. 數位化標記有什麼功用？

5. 如何評估業務作業是否適合數位化？

10

使用案例－描繪數位化作業 的需求細節

"The true sign of intelligence is not knowledge but imagination." - Albert Einstein

「智慧的真正標誌不是知識，而是想像力。」－阿爾伯特‧愛因斯坦

美國德裔理論物理學家、創立「相對論」及「量子力學」

《在開始之前的準備》

完成業務作業清單後，我們將深入分析每個數位化作業的需求細節。透過清晰的業務作業清單，我們可以充分挖掘每個需求的潛在價值和帶來的業務利益，以完善業務作業的需求細節，而無需擔心業務作業間的相互制約和影響。

此外，輔以業務流程圖的指引，我們在討論需求細節時能夠清晰瞭解業務作業之間的順序、輸入和輸出資訊，這有助於將不同業務作業緊密結合在一起，確保需求細節的正確性。

現在就開始描繪每一個業務作業的需求細節，讓我們充分發掘需求的潛能，為業務流程帶來更大的價值。

類別	需求發展階段				系統分析階段			
	商業需求	系統需求	商業需求分析	系統需求分析	可行性分析	系統規劃	需求分析	系統設計
			商業需求清單表	系統需求清單表	專案計劃書	軟體需求規格書		
			商業需求規格書	系統需求規格書				
A	商業規則		◎ 業務流程圖 ◎ 業務作業清單 ◎ 使用案例	系統功能線框圖 (系統功能視覺稿) 系統功能需求說明 系統功能測試案例	工作說明書 專案時程檔 (工作量評估 及WBS)	(整合至下方規格中)		
	限制要求							
B	既有資訊系統	系統對接需求	◎ 系統流程圖				系統架構圖 (軟體/硬體/網路)	
	數據需求		◎ 領域模型 ◎ 數據資產 (數據輸出說明)			資料分析 報告 (含數據遷移)	數據流程圖	數據模型
C	-	功能性需求	◎ 使用案例循序圖 ◎ 系統功能清單 ◎ 系統功能流程圖			系統開發標準	實體關聯圖 系統功能原型	系統功能程式規格 系統功能測試規格
D	-	非功能需求	非功能需求清單					
	-	品質要求	品質要求清單		服務級別協定			
需求管理階段								
需求追溯矩陣								

▲ 圖 2-10-1　商業需求規格書的使用案例

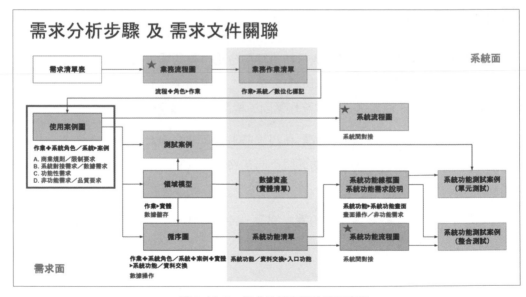

▲ 圖 2-10-2　需求分析步驟的使用案例

36. 人物誌、使用者旅程地圖、客戶旅程地圖以及使用者故事的適用情境？

在需求訪談時，特別是在數位化和使用者體驗領域，產品經理常常運用不同的分析方法來說明使用者或客戶與企業產品或服務之間的關係。這些分析方法試圖更深入地理解使用者或客戶的需求，以提升使用者體驗。以下是常見關於使用者體驗的分析方法：

- **人物誌（Persona）**

  描述產品或服務特定目標受眾群體的特徵、行為和需求。透過深入了解受眾的動機、痛點和偏好，企業可以制定專屬產品服務和銷售策略，以滿足受眾的特定需求。

- **使用者旅程地圖（User Journey Map, UJM）**

  說明使用者在與產品或服務互動時的各個階段，透過視覺化的旅程地圖，呈現每個接觸點的使用者行為、情緒和動機。透過優化每個與使用者的接觸點，為使用者提供更具吸引力的體驗，最終促成使用者成為企業的客戶（圖 2-10-3）。

- **客戶旅程地圖（Customer Journey Map, CJM）**

  與使用者旅程地圖類似，主要是描述已經是企業的客戶與企業不同部門和不同通路接觸點的互動。透過瞭解客戶的觀點並製定策略來提高客戶滿意度，最終促成購買其它產品或服務，以提高客戶忠誠度。

- **使用者故事（User Story）**

  以日常語言或商務用語描述使用者對產品或服務的特性、功能或要求。描述的方式通常是：作為〔使用者〕，我想要〔需求〕，因為〔原因／價值〕。例如：作為一個 Wikipedia 的查詢使用者，我想要一鍵複製連結的功能，因為可以快速貼上連結至文件中。

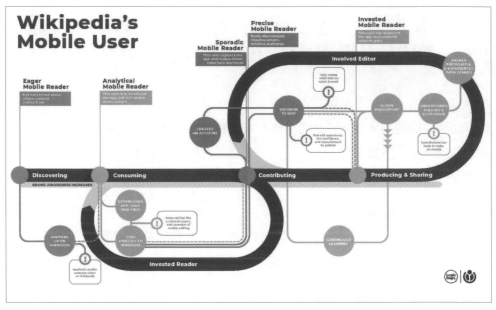

▲ 圖 2-10-3　Wikipedia Mobile User Journey（附錄 1）

儘管這些方法能清晰地呈現使用者體驗的情境，但在需求分析方面，它們僅僅是需求的描述，無法直接提供開發團隊使用。因此，即使這些分析方法的結果非常詳盡，仍然不能取代業務流程圖或使用案例圖等需求分析方法。

需求分析必須遵循一系列步驟，包括業務流程圖、業務作業清單、使用案例圖以及後續的其他需求分析步驟（圖 2-10-2）。只有完成這些步驟，需求才能進入系統分析階段，及資訊系統的開發工作。

37. 使用者故事與使用案例有什麼差異？

使用者故事和使用案例很常使用在軟體開發和需求管理的領域。雖然它們的名稱看起來可能很相似，但實際上是不同的分析方法：

- **使用者故事（User Story）**

  使用者故事是從使用者的角度對系統功能提出的需求，採用日常語言簡潔的描述。如本章前一個段落的說明。使用者故事很常使用於敏捷方法中，以捕捉使用者的需求及促進利害關係人和開發團隊之間有效溝通的一種方法。

- **使用案例（Use Case）**

  使用案例描述參與者（使用者或系統）和系統之間為實現特定目標而進行的行為。包含一系列步驟和條件，定義系統在各種情況下應如何執行。使用案例通常使用在需求工程，用於捕捉系統需求及說明系統應具備的功能。

實務上，**我們通常透過使用者故事來收集利害關係人對數位化作業的需求細節。一開始，我們透過廣泛收集使用者故事來瞭解利害關係人的期望後，再使用使用案例的結構化需求分析方法，將使用者故事有條理地總結並呈現在使用案例圖和需求說明。** 接下來就讓我們來看看如何製作有效的使用案例。

38. 如何製作有效的使用案例？

使用案例是用來描述系統的目標和目的，即系統如何幫助參與者實現特定的目標。 製作使用案例需考慮以下各個面向：

使用案例的組成元素（圖 2-10-4）

使用案例的「參與者」包含使用者（角色）與系統。 在使用案例中，角色代表可以與系統互動的不同實體，例如系統使用人員、系統管理人員或一個資訊系統。

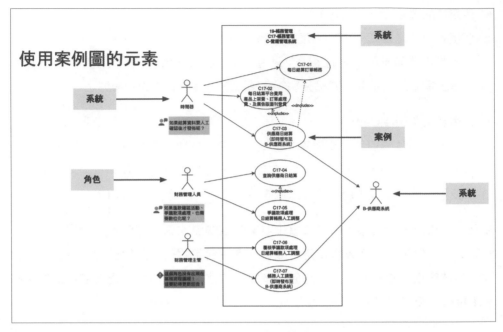

▲ 圖 2-10-4 使用案例的元素

使用案例的「案例」為描述系統應具備的功能，案例的描述包含以下各點：

- **前置條件與後置條件**

  前置條件是指案例執行之前必須滿足的條件或狀態。

  後置條件是指案例執行之後預期的系統狀態或結果。

- **事件流程與替代流程**

  主要流程是指在正常情況下，案例的步驟和流程。

  替代流程是指在特定情況下可能發生的其他路徑或事件。這些替代流程通常涉及使用者遇到問題或系統發生錯誤時應該採取的步驟。

- **業務規則**

  表示影響案例執行的業務邏輯或限制。

其它特別要求會使用另外的文件格式來詳細說明，例如描述非功能性需求及品質要求。

▌ 使用案例製作重點步驟

1. 依據業務作業清單中，需要「數位化作業」就是一個使用案例（不是一個系統功能畫面）。

2. 使用案例指的是外部對系統的「期望」，不是在描述系統功能畫面應具備的功能或按鈕（在循序圖步驟才定義系統功能）。

3. 使用案例的參與者為依據業務流程圖的「組織的角色」及「既有的資訊系統」。請參考＜第 8 章：業務流程圖－如何製作正確的業務流程圖？＞。

4. **製作使用案例時，需同時確認「系統角色」**，後續系統功能線框圖步驟即依此系統角色決定畫面控制項的權限操作等。

5. **製作使用案例時，需同時確認「系統對接」**的需求。這裡的系統是指系統需求，而非最後開發完成的資訊系統。請參考＜第 9 章：業務作業清單－彙整業務作業清單的具體步驟？以及如何制定業務專案？＞。

6. 當有「共用」的情境出現時，需依序判斷：確認是否是共用作業？若是，則應呈現在業務流程圖。若不是時，確認是否是相同的業務規則或邏輯條件？若是，則為共用案例，在使用案例中使用「包含關係」描述。

   包含關係是指在連線上呈現「include」文字（圖 2-10-4）。例如：消費者查詢訂單或新增訂單，都需要先帳號登入。即表示查詢訂單及新增訂單的案例「include」包含帳號登入案例（連線箭號端指向帳號登入案例）。

   在＜第 4 章：需求形成的過程－如何改進需求形成過程以促進資訊系統需求轉換成軟體需求？＞中，我們有介紹「共用需求」與「共用系統功能」是不同的

事情。在＜第 9 章：業務作業清單－彙整業務作業清單的具體步驟？以及如何制定業務專案？＞中，我們有介紹業務流程圖中的「共用作業」。

因此，**共用需求不一定是共用作業、不一定是共用案例，也不一定是共用系統功能。商業分析師在需求分析時，大部分面臨的都是共用需求。**

7. 使用案例製作完成時，需要與業務流程圖裡作業位置進行流程確認，以確保對應的流程、角色、作業等資訊是一致的。

《更進一步學習》

根據維基百科的定義，用例（Use Case），或譯使用案例、用況，是軟體工程或系統工程中對系統如何反應外界請求的描述，是一種通過用戶的使用場景來獲取需求的技術（附錄 2）。可以參考維基百科及其它線上教學網站進一步學習。

▌ 製作使用案例常見的錯誤

- 描述功能細節，而不是專注於業務目標和參與者需求。
- 描述設計細節，而不是把系統當作黑箱來描述其與外部參與者的互動行為。
- 描述測試細節，而不是把測試案例放在另外一個文件中。
- 使用不清楚或不一致的術語來命名角色和案例。
- 忽略了部分流程、異常流程或錯誤處理等特殊流程情況。

編寫清晰、簡潔且準確的使用案例非常重要。使用案例扮演著業務作業清單後的重要角色，它們詳細描述每個業務作業的需求細節，並為後續需求分析奠定了基礎。忽視這一步驟的製作過程可能導致需求分析走向錯誤的方向，進而導致未來

資訊系統的開發基於錯誤的需求分析結果。因此，我們必須謹慎製作使用案例圖，以確保未來資訊系統開發基於正確的利害關係人期望。

39. 使用案例與測試案例有什麼關係？

測試案例是一份詳細描述如何執行測試以及測試預期結果的文件。在軟體工程中，測試案例用於驗證資訊系統的功能、性能和安全性等方面的表現，以確保測試人員按照相同的標準進行測試，提高測試的一致性和可重複性。因此，測試案例有助於確保資訊系統在交付前經過全面的測試，以減少錯誤和缺陷的風險。在＜第 17 章：測試案例＞中有詳細的介紹。

在專案中很常見到測試案例在「系統功能原型」設計完成，或「系統功能」開發完成後才開始製作。但實際上，**測試案例需要在使用案例確定之後就開始定義，才能根據相應的案例來編寫測試案例。**測試案例會在後續的步驟，進一步細化測試場景，包括領域模型、循序圖和系統功能線框圖等步驟，以確保測試案例的完整性（圖 2-10-2）。

但為什麼要在使用案例確定後就開始定義測試案例呢？原因在於後續的步驟各自都有其需求分析的任務。**如果在系統功能原型設計完成後才製作測試案例，很容易忽略其他步驟中的需求內容，只根據系統功能原型的需求進行測試案例設計。**因此，在使用案例確定後，務必立即定義所需的測試案例，並在後續的系統功能測試案例編寫中，按照步驟對應至使用案例，將中間步驟涉及所有需求都納入測試案例中。

從使用案例中提取測試案例的方法有以下幾個步驟：

1. 確認使用案例中的角色、系統、案例，定義測試案例清單。

2. 依據案例的事件流程，定義不同的流程場景，成為測試案例。

3. 定義測試案例的執行條件、輸入數據、預期結果和驗證方法。輸入數據的資訊此時可能沒有辦法很明確，因此可以先保留，在後續領域模型步驟之後再補上。

4. 避免將功能細節、設計細節、非功能性需求及品質要求混入到測試案例中。

提取測試案例後，還需要依＜第 17 章：測試案例－如何設計測試案例？＞步驟進行，請參考後續章節的介紹。

測試案例主要是針對功能性需求，其它類型的需求確認及驗證在不同的需求分析步驟中：

- 功能細節是在「系統功能測試案例」實現；
- 設計細節是在「系統功能視覺稿」或「系統功能原型」實現；
- 非功能性需求及品質要求是在「系統功能視覺稿」或「系統功能原型」或「系統整合測試」或「壓力測試」時實現。

測試案例依據使用案例設計，這樣的方式可以確保系統功能的需求完整性和相互關聯性。如圖 2-10-2 中呈現，從使用案例到循序圖，再到系統功能，每個層次都相互對應，形成一個有順序的步驟。**這個步驟也解釋了，如果資訊系統專案使用原有的系統功能清單做為需求基礎，發展新資訊系統的需求，為什麼幾乎都會導致新資訊系統有疊床架屋的現象，甚至是需求上的混亂和錯誤。因為在一系列的需求分析步驟中，忽略了多數步驟的分析結果，僅使用其中系統功能清單步驟的產出做為需求基礎。**因此，我們應該在需求分析中謹慎設計使用案例，以確保後續需求分析步驟的依序進行，進而達到更好的資訊系統專案結果。

重點總結

我們介紹了數位化和使用者體驗領域常使用的分析方法，儘管這些方法的結果非常詳盡，仍然不能取代業務流程圖或使用案例圖等需求分析方法。需求分析必須遵循一系列步驟，只有完成這些步驟，需求才能進入系統分析階段，及資訊系統的開發工作。

接著我們說明了使用者故事和使用案例的差異，以及透過廣泛收集使用者故事來瞭解利害關係人的期望後，再使用使用案例的結構化需求分析方法，包括使用案例的組成元素、製作重點步驟及常見的錯誤。使用案例詳細描述每個業務作業的需求細節，並為後續需求分析奠定了基礎。

此外，我們還介紹了測試案例的定義，強調測試案例需要在使用案例確定之後就開始定義，才能根據相應的案例來編寫測試案例。測試案例會在後續需求分析的步驟，進一步細化測試場景，以確保測試案例的需求完整性。

最後我們探討了為什麼使用原有的系統功能清單做為需求基礎，幾乎都會導致新資訊系統有疊床架屋的現象，甚至是需求上的混亂和錯誤的原因。

透過使用案例，我們已經有資訊系統的功能樣貌。接下來的章節，我們將提出整個業務專案的邊界，以定下完整的系統之間的流程。

自我測驗

1. 為什麼人物誌、使用者旅程地圖、使用者故事等文件無法直接供開發團隊使用？
2. 使用者故事和使用案例如何整合使用？
3. 使用案例的元素及製作步驟為何？

4. 測試案例應該在哪一個需求分析步驟產出？

5. 為什麼不可以使用原有系統的功能清單做為新資訊系統的需求基礎？

附錄

1. Wikipedia Mobile User Journey map

   https://en.wikipedia.org/wiki/User_journey

2. Use case

   https://en.wikipedia.org/wiki/Use_case

讓 ChatGPT 幫你思考使用者故事！

- Chrome Extension: AIPRM for ChatGPT
- Topic: Productivity
- Activity: Plan
- Prompt: Users Stories

每次想使用者故事是不是常常卡關！透過 ChatGPT 模擬不同的使用者對同一個資訊系統的常見期待，就可以先迅速建立基本使用者故事及使用案例，也可以做為檢核使用案例是否有缺少或不足之處喔！

人類專家的提醒：在使用 ChatGPT 時，仍應透過人類專家謹慎判斷 ChatGPT 提供的回答後，才可正式使用喔。

1. 描述使用者及資訊系統的情境。

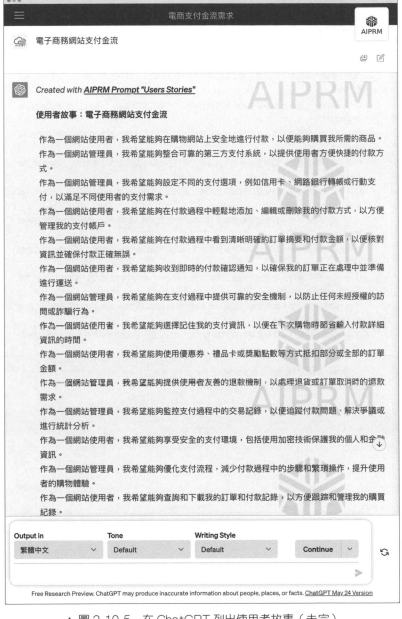

▲ 圖 2-10-5　在 ChatGPT 列出使用者故事（未完）

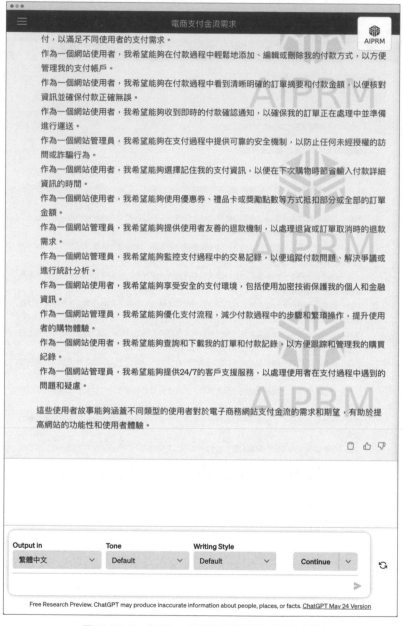

付,以滿足不同使用者的支付需求。

作為一個網站使用者,我希望能夠在付款過程中輕鬆地添加、編輯或刪除我的付款方式,以方便管理我的支付帳戶。

作為一個網站使用者,我希望能夠在付款過程中看到清晰明確的訂單摘要和付款金額,以便核對資訊並確保付款正確無誤。

作為一個網站使用者,我希望能夠收到即時的付款確認通知,以確保我的訂單正在處理中並準備進行運送。

作為一個網站管理員,我希望能夠在支付過程中提供可靠的安全機制,以防止任何未經授權的訪問或詐騙行為。

作為一個網站使用者,我希望能夠選擇記住我的支付資訊,以便在下次購物時節省輸入付款詳細資訊的時間。

作為一個網站使用者,我希望能夠使用優惠券、禮品卡或獎勵點數等方式抵扣部分或全部的訂單金額。

作為一個網站管理員,我希望能夠提供使用者友善的退款機制,以處理退貨或訂單取消時的退款需求。

作為一個網站管理員,我希望能夠監控支付過程中的交易記錄,以便追蹤付款問題、解決爭議或進行統計分析。

作為一個網站使用者,我希望能夠享受安全的支付環境,包括使用加密技術保護我的個人和金融資訊。

作為一個網站管理員,我希望能夠優化支付流程,減少付款過程中的步驟和繁瑣操作,提升使用者的購物體驗。

作為一個網站使用者,我希望能夠查詢和下載我的訂單和付款記錄,以方便跟蹤和管理我的購買紀錄。

作為一個網站管理員,我希望能夠提供24/7的客戶支援服務,以處理使用者在支付過程中遇到的問題和疑慮。

這些使用者故事能夠涵蓋不同類型的使用者對於電子商務網站支付金流的需求和期望,有助於提高網站的功能性和使用者體驗。

Output in	Tone	Writing Style	
繁體中文	Default	Default	Continue

Free Research Preview. ChatGPT may produce inaccurate information about people, places, or facts. ChatGPT May 24 Version

▲ 圖 2-10-6 在 ChatGPT 列出使用者故事(續)

11

系統流程圖－擘劃業務專案的願景

"The only thing worse than being blind is having sight but no vision." - Helen Keller

「唯一比失明更糟糕的是擁有視力卻沒有願景。」－海倫‧凱勒

美國知名聾盲人作家

《在開始之前的準備》

在完成業務流程圖及使用案例後，我們已經獲得了業務流程涉及的系統角色和資訊系統。透過使用案例，我們也掌握了數位化作業的需求細節。在這些基礎之上，我們將展開系統流程圖的規劃。

有些商業分析師可能會擔心自己無法正確規劃系統流程圖，請不要擔心。我們將介紹系統流程圖與系統架構圖之間的區別，並解釋製作系統流程圖的概念和步驟。商業分析師們一定能夠學會這項分析技術，並掌握閱讀和分析系統流程圖呈現資訊的能力。

資訊系統整合是當今商業領域中的一個關鍵競爭優勢，同時也是商業分析師必備的技能之一。現在就讓我們開始學習這項技能吧！

類別	需求發展階段				系統分析階段			
	商業需求	系統需求	商業需求分析	系統需求分析	可行性分析	系統規劃	需求分析	系統設計
			商業需求清單表	系統需求清單表	專案計劃書	軟體需求規格書		
			商業需求規格書	系統需求規格書				
A	商業規則		◎ 業務流程圖 ◎ 業務作業清單 ◎ 使用案例	系統功能線框圖 (系統功能視覺稿) 系統功能需求說明 系統功能測試案例	工作說明書 專案時程檔 (工作量評估 及WBS)	(整合至下方規格中)		
	限制要求							
B	既有資訊系統	系統對接需求	◎ 系統流程圖			系統架構圖 (軟體/硬體/網路)		
	數據需求		◎ 領域模型 ◎ 數據資產 (數據輸出說明)			資料分析報告 (含數據遷移)	數據流程圖	數據模型
C	-	功能性需求	◎ 使用案例循序圖 ◎ 系統功能清單 ◎ 系統功能流程圖			系統開發標準	實體關聯圖	系統功能程式規格
							系統功能原型	系統功能測試規格
D	-	非功能需求	非功能需求清單					
	-	品質要求	品質要求清單			服務級別協定		
需求管理階段								
需求追溯矩陣								

▲ 圖 2-11-1　商業需求規格書的系統流程圖

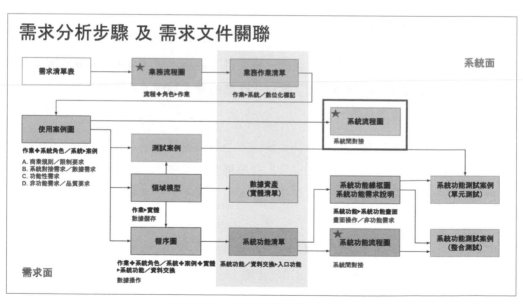

▲ 圖 2-11-2　需求分析步驟的系統流程圖

40. 系統流程圖與系統架構圖有什麼差異？

系統流程圖是一個關鍵的工具，它描述了資訊系統的輸入、輸出、處理和控制過程，強調資訊系統間執行任務的方式。 透過系統流程圖，我們能更好地進行系統分析、設計和優化，進而更有效地設計及開發資訊系統。

另一方面，**系統架構圖則關注資訊系統的物理架構和部署方式。它專注於組件的佈局、通信方式和相互依賴關係。** 系統架構圖的目的是確保資訊系統的穩定性、擴展性和可靠性，進一步了解各個組件的運行方式。

在專案早期，我們常常使用簡易的資訊系統示意圖（圖 2-11-3）。但這些示意圖往往過於簡單，並且缺乏與既有資訊系統的串連。因此，使用這樣的示意圖進行溝通往往效果有限。但如果我們在使用案例步驟後，根據業務流程圖和使用案例的資訊，使用系統流程圖來規劃資訊系統之間的流程需求，不僅能更清晰地呈現系統之間的流程，還能與其他需求分析文件相結合。同時，**如果資訊單位同步製作「系統架構圖」，將更為合適，透過系統流程圖及系統架構圖能提前發現資訊風險和潛在的資訊需求。**

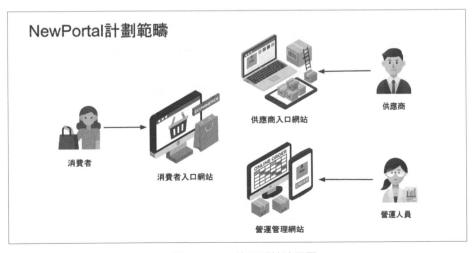

NewPortal計劃範疇

供應商

供應商入口網站

消費者

消費者入口網站

營運人員

營運管理網站

▲ 圖 2-11-3　簡易系統流程圖

綜上所述，系統流程圖關注系統間的執行過程和任務，而系統架構圖則關注系統間的串連方式。了解這兩種分析技術的區別和適用性，能夠幫助我們更好地應用於資訊系統專案中，同時提高需求文件的價值。

41. 如何製作可擬聚共識的系統流程圖？

系統流程圖有兩個面向，一個是描述資訊系統內的流程，一個是描述資訊系統間的流程。 在這個章節中，我們將重點介紹資訊系統間的流程，而資訊系統內的流程則在＜第 15 章：系統功能清單及系統功能流程圖＞中詳細説明。

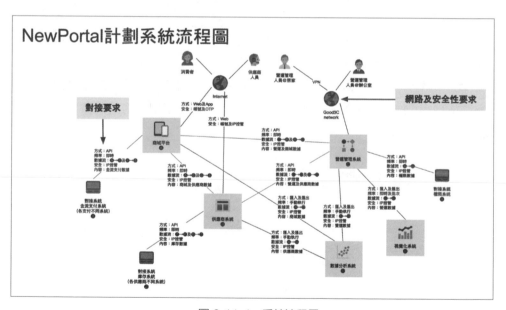

▲ 圖 2-11-4　系統流程圖

流程圖（Flow Chart）是系統流程圖最基本且常用的形式，這種分析技術與＜第 8 章：業務流程圖＞相似。但由於不同系統和不同資訊技術的複雜整合，傳統的流程圖方式可能無法完全呈現相關資訊。因此，實際上較常選擇使用更綜合的圖表

形式（圖 2-11-4），以盡可能清晰地展示資訊系統間的流程，以滿足資訊系統整合所需的資訊呈現。

系統流程圖的製作重點步驟：

1. 確定範圍內包含的系統

首先須明確包含的系統範圍，將「使用案例」中出現的所有系統納入考慮，並定義每個系統的任務。

2. 確定系統間的關係

接著識別系統之間的關係和數據流動方向。一般而言，系統流程圖的繪製從左至右，表示數據從系統服務對象流向企業內部。在設計數據流動方向時，需要關注每個系統所負責產生的數據以及該數據應該提供給哪些系統使用。

3. 增加連結及數據資訊

針對每個系統和連結，增加詳細資訊。系統資訊包括確認系統是否需要連接外部網路以及相關的安全性要求等。連結資訊包括確認系統之間的接口方式（API 或 ETL 等）、數據傳輸頻率（即時或批次）、數據流動方向、安全性要求以及數據內容等。數據資訊在＜第 22 章：數據遷移及數據流程圖＞有詳細介紹。

4. 審查和修改

與相關人員一起審查系統流程圖，確保資訊清晰易懂，同時符合資訊系統架構的要求，包括資訊安全、數據治理等方面。根據需要進行修改和改進，以使流程圖更加完善。

以上是製作系統流程圖的重點步驟。透過確定系統範圍、系統間關係的確立、增加連結和數據資訊以及審查和修改，能夠有效地呈現系統之間的流程和數據流動，幫助理解系統流程和數據傳遞的過程。這樣的流程圖不僅可以提供清晰的視覺化展示，還能幫助利害關係人更好地理解和評估系統的運作方式，進而提升需求的有效性。

《實務小技巧》

在這個需求分析步驟，系統流程圖的作用是提供所有利害關係人凝聚共識及確認需求的工具，並不是實際資訊架構的需求或建議。為了避免部分利害關係人無法理解其內容，產生需求傳達的誤解，我們需要著重在呈現需求，而不是採用複雜資訊技術的系統架構圖。同時，我們也需要確認資訊人員對於系統流程圖的理解是否正確，**並明確指出系統流程圖並非最終資訊架構**，仍需資訊人員進一步規劃及設計符合系統流程圖需求的可靠及可擴展的資訊系統架構圖。

---

42. 如何閱讀和分析系統流程圖？

解讀系統流程圖是理解系統運行方式的重要步驟，特別是當系統流程圖並非商業分析師製作時，解讀系統流程圖是否符合利害關係人的需求，就更加重要。分析系統流程圖有以下幾個面向：

- **理解系統流程**

  在解讀和分析系統流程圖時，首先要理解系統之間的執行順序。這有助於我們瞭解整個系統流程圖的運作方式，並確保符合利害關係人的需求。此部分通常涉及不同資訊系統的整合，例如串接外部資訊系統，或引入新的資訊科技技術等。

- **確認數據流程**

  系統流程圖中的數據流程是確保數據正確收集和傳送的關鍵。如果數據流程不符合利害關係人的需求，需要及時處理並進行修正。此部分應該包含確認數據從收集到應用的場景，例如資料視覺化或數據分析的需求是否包含其中。

- **識別關鍵價值流程**

  系統流程圖往往錯綜複雜,如何從中識別出最關鍵的流程,以確保實現業務流程的目標,是分析系統流程圖的最大價值。針對最關鍵的流程,應進一步進行探討,包括關鍵流程涉及的業務流程,線上及線下作業的配合,以及是否需要資訊備援方案等。

- **發現潛在瓶頸**

  分析系統流程圖,我們可以發現潛在的瓶頸,包括識別流程中可能存在的限制或缺陷,以及找到改進的方法。此部分通常需要資訊技術的專業人員共同參與討論和擬定方案。

無論系統流程圖是否由商業分析師製作,在系統流程圖製作完成後,**召集利害關係人和資訊技術專業人員共同確認系統流程圖是否符合需求和資訊架構,是需求分析階段的重要環節**,為後續系統設計和系統開發提供有效的系統流程需求。

43. 資訊系統整合對於業務流程的重要性是什麼?

在<第8章:業務流程圖－業務流程圖與系統功能流程圖有什麼差異?>中,我們介紹到「數位化後的業務流程」與「企業資訊系統」有三個關係:

- **資訊系統是自動化的業務流程**
- **業務流程的資訊流就是資訊系統的數據流**
- **業務流程可能需要多個資訊系統整合實現**

這三個關係也具體呈現在系統流程圖的系統流程及數據流程中。現在我們來探討第三個關係,透過資訊系統整合實現業務流程。隨著現在資訊科技的發展,个同的資訊服務供應商依其自身的專業及資源,提供不同的資訊服務。**企業如何透過**

組合這些資訊服務，以實現業務流程及達成業務目標及利益最大化，成為資訊系統整合最重要的議題。 資訊系統整合通常是為了達成以下數個面向的目的：

- **增強客戶體驗**

  透過將不同的系統整合在一起，企業能夠為客戶提供一致的體驗。

  例如圖 2-11-4，消費者在商城平台購物時，系統整合能夠實現供應商系統商品庫存和營運管理系統訂單的即時同步，確保客戶能夠查看到準確的產品庫存和交貨時間。這樣的高效整合可以提高客戶的滿意度，增加客戶的忠誠度，進而促進業務目標的達成。

- **簡化業務營運及克服部門孤島**

  企業內部各個部門之間缺乏有效的溝通和協作，導致了資訊的不一致和效率低下。透過系統整合可以解決這個問題，簡化企業的業務營運，促進各部門之間的協作和合作。

  例如圖 2-11-4，系統整合可以將商城平台、供應商系統和營運管理系統相連接，使得銷售團隊、倉庫管理團隊和財務團隊之間的資訊能夠即時共享，進而提高工作效率，降低錯誤率。

- **實現數據即時同步**

  在數位營運的業務環境中，系統整合能夠實現不同系統之間的數據即時同步，確保數據的一致性和即時性。

  例如圖 2-11-4，當消費者下訂單時，系統整合可以自動將訂單資訊同步到供應商系統的庫存和物流管理功能，進而確保庫存的即時更新和配送安排。這樣的數據即時同步有助於提高業務的靈活性和反應速度，贏得競爭優勢。

- **提高數據準確性和完整性**

  系統整合後能夠提供數據的即時同步和共享，透過將數據從不同的系統中彙總和整合，提供一個全面的數據視圖，確保數據的完整性。這樣的數據準確性和完整性將為企業提供更可靠的營運基礎。

例如圖 2-11-4，透過建立視覺化系統及數據分析系統，將商城平台、供應商系統、營運管理系統的數據彙整後，建立戰情儀表板或數據分析，協助企業執行業務決策。

- **降低資訊架構的複雜性**

  隨著企業經營所需系統的增多，資訊架構往往變得越來越複雜。不同的系統之間可能存在著不同的數據格式、技術架構。透過系統整合統一數據格式和標準化接口，將不同的系統無縫地連接在一起，降低複雜性的同時也有助於提高企業的效率和降低成本，同時也提供了更靈活和可擴展的資訊架構。

總的來說，資訊系統整合對於企業業務流程的執行具有關鍵的影響。因此，商業分析師在需求分析階段若能提早掌握系統流程及數據流程，對後續資訊系統專案的執行有顯著的助益。

重點總結

一開始我們定義了系統流程圖關注系統間的執行過程和任務，而系統架構圖則關注系統間的串連方式。系統流程圖有兩個面向，一個是描述資訊系統內的流程，一個是描述資訊系統間的流程。在這個章節中，我們重點介紹資訊系統間的流程。

系統流程圖的製作重點四個步驟，能夠有效地呈現系統之間的流程和數據流動，幫助理解系統流程和數據傳遞的過程。此外，無論系統流程圖是否由商業分析師製作，召集利害關係人和資訊技術專業人員共同確認系統流程圖是否符合需求和資訊架構，是需求分析階段的重要環節，為後續系統設計和系統開發提供有效的系統流程需求。

最後，我們說明透過系統流程圖的系統流程及數據流程，是為了達成資訊系統整合的五個目的，以對後續資訊系統專案的執行能有顯著的助益。

透過系統流程圖，我們已經有資訊系統整合的全貌願景。接下來的章節，我們將製作需求分析階段的核心產出，領域模型及數據資產，為資訊系統建立堅實的骨幹。

自我測驗

1. 系統流程圖與系統架構圖同時製作有什麼優點？
2. 製作系統流程圖的重點步驟有哪些？
3. 閱讀及分析系統流程圖時，應關注哪些面向？
4. 資訊系統整合通常是為了達成哪些目的？

12

領域模型－彙整數位化作業 的數據需求

"Knowledge is power, but action is the key." - Thomas Jefferson

「*知識是力量，但行動才是關鍵。*」－湯瑪斯‧傑弗遜

美國第 3 任總統、《美國獨立宣言》主要起草人

《在開始之前的準備》

「使用案例」是基於數位化作業製作的，而「領域模型」和「循序圖」則根據使用案例來呈現需求的細節。再加上「系統功能線框圖」和「系統功能測試案例」，這五個需求分析技術從不同面向呈現了數位化作業的全面需求。

使用案例記錄了系統角色、系統對接和案例。領域模型則呈現了案例所需的數據需求，而循序圖則連接了使用案例和領域模型，呈現了訊息流。系統功能線框圖則展示了功能介面的需求，而系統功能測試案例則記錄了從使用案例開始的測試需求情境。

透過這五個需求分析文件，我們能夠全面記錄數位化作業的各個層面需求。是否已經記起來了呢？那我們開始學習數據需求分析的領域模型吧。

類別	需求發展階段				系統分析階段			
	商業需求	系統需求	商業需求分析	系統需求分析	可行性分析	系統規劃	需求分析	系統設計
			商業需求清單表	系統需求清單表	專案計劃書	軟體需求規格書		
			商業需求規格書	系統需求規格書				
A	商業規則		◎ 業務流程圖 ◎ 業務作業清單 ◎ 使用案例	系統功能線框圖 (系統功能視覺稿) 系統功能需求說明 系統功能測試案例	工作說明書 專案時程檔 (工作量評估 及WBS)	(整合至下方規格中)		
	限制要求							
B	既有資訊系統	系統對接需求	◎ 系統流程圖			系統架構圖 (軟體/硬體/網路)		
	數據需求		◎ 領域模型 ◎ 數據資產 (數據輸出說明)			資料分析報告 (含數據遷移)	數據流程圖	數據模型
C	-	功能性需求	◎ 使用案例循序圖 ◎ 系統功能清單 ◎ 系統功能流程圖			系統開發標準	實體關聯圖	系統功能程式規格
							系統功能原型	系統功能測試規格
D	-	非功能需求	非功能需求清單					
	-	品質要求	品質要求清單			服務級別協定		
需求管理階段								
需求追溯矩陣								

▲ 圖 2-12-1　商業需求規格書的領域模型

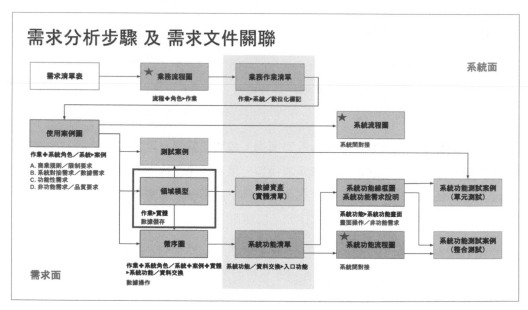

▲ 圖 2-12-2　需求分析步驟的領域模型

44. 收集及分析數據需求的過程是什麼？

在數位化作業中，數據需求可分為兩個關鍵部分。首先是「數據輸入」，指的是透過資訊系統收集數位化作業過程中所產生的數據。其次是「數據輸出」，也就是將從資訊系統中收集到的數據進一步處理，並根據業務作業的需求提供數據。**而在數據輸入與數據輸出之間，則需要有「數據流」來處理並銜接這兩者，以確保數據的順暢流通。**

數據輸入、數據輸出和數據流都是業務流程上不可或缺的數據需求。本章節的重點在於數據需求的收集和需求分析方法，數據輸入和數據輸出的相關內容可在＜第 13 章：數據資產＞中找到詳細介紹，數據流的相關內容則可在＜第 22 章：數據遷移及數據流程圖＞中找到詳細介紹。

收集及分析數據需求的過程主要有以下幾個步驟：

1. **識別數據需求的利害關係人**
   數據需求與其它業務需求的獨特之處在於，數據輸出需求方通常並非數據輸入需求方。 這產生了一種特殊現象，數據輸出需求方所提出的需求未必包含在數據輸入需求方的需求中，即使包含在內，通常也需要進行繁瑣的數據處理，才能將數據輸入時的形態轉換成數據輸出需求方所需的形態。

   因此，在識別數據需求的利害關係人時，特別需要注意這一特點，並向不同的利害關係人確認數據需求，以免出現大量數據需求缺失或需求變更。

2. **進行數據需求訪談和調查**
   數據需求訪談最常見的錯誤安排是將數據需求與業務需求分離。 這導致數據需求只關注數據輸入（例如功能介面）或數據輸出（例如報表），卻忽略了數據流的需求。另一方面，許多商業分析師錯誤地將數據流需求視為資訊系統開發的一部分，因此缺少的數據流需求直到系統開發階段才被發現，通常會導致大量的需求變更。

因此，在需求訪談時必須同時考慮數據輸入、數據輸出和數據流的需求。如果在數據輸入後無法清楚說明如何處理數據以產生所需的數據輸出，甚至可能連數據的來源在企業內部的位置都不清楚，那麼該數據需求就等同於未完成需求分析。

3. **確認現有的數據源**

在＜第 10 章：使用案例＞及＜第 11 章：系統流程圖＞中，我們已清楚定義系統對接的需求，**表示數據源應該也包含在使用案例圖的系統及系統流程圖中。**這包括內部和外部的數據源，例如內部資料庫、第三方數據提供商等。這也是為什麼系統流程圖的製作重點步驟中包含數據資訊的確認。

數據流的資訊總共會呈現在三個地方：＜第 11 章：系統流程圖＞、＜第 14 章：使用案例循序圖＞、＜第 22 章：數據遷移及數據流程圖＞，請參考這三個章節關於數據源及數據流的相關說明。

4. **定義數據實體、屬性和方法**

數據實體是指需要收集和分析的具體數據，例如客戶的購買記錄和網站的訪問記錄。**而數據屬性則是描述這些數據實體的各個欄位**，比如客戶的姓名和訂單的編號。**至於數據方法，則是指用來處理這些數據的過程**，例如計算訂單的總金額和計算每月的業績金額。

瞭解這些數據實體、屬性和方法的概念對於建立一個完整的領域模型非常重要。在接下來的段落中，我們將詳細介紹這些元素。

5. **分析數據實體關聯性**

數據實體關聯是指數據實體之間呈現的現實世界業務邏輯。舉例來說，一個訂單可以與多個商品記錄和出貨記錄相關聯。數據實體關聯在領域模型中扮演著極其重要的角色，我們將在後續段落中詳細介紹這一概念。

6. **記錄數據驗證規則**

在數據實體的屬性及關聯之下，我們可以透過模擬符合數據實體的數據，或採用現實世界裡的數據製作成符合數據實體的數據，做為測試案例的數據驗證規則。所以在圖 2-12-2 中，領域模型有指向測試案例的箭號即是此原因。

透過製作使用案例時產生的測試案例，請參考＜第 10 章：使用案例－使用案例與測試案例有什麼關係？＞，及製作領域模型時產生數據驗證規則，及系統功能線框圖，請參考＜第 16 章：系統功能及線框圖＞，三者資訊整合在一起後，才能形成完整的系統功能測試案例。詳細請參考＜第 17 章：測試案例＞。

以上就是收集及分析數據需求的過程。透過這個過程，我們可以更全面收集和分析數據需求，並確保所收集到的數據能夠真正滿足利害關係人的數據需求。這將為後續的系統分析及數據分析工作奠定堅實的基礎。

值得注意的是，在整個過程中，**我們應該保持對數據安全和隱私的高度重視，確保數據的使用是合法合規的。**

45. 領域模型與其它需求分析技術有什麼關係？

領域模型（Domain Model）能夠有效地將特定領域的抽象概念進行實體建模，它是數據需求最重要的分析方法。透過將抽象概念轉化為具體實體，領域模型可以整合各種實體資訊，包括屬性、方法和關聯等。同時，在分析領域模型的過程中，我們也同時記錄了該領域中的關鍵概念和詞彙，因此，在整理領域模型時，我們應該統一詞彙表，確保使用一致的術語。這將有助於更好地理解和溝通領域知識（Domain Knowledge），幫助後續資訊系統專案的溝通。

領域模型與資訊系統開發有著密切關係：

- **領域模型指引資訊系統規劃**

  透過呈現實體關聯的領域模型，以及系統流程圖所提供的數據來源，系統開發團隊能夠清楚了解數據需求，並以此依據設計系統架構，進一步提升系統的可維護性和擴展性。

- **領域模型驅動資訊系統設計**

  系統開發團隊可以根據領域模型中的實體、屬性和方法，來設計系統的具體功能。領域模型為系統開發團隊提供了一個明確的需求實現目標，使得開發人員能夠更好地理解需求，減少系統設計過程中的困惑和誤解。

- **領域模型確保資訊系統測試**

  領域模型作為現實世界領域知識的描述，可以幫助系統開發團隊確保開發的系統與實際數據一致。透過領域模型設計的測試案例數據，系統開發團隊能夠在系統測試上更貼近真實的數據情境，進而減少系統開發上的錯誤。

領域模型做為需求分析技術的一環，與其它需求分析技術也有著密切關係：

- **領域模型與使用案例的關係**

  使用案例主要描述資訊系統和參與者（角色）之間的互動關係，而領域模型則提供了資訊系統中實體的結構以及實體之間的關聯。這兩者相輔相成，協助我們更好地理解數位化作業的需求。

- **領域模型與測試案例的關係**

  當我們在製作使用案例階段的測試案例時，數據屬性及關聯若還不明確，我們需要在領域模型製作完成後，明確地定義測試案例所需的數據。這樣可以確保使用案例、測試案例和領域模型的一致性和正確性。

- **領域模型與數據資產的關係**

  領域模型中的實體是未來企業數據資產的基礎。因此，我們需要精心整理和設

計領域模型，確保它們能夠準確地反映業務流程。數據資產請參考＜第 13 章：數據資產＞有詳細的介紹。

● **領域模型與循序圖的關係**

循序圖主要描述資訊系統中不同物件之間的交互作用，而這些物件正是使用案例中的參與者（角色）及領域模型中的實體。循序圖請參考＜第 14 章：使用案例循序圖＞有詳細的介紹。

總結而言，領域模型是需求分析技術中不可或缺的一部分。它與使用案例、測試案例、數據資產以及循序圖等需求分析技術密切相關，共同幫助我們理解和分析需求。並且領域模型也是後續資訊系統專案的系統規劃、設計、測試等階段的實施依據。

《更進一步學習》

根據維基百科的定義，在軟體工程中，領域模型是包含行為和數據的領域概念模型（附錄 1）。可以參考維基百科及其它線上教學網站進一步學習。

---

46. 如何製作符合需求分析及數據分析使用的領域模型？

領域模型具體來說就是透過「實體」來描述現實世界的抽象概念。實體內部包含了屬性和方法，實體之間有各種關聯。UML 技術中的類別圖（Class Diagram）就是用來描述實體的技術。

▌領域模型的實體製作重點步驟

1. **依據使用案例圖，一個使用案例對應製作一個領域模型。**

   不同的領域模型之間，實體會重複是正常的，它們將會在＜第 13 章：數據資產＞進行整併成單一實體。例如客戶實體，會出現在各個使用案例的領域模型中，但最後在數據資產時只會有一個客戶實體。

2. **從使用案例的案例中，整理出相關人事時地物的數據實體。**

   首先先整理出靜態實體，包含人、物、地。接著彙整動態實體，包含事及時。實務上，動態實體也很常以「交易」一詞取代事及時。例如圖 2-12-3 列出了線上訂單作業的各種實體。

   此外，數據輸入及數據輸出（例如報表）都需要透過實體來描述數據的樣貌。數據輸出常常會被忽略也是領域模型的一環，也就是說，使用案例中所有數據相關的概念都需要透過實體來說明。

3. **將這些數據實體進行分類。**

   通常會以領域的專業知識劃分實體類別。例如客戶實體、產品實體、訂單實體等分類。

4. **描述數據實體的屬性和方法。**

   屬性即是欄位的意思。方法也是一種欄位，但這種欄位需要進行資料處理之後才能取得。方法通常使用在需要計算或邏輯處理的欄位，例如銷售金額欄位是屬性，總銷售金額因為需要計算就是方法。

《實務小技巧》

在製作領域模型的屬性和方法時，如果感到困惑，我們可以先利用 Excel 軟體來處理。將所需的實體轉換成 Excel 表格的形式，並嘗試填入現實世界的資料，這樣可以更具體地設計實體。當 Excel 表格的設計完成後，再將表格中的欄位名稱轉換為類別圖中的屬性和方法即可。

此外，我們還需注意一個現象，那就是在收集和確認實體時，應使用商業分析的方法。也就是說，需要假設該業務流程中沒有資訊系統的協助下，該業務作業將如何線下收集及處理資料？這才是真正領域模型所需要分析的業務數據。

絕對不要依賴現有資訊系統資料庫的「數據模型」或「實體關聯圖」。因為數據模型或實體關聯圖是基於領域模型進行設計的，因此數據模型或實體關聯圖已經包含了許多系統分析所需的設計因素在其中，以及資訊系統長時間累積的系統功能修改的歷史痕跡。對於沒有接受過系統分析訓練的商業分析師來說，要從中重新整理出領域模型是不可能的。**數據模型或實體關聯圖可以是領域模型的參考來源，但絕對不是從數據模型或實體關聯圖反推出領域模型。** 數據模型及實體關聯圖的基本概念可以參考＜第 23 章：數據模型＞。

此外，無論最終資訊系統的數據模型或實體關聯圖如何設計，領域模型將成為數據分析的基礎。換句話說，**在未來數據分析時，所使用的數據結構也是領域模型。** 數據模型或實體關聯圖如何轉換成領域模型，則是資訊相關人員的任務。因此，領域模型不僅僅是影響需求分析的工作，也持續影響未來數據分析的工作。

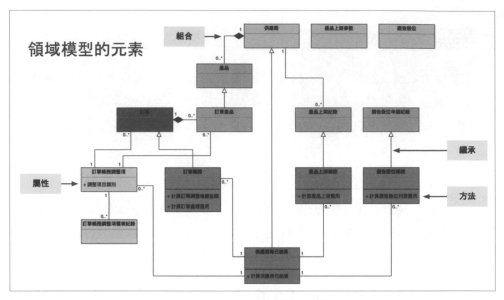

▲ 圖 2-12-3　領域模型的元素

《更進一步學習》

根據維基百科的定義，類別圖（Class Diagram）用於應用程式結構的概念建模，以將模型轉換為程式碼。類別圖也用於數據建模（附錄 2）。可以參考維基百科及其它線上教學網站進一步學習。

領域模型的實體關聯

在完成實體的設計後，接著需要進行實體關聯的定義。以下為關聯中比較常見的模式：

- **人與人關聯**：例如人力資源系統中，雇員與組織中管理者的關係。
- **物與物關聯**：例如生產製造管理系統中，料件與成品的關係。

- **人與交易關聯**：例如銷售管理系統中，客戶與訂單的關係。
- **地與交易關聯**：例如供應鏈管理系統中，產品倉庫與物流配送的關係。
- **物與交易關聯**：例如企業資產管理系統中，資產與折舊的關係。
- **交易與交易細項關聯**：例如銷售管理系統中，訂單與產品品項的關係。
- **交易與後續交易關聯**：例如銷售管理系統中，訂單與出貨單的關係。
- **交易細項與後續交易細項關聯**：例如銷售管理系統中，訂單產品品項與出貨單產品品項的關係。

關聯的類別主要有以下數種：

- **依賴（Dependency）**

  最簡單的關聯，指實體的關聯是「使用」的情況。即實體 B 使用實體 A 的資料。以燕尾箭頭的虛線指向實體 A 表示。

  例如訂單（實體 B）跟客戶（實體 A）的關係就是依賴。

- **組合（Composition）**

  指實體的關聯是「物理包含」的情況。即容器消滅，內容也消滅。以實心菱形指向容器表示。

  例如訂單（容器）跟訂單下產品品項（內容）的關係就是組合。

- **聚合（Aggregation）**

  指實體的關聯是「目錄包含」的情況。即容器消滅，內容仍存在。以空心菱形指向容器表示。

  例如組織單位（容器）跟單位雇員（內容）的關係就是聚合。

- **泛化（Generalization）或繼承（Inheritance）**

  指實體子類型是超類型的「特殊形式」。即實體 B 是實體 A 的特殊形式。以空心三角型指向實體 A 表示。

例如一般訂單（超類型）跟 24 小時訂單（子類型）的關係就是繼承。

領域模型也可以表達非結構化的資料，換言之，領域模型應包含所有業務行為下的所有數據，不管數據型態為何。 關於企業數據與資料庫類別，請參考＜第 13 章：數據資產＞有更進一步的説明。

47. 數據驅動資訊系統開發的重要性是什麼？

我們已經介紹了數據需求對需求工程的重要性，以及數據需求分析技術的領域模型。那麼數據需求對資訊系統的影響是什麼？當數據需求收集或分析不足時（例如著重在系統功能介面需求，忽略數據需求），資訊系統或專案可能會引發以下一系列問題：

- **系統可靠性問題**

  如果資訊系統專案沒有正確評估數據需求來執行系統規劃及系統設計，資訊系統可能會變得效率不佳或產生錯誤。這將直接影響到使用者的體驗，導致不符合利害關係人的需求。

- **系統可用性問題**

  如果資訊系統專案沒有依據數據需求來執行系統設計及系統測試，系統功能可能無法正常收集或產出所需的數據。這通常發生在資訊系統開發團隊對需求內容的誤解，導致資訊系統收集或產出的數據與實際需求不符。

- **系統擴充性問題**

  如果資訊系統專案沒有足夠全面的數據需求來評估數據分析及數據應用場景，那麼它可能會出現數據無法再次使用、使用困難，或無法與其它資訊系統整合的問題。

因此，我們可以理解到數據需求是不可省略需求分析的一環。數據需求不僅呈現
在領域模型協助資訊系統的規劃及設計，數據需求更扮演驅動資訊系統發展的重
要角色。**數據驅動資訊系統是指以數據為基礎，透過對大量數據收集、分析和應
用，以實現系統功能和業務目標的資訊系統。**數據驅動資訊系統具備以下這些特
色：

- **透過不同技術管道收集大量數據**

  數據驅動資訊系統需要收集大量的數據來運行系統功能。這些數據可以來自多
  個技術管道，包括使用者輸入、傳感器數據、社交媒體數據等。

- **即時數據分析嵌入至資訊系統功能中**

  數據驅動資訊系統需要對收集到的數據進行即時分析。將從數據中提取到的有
  價值的資訊、模式和洞察，用於資訊系統功能中、進而提供動態即時、情境個
  性化的使用者體驗。

- **多元數據應用場景與業務流程融合**

  數據驅動資訊系統將分析結果應用於實際業務場景中。包括自動化的決策支援
  系統、個性化的推薦系統、預測分析等。透過這些數據應用，為業務流程提供
  更準確和智慧的數位化解決方案。

數據驅動資訊系統可以帶來許多好處，下面將介紹其中一些：

- **提高效率節省成本**

  透過分析收集大量的數據，可以識別出營運過程中的瓶頸和低效之處，幫助企
  業更好地分配資源、進而節省成本並提高效率。

- **增強使用者體驗**

  透過分析使用者數據，可以了解使用者的需求、偏好和行為，為使用者提供個
  人化的服務和體驗，以提高滿意度及增加客戶忠誠度，進而幫助企業佔據領先
  地位。

- **數據洞察改進決策**

  透過分析歷史數據和預測模式，幫助企業優化決策過程，以及採取相應的措施以應對未來的變化和挑戰。

總結來說，數據需求收集或分析不足對資訊系統有著重大影響。更進一步，數據需求更扮演驅動資訊系統發展的重要角色。因此，商業分析師在需求發展階段掌握數據需求是需求分析中不可被忽略的任務。

重點總結

在數位化作業中，數據輸入、數據輸出及數據流是不可或缺的數據需求。我們介紹了收集及分析數據需求的過程步驟，以及數據需求分析方法的領域模型。

領域模型能夠有效地將特定領域的抽象概念進行實體建模，它是數據需求最重要的分析方法。領域模型與資訊系統開發及其它需求分析技術有著密切關係。

透過將抽象概念轉化為具體實體，領域模型可以整合各種實體資訊，包括屬性、方法和關聯等。我們說明了製作領域模型一系列的步驟及規範。

最後我們介紹了數據驅動的資訊系統具備的特色，以及數據驅動可以帶來的許多好處。

完成使用案例的領域模型後，我們還沒有企業視角的數據全貌。透過接下來的章節，我們將進一步彙整領域模型及結合企業數據資產的概念，提出企業層級數據治理應考慮的範疇。

自我測驗

1. 數位化作業中，數據需求涉及哪些部分？
2. 收集及分析數據需求的過程及步驟為何？
3. 領域模型與資訊系統有什麼關係？
4. 領域模型與其它需求分析技術有什麼關係？
5. 領域模型的重點製作步驟？
6. 數據需求收集或分析不足時，會導致資訊系統哪些問題？
7. 數據驅動資訊系統具備哪些特色？

附錄

1. Domain model

   https://en.wikipedia.org/wiki/Domain_model

2. Class diagram

   https://en.wikipedia.org/wiki/Class_diagram

13

數據資產－建立企業數據的全貌

"The secret of change is to focus all your energy not on fighting the old, but on building the new." - Socrates

「變革的秘訣是將所有的精力都集中在建設新事物上，而不是對抗舊有的事物。」－蘇格拉底

古希臘哲學家

《在開始之前的準備》

我們進入了商業需求分析的最後一個關鍵步驟：定義數據資產。在這之前，我們已經完成了許多重要的工作。我們繪製了組織圖，突顯企業內的專家人才。我們還記錄了原子需求，建立需求清單表。業務流程再造後的業務流程也被紀錄下來，同時也製作了包含線上數位化作業和線下作業的業務作業清單。我們還為每個數位化作業製作了使用案例和領域模型，並且繪製業務專案的系統流程圖。現在，我們需要規劃企業層級的數據資產，以確保每個數位化作業的數據需求能夠累積和整合，成為企業創造商業價值的重要資產。

就像圖 2-13-2 所展示，**業務作業清單和數據資產都是彙整型需求文件。**也就是說，業務流程圖中的所有業務作業被整理成業務作業清單，而所有領域模型的整合則構成了實體清單，也是數據資產中最核心的內容。但企業層級的數據資產需要考慮的方面更為廣泛。

準備好了嗎？讓我們打開眼界，以企業層級的視野來審視數據吧！

類別	需求發展階段		商業需求分析	系統需求分析	系統分析階段			
	商業需求	系統需求	商業需求清單表	系統需求清單表	可行性分析	系統規劃	需求分析	系統設計
			商業需求規格書	系統需求規格書	專案計劃書	軟體需求規格書		
A	商業規則		● 業務流程圖 ● 業務作業清單 ● 使用案例	系統功能線框圖(系統功能視覺稿)系統功能需求說明系統功能測試案例	工作說明書專案時程檔(工作量評估&WBS)	(整合至下方規格中)		
	限制要求							
B	既有資訊系統	系統對接需求	● 系統流程圖			系統架構圖(軟體/硬體/網路)		
	數據需求		● 領域模型 ● 數據資產(數據輸出說明)			資料分析報告(含數據遷移)	數據流程圖	數據模型
C	-	功能性需求	● 使用案例循序圖 ● 系統功能清單 ● 系統功能流程圖			系統開發標準	實體關聯圖	系統功能程式規格
							系統功能原型	系統功能測試規格
D	-	非功能需求	非功能需求清單					
	-	品質要求	品質要求清單			服務級別協定		
需求管理階段								
需求追溯矩陣								

▲ 圖 2-13-1　商業需求規格書的數據資產

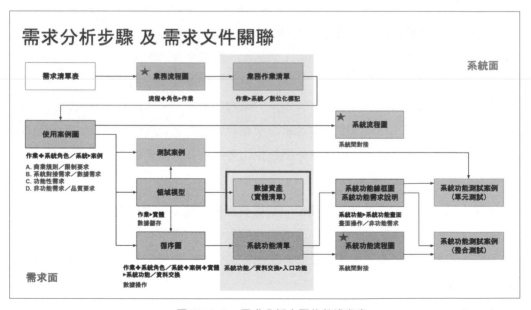

▲ 圖 2-13-2　需求分析步驟的數據資產

48. 企業數據儲存在哪裡？

以下我們從幾個面向來探討企業數據儲存。資訊架構可簡易區分為地端架構與雲端架構：

- **地端架構**

  或稱為本地架構，企業自行建設和管理資訊技術基礎設施的方式。使用本地伺服器和硬體設備來儲存、處理和管理數據。地端架構完全可依據企業需求規劃及建設。因此也包含自行設定安全措施，確保敏感資訊不會外洩。此外，地端架構也提供了更快的數據存取速度，無需透過網路來存取。但購買硬體設備、軟體授權、聘用專業資訊人員團隊等，則需要較高的成本。

- **雲端架構**

  使用遠端第三方提供的基礎設施來儲存和處理數據，企業透過網路使用這些資源。雲端架構的主要優勢是企業可依實際需求使用資源，並且只需支付實際使用資源的費用。此外，由於數據儲存在遠端伺服器上，透過不同區域的備份備援機制，即使災難發生時，企業數據仍可得到保護。但依賴網路連接導致需要有較穩定及高效的網絡設施，以及需要考慮數據安全問題。

在現代企業中，越來越多的組織選擇將其數據儲存在雲端環境中，目前雲端服務供應商主要有 Amazon 的 AWS、Microsoft 的 Azure 以及 Google 的 Google Cloud。主要提供的服務模式有（圖 2-13-3）：

- **IaaS 基礎設施即服務（Infrastructure as a Service）**

  提供虛擬化的硬體和網路資源，讓使用者自行部署和執行作業系統、應用程式等。讓企業能夠根據自身需求，靈活地擴展或縮減其基礎設施。

- **PaaS 平台即服務（Platform as a Service）**

  提供開發和部署應用程式所需的硬體和軟體資源，包括作業系統、開發工具、

執行環境等。讓開發人員能夠專注於應用程式的開發，而不需要擔心底層基礎
設施的管理。

- **SaaS 軟體即服務（Software as a Service）**
提供可透過瀏覽器或應用程式存取的雲端軟體，由供應商負責開發、更新和維
護軟體。這種服務模式使用者能夠輕鬆地使用軟體應用程式，而無需擔心軟體
的安裝和管理。

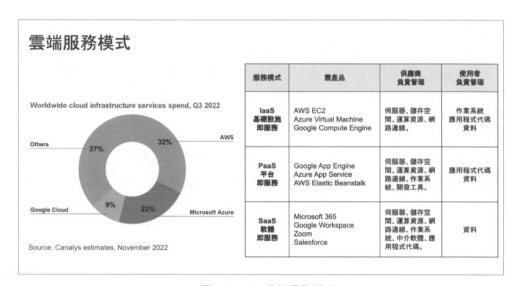

雲端服務模式

Worldwide cloud infrastructure services spend, Q3 2022

Others 37%　32% AWS

Google Cloud 9%　22% Microsoft Azure

Source: Canalys estimates, November 2022

服務模式	雲產品	供應商負責管理	使用者負責管理
IaaS 基礎設施即服務	AWS EC2 Azure Virtual Machine Google Compute Engine	伺服器、儲存空間、運算資源、網路連線。	作業系統 應用程式代碼 資料
PaaS 平台即服務	Google App Engine Azure App Service AWS Elastic Beanstalk	伺服器、儲存空間、運算資源、網路連線、作業系統、開發工具。	應用程式代碼 資料
SaaS 軟體即服務	Microsoft 365 Google Workspace Zoom Salesforce	伺服器、儲存空間、運算資源、網路連線、作業系統、中介軟體、應用程式代碼。	資料

▲ 圖 2-13-3　雲端服務模式

其中關於數據的服務是商業分析師需要優先關注的，數據處理主要區分為兩種模
式：

- **OLTP 線上交易處理（On-Line Transaction Processing）**
OLTP 系統主要目的是執行業務操作和即時作業控制。當一個操作發生時，系
統能夠快速處理並更新數據，以實現即時追蹤業務活動。因此 OLTP 系統的技
術主要依據不同的產業進行區分。

例如，零售業需要處理大量的銷售訂單和庫存管理。製造業需要處理生產計劃、訂單追蹤和供應鏈管理。銀行業則需要處理大量的金融交易，包含轉帳、存款和提款等。

● **OLAP 線上分析處理（On-Line Analytical Processing）**

為了滿足企業對數據分析和洞察的需求，OLAP 系統能夠依據使用者的需求，從大量數據中快速存取及處理數據，並支援決策、解決問題、發現隱含的洞察。因此 OLAP 系統的技術主要依據特定主題進行，不同主題的數據需要不同的分析方法和模型。

例如，銷售主題關注營業額、產品類別和地區分佈等指標。庫存主題關注庫存去化、供應鏈效率和預測需求等指標。行銷主題則可能關注市場趨勢、競爭分析和使用者行為等指標。

企業數據儲存位置的選擇是一個重要的決策，而影響這個決策的因素非常複雜。在＜第 2 章：商業分析涉及的專業領域－商業分析在資訊戰略中的關鍵作用？＞中，我們介紹了企業資訊戰略的關鍵要素，包括資訊治理、數據治理及數據安全。這些要素對於企業數據儲存位置的選擇有著重要的影響。作為一名優秀的商業分析師，需要瞭解企業在這些決策中的現況和未來的發展方向，以制定出符合企業決策的資訊系統需求方案。

49. 企業數據儲存方式有哪些？

在＜第 12 章：領域模型＞中，我們介紹了業務流程中數據需求的重要性。實現這些數據需求，企業需要資訊系統中的高效能資料庫。資料庫不僅僅是提供業務流程的數據存取和處理，資料庫的類型更是商業分析師重要的需求分析依據。**因為不同類型的資料庫儲存方式對應不同的業務需求和情境，同時也會影響未來資訊**

系統的效能和擴展性，這直接關係到資訊系統的數據需求分析。目前常見資料庫類型，大致可分為關聯式資料庫與非關聯式資料庫（圖 2-13-4 左側表格）：

- **SQL 關聯式**

  SQL 關聯式資料庫是目前最常見的資料庫類型之一。它使用結構化查詢語言（SQL）來操作資料，並將資料儲存在預先定義的表格中。這種資料庫的特點是能夠建立不同表格之間的關聯性，使得資料之間的查詢和管理更加靈活和高效率。

- **Column Store 列式儲存**

  Column Store 列式儲存是將資料按照列（columns）而不是行（rows）來儲存，這樣做的好處是在分析查詢和處理大量數據時能夠提升查詢速度。列式儲存通常能夠減少磁碟讀寫次數和壓縮儲存空間，進而提高資料庫的整體效能。

- **New SQL 新型關聯式**

  New SQL 新型關聯式資料庫試圖在保留 SQL 語言和資料一致性的同時，提供 NoSQL 資料庫的水平擴展性和高效能。新型關聯式資料庫能夠應對大量數據的處理需求，同時保持資料庫的結構和一致性。

- **NoSQL 非關聯式**

  NoSQL 非關聯式資料庫是一種不主要使用 SQL 語言的資料庫類型。相對於關聯式資料庫，它對於非結構化或半結構化的資料有更好的彈性和效能。通常，NoSQL 資料庫採用分散式架構，以提高資料庫的可擴展性和容錯性。

- **Document 文件型**

  Document 文件型資料庫是一種將資料以文件形式儲存的資料庫。通常，這些文件使用 JSON（圖 2-13-4 右側下方）或 XML 格式，並且文件之間沒有固定的結構。這種資料庫適合儲存非結構化或半結構化的資料。文件型資料庫的優點在於能夠靈活地擴展和修改資料結構，同時保持較高的查詢效能。

- **Key Value 鍵值對**

  Key Value 鍵值對資料庫是一種將資料以鍵值對形式儲存的資料庫（圖 2-13-4 右側上方）。它通常被用於快速存取和緩存的需求，因為查找鍵值對的複雜度很低。鍵值對資料庫能夠快速地存取和更新資料，因此在需要高效率的查詢和存取操作時很有用。

- **Graph 圖形**

  Graph 圖形資料庫將資料以節點和邊的形式儲存，其中節點代表實體，邊代表實體之間的關係。這種資料庫適合用於處理複雜的網路或社交數據。圖形資料庫能夠高效地查詢實體之間的關係，並且能夠提供豐富的圖形分析功能。

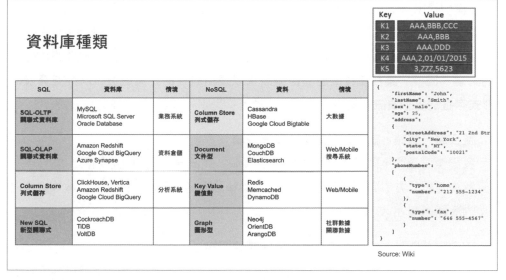

▲ 圖 2-13-4 　資料庫種類

資料庫類型的選擇並非只考慮資訊技術層面，而是需要將業務流程的數據產出及數據使用場景納入整體的資訊系統規劃中，為不同的數據場景選擇合適的資料庫類型。商業分析師透過與資訊技術團隊緊密合作，以為企業創造一個高效、靈活且可擴展的資訊系統，進而滿足不斷變化的業務需求。

50. 企業數據與資訊系統有什麼關聯？以及如何整合數據資產？

在確定企業數據儲存位置及儲存方式之後，下一步需要確認如何在資訊系統中實現數據需求。數據需求包含各種多樣的企業數據型態，而不同的應用系統也擁有不同類型的資料庫，可能存在於雲端或地端。在＜第 12 章：領域模型－如何製作符合需求分析及數據分析使用的領域模型？＞中，我們曾介紹過領域模型也可以表達非結構化的資料。換句話說，**領域模型應該包含所有業務行為所涉及的所有數據，不論數據的型態是什麼。**

領域模型是根據單一個業務作業的數據需求製作而成，因此在不同的領域模型中，可能存在實體的屬性和方法重複或不一致的情況。同時，考慮到企業資訊治理、數據治理和數據安全等因素，需要將領域模型進行整合和統一，為企業數據治理提供基礎。因此，**業務流程的整體數據需求以及所包含的企業數據，以數據資產的形式存在於各個資訊系統中。**下面是將領域模型進行整合和統一的主要過程：

1. **整合單一實體，統一企業詞彙及業務邏輯**

   我們需要整合不同領域模型中相同的實體，並統一它們的企業詞彙（屬性）和業務邏輯（方法）。這樣可以提升整體數據資產的一致性，確保使用數據資產時的溝通順暢。

2. **確定實體關聯，尤其是跨業務作業的實體關聯**

   接著，我們需要確定實體之間的關聯，特別是跨業務流程或跨業務作業的實體關聯。由於這些關聯在業務作業和領域模型中可能無法直接呈現，而且也有可能是隸屬於不同系統需求裡，因此我們需要仔細分析業務流程，以找到它們之間的聯繫。

3. **確定實體符合數據治理的要求**

   同時，我們也需要確定實體是否符合數據治理的要求。其中，確定組織角色對

實體的擁有權和存取權是最基本的要求之一。這樣可以確保只有授權的組織角色可以訪問相應的數據資產，同時保護數據資產的安全性和隱私性。

透過完成這三個工作，我們可以將領域模型整合和統一，為企業數據治理提供基礎，也將促進企業數據的有效管理和利用。同時，業務流程的需求也從抽象的業務邏輯概念轉變為具體的業務流程圖、使用案例圖、領域模型和數據資產了。

數據治理是企業內對數據的管理和監控方式，確保企業數據的準確性、完整性、可靠性和可用性。 它不僅是企業成功的關鍵因素，也是提升資訊系統效能的重要手段。在管理數據資產時，我們需要遵循數據治理的關鍵原則，以確保數據資產的有效管理和最大化價值。以下是幾個重要原則：

● **確定數據資產的範圍和權屬，並登記以進行權限管理**
  首先，需要明確確定數據資產的範圍和權屬。這包括確定哪些數據被視為資產，以及它們屬於哪個部門或個人的所有權。透過登記和確認權限管理的方式，可以保護數據的合法使用，同時減少誤用和濫用的風險。

● **運用先進的技術和工具，提高數據品質和可用性**
  為了確保數據的準確性和可靠性，可以運用先進的技術和工具。這包括數據清理、數據驗證和數據完整性檢查等方法，以提高數據品質。同時，透過資料庫管理系統、數據儲存和檢索工具等，可以提高數據的可用性和易於使用性。

● **建立統一的數據架構和規範，並實施有效的數據管理**
  透過確定數據資產的實體分類，以及制定統一的企業詞彙和業務邏輯，可以確保數據的一致性和具備可跨資訊系統溝通的特性，同時也降低數據管理的複雜性和成本。

● **評估數據資產的價值和風險，並制定合理的投入和報酬策略**
  包括確定數據對業務流程的價值、法律和合規風險，以及數據遺失或泄漏可能對企業帶來的損失。基於這些評估結果，可以制定合理的資訊安全及數據安全的投入和報酬策略，確保資源的有效配置和風險的控制。

- **創新數據服務和商業模式，實現數據資產的增值**

  數據治理不僅僅是管理數據資產，還包括創新數據服務和商業模式，以實現數據資產的增值。可以透過應用數據分析和洞察，發現新的商業機會和增加客戶體驗。或透過數據共享和合作的方式，擴大數據資產的影響力和價值。

透過遵循上述原則和流程，可以實現數據資產的有效管理和最大化價值，並且將數據價值帶入業務流程中，進而建立數據驅動的資訊系統及商業模式，為企業帶來堅實的競爭力。

《更進一步學習》

數據治理（Data Governance）是數據工程中專門的領域，這邊僅列出概要內容供參考。實際實施數據治理時，請針對實施的部分進行更深入瞭解及學習。

《實務小技巧》

數據資產要體現在創新數據服務的業務應用上，需要從業務流程的需求分析開始。 例如，企業希望透過「客服語音分析」來找出客訴的可能原因，實現這樣的需求需要多種型態的數據，包括文字型數據、媒體型數據，甚至可能包含客戶提供的圖片數據。

無論是自建分析模型，還是使用供應商提供的 API 進行數據分析，最困難的第一步就是數據的獲取。因此，**在需求發展階段，若能先確認系統上線後的數據分析場景，那麼就可以在需求發展階段建立完整的數據輸入需求。**

例如，在客服語音系統中增加聲音轉文字的需求，同時保留聲音和文字數據。或者客戶上傳圖片時增加可勾選圖片標籤，或透過圖片識別技術自動標示圖片屬性等需求，以保留完整數據供後續數據分析使用。

51. 數據資產在資訊系統中扮演什麼角色？

在管理數據資產時，需要遵循數據治理的關鍵原則，那麼在資訊系統中又是如何使用這些數據資產的呢？在圖 2-13-5 右側呈現出資訊系統系統分析的（數據部分）各個層面及細部任務。

- **數據治理（Data Governance）**

  數據治理是整個企業數據生態中的指引，它涉及制定企業內數據政策、標準和流程，以確保數據的合規性和一致性。數據治理還包括制定數據資產的所有權、責任和監督機制。

  在資訊系統中，數據治理的範疇包括數據平台的數據安全管理、數據品質管理和數據風險管理。透過建立明確的數據治理框架，企業能夠更好地保護數據資產，減少數據洩露和風險，提高企業內的數據合規性。

- **數據平台（Data Platform）**

  數據平台是企業數據儲存的地方，也是資訊系統的基礎設施。它包括應用系統資料庫、資料湖架構、資料倉儲架構、ETL 架構及數據工具等。

  在資訊系統中，數據平台的關鍵任務是提供可靠且高效的數據儲存和數據處理能力。透過建立優化的數據平台架構，企業能夠實現數據的快速存取、即時處理和強大的數據分析能力。

- **數據建模（Data Modeling）**

  數據建模是將現實世界數據關係轉換成結構化數據模型的過程，領域模型就是數據建模的其中一種分析技術。數據建模還包括數據資產、主數據管理和元數據管理等。

在資訊系統中，數據建模的關鍵任務是設計和維護具有良好結構和關聯性的數據模型。透過適合的數據建模方法，企業能夠實現數據的一致性、可擴展性和可重用性，提升業務流程的效率和準確性。

- **數據分析（Data Analysis）**

  數據分析是將數據轉化為有價值的洞察和決策的過程。透過運用各種分析方法和工具，企業能夠從數據中發現趨勢、模式和關聯性，以協助業務決策和商機發現。

  在資訊系統中，數據服務透過不同應用系統的整合及協作，達成數據驅動的業務流程，使企業能夠實現更精準的市場預測、客戶行為分析等業務目標。

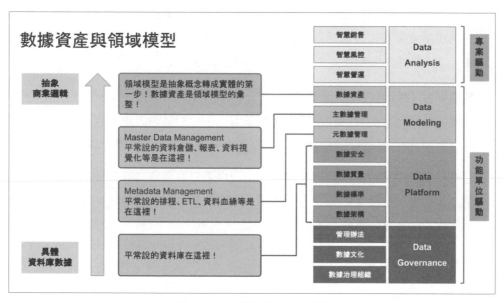

▲ 圖 2-13-5　數據資產與領域模型

其中與數據資產息息相關的就是數據建模中的主數據管理及元數據管理兩項：

- **主數據管理（Master Data Management, MDM）**

  是指對企業核心業務的實體（數據資產中有數位化的核心部分或全部的實體）的數據進行統一定義、維護和共享的過程，例如客戶、產品、員工等數據。主數據管理的目的是確保企業各個系統間使用一致、準確和可信賴的數據，進而提高業務效率和決策品質。

  一般而言，商業分析師在接觸到資料倉儲、報表、資料視覺化工具等，其所使用的數據，皆應該是在主數據管理下提供的數據。

- **元數據管理（Metadata Management, MDM）**

  是指對描述數據的屬性進行收集、儲存、分析和服務化的過程，例如數據的來源、結構、屬性、血緣關係等。元數據管理的目的是讓使用者更好地瞭解企業內部和外部的各種數據來源，進而實現數據治理和數據資產化。

  數據資產的實體對應的 ETL 排程、資料血緣、數據特徵等資訊，皆是元數據管理的範疇。

主數據管理與元數據管理兩者主要的差異是：

- 主數據管理關注的是企業核心業務實體的數據。元數據管理關注的是描述這些實體的資訊。
- 主數據管理通常涉及對不同系統間重複或不一致的數據進行清理、整合和同步。元數據管理通常涉及對分布在不同位置或資料庫格式的數據，管理其採集、儲存和格式轉換等資訊。
- 主數據管理主要服務於業務使用者，幫助他們使用準確且完整的數據來執行日常工作或做出決策。元數據管理主要服務於技術使用者或數據使用者，幫助他們瞭解各個系統間或流程中涉及到哪些具體數據，以及它們之間如何相互影響。

統整來說，**主數據的需求基礎就是數據資產和領域模型。在資訊系統專案中，我們必須根據數據資產和領域模型的需求來進行設計及開發數據流，而數據流相關的屬性則被視為元數據。這些數據流在數據平台上運行，同時受到嚴格的數據治理監督。**透過這樣的數據管理方式，我們能夠確保數據的準確性和可靠性，並為業務流程帶來更多的價值。

在資訊系統中，數據治理在提升企業資訊系統表現扮演著關鍵角色。透過遵循數據治理原則，建立優化的數據平台，進行有效的數據建模和數據分析，企業能夠更好地管理和運用數據資產，提升組織的競爭力和創新能力。

52. 數據需求如何影響數據架構的規劃？

相較於數據資產的數據建模工作，涉及更技術面的是數據平台的架構規劃。數據架構屬於系統分析階段的軟體需求，在＜第 21 章：系統架構圖－數據部分＞有更進一步的說明。**雖然數據架構屬於資訊專業領域的工作，但卻受需求發展階段的數據需求很深的影響。**因此商業分析師在進行數據需求發展時，仍需適當瞭解數據架構。

在＜第 2 章：商業分析涉及的專業領域－商業分析師在資訊系統專案中面臨哪些溝通挑戰？＞中有提及，數據需求要從幾個面向拆解，以下列出具體數據需求分析的面向：

1. **數據來源及數據取得方式：確保數據可獲得性和可靠性**

   在「系統流程圖」中，應該清楚標示數據的來源和取得方式。這有助於確保數據的可獲得性，同時也讓我們能夠追溯數據的來源，以便進行後續的數據分析和處理。

2. **數據生命週期：確保數據的流動和更新**

在「業務流程圖」和「使用案例圖」中，我們可以了解到數據的生命週期。這涉及到數據的流動和更新過程，包括從數據的產生到最終終止使用的過程。我們需要確保數據能夠順利地在各個環節中流通，同時保持數據的準確性和完整性。

3. **數據轉換及數據處理過程：確保數據的有效處理**

在「領域模型」中，我們需要瞭解數據的轉換和處理需求。這涉及到將原始數據進行轉換和加工，以滿足特定的業務需求。同時，在「數據資產」中，我們需要明確該數據在企業中的價值和用途，以確保數據的有效利用。

4. **數據應用場景：確保數據的有效應用**

在「系統流程圖」中，應該清楚標示數據的應用場景和使用方式。這有助於我們瞭解數據是如何在系統中被使用的，同時也為後續的數據應用提供了初步說明。

以上是拆解數據需求的幾個面向，這些步驟的數據需求將在後續＜第 14 章：使用案例循序圖＞中，更進一步的具體化為循序圖，以具體描述數據如何流動及被處理。此外，在後續＜第 22 章：數據遷移及數據流程圖＞中，也會透過系統架構師及系統分析師更進一步的分析及細化數據需求，實現符合需求的數據架構。

其中第 4 點數據應用場景是影響數據架構最顯著的面向。以圖 2-13-6 為例，因為數據需求包含數種數據應用場景，例如需要資料視覺化工具、資料科學工具等。透過資訊架構及數據架構的專家綜合評估，給出需要建設資料湖及資料倉儲的建議架構。當然這不是唯一的解決方案，但可以窺見數據需求對數據架構的關鍵影響。

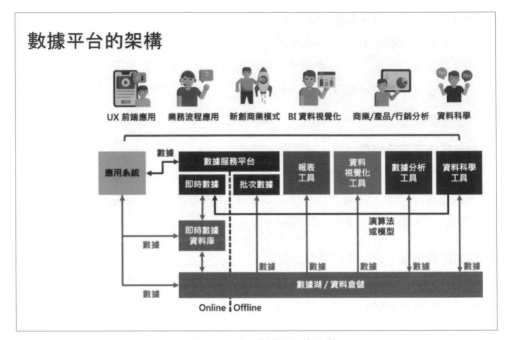

▲ 圖 2-13-6　數據平台的架構

讓我們探討一些不同的數據應用場景，這些場景對應了不同複雜程度的數據架構：

- **金融欺詐檢測系統**

  透過金融欺詐檢測系統，我們能夠辨識出潛在的欺詐行為，進而保護企業及消費者的交易安全。這些系統利用數據分析和機器學習技術，透過監控交易模式和行為模式來檢測可疑活動。當系統檢測到可疑行為時，它將自動發出警報，提醒相關人員進行進一步調查，以阻斷欺詐交易的發生。

- **電商推薦系統**

  電商推薦系統可以幫助企業吸引更多客戶並提高業務效益。這些系統利用數據分析和機器學習技術，透過分析客戶的購買歷史、瀏覽行為和興趣偏好來產出客製化的產品推薦清單。這不僅提高了客戶的購物體驗，還可以增加交易量和客戶忠誠度。

- **即時報表系統**

  即時報表系統透過即時收集和處理數據，提供即時的業務報表和資料視覺化的報告。這使得企業能夠即時瞭解銷售趨勢、客戶需求和市場變化，以便做出明智的決策。

- **線上證件照辨別系統**

  傳統的證件照辨別方式往往需要耗費大量的時間和人力資源。但線上證件照辨別系統可以解決這一問題。這些系統利用人工智慧技術和圖像辨識演算法，能夠快速辨識證件照片中的圖片，提高辨識準確性和效率。線上證件照辨別系統被廣泛應用於身份證辨識、門禁系統、安全監控等領域。

- **客服語音分析系統**

  客服語音分析系統利用語音辨識和自然語言處理技術，能夠自動識別和分析客戶的語音，提供更有效的客戶服務。系統可以根據客戶的聲音特徵和語音內容，自動判斷客戶的情緒和需求，並提供相應的解決方案和協助。

這些案例展示了不同數據應用場景對數據架構的影響。因此，商業分析師在需求發展階段提早明確數據需求及數據應用場景，除了有助於提升業務流程的改造之外，對資訊系統的架構規劃也有充分的助益。

53. 數據需求如何影響數據輸入及數據輸出的設計？

數據需求除了對數據架構有顯著影響，對數據輸入及數據輸出設計的影響更是關鍵。在＜第 12 章：領域模型－收集及分析數據需求的過程是什麼？＞中，我們有介紹，在數位化作業中，數據需求可分為兩個關鍵部分，分別是數據輸入及數據

輸出，銜接這兩者的是數據流。本章節的重點在於數據輸入及數據輸出，數據流的相關內容則可在＜第 22 章：數據遷移及數據流程圖＞中找到詳細介紹。

《實務小技巧》

為什麼在＜第 11 章：系統流程圖＞介紹資訊系統間的數據流、在＜第 12 章：領域模型＞介紹數據需求、在＜第 13 章：數據資產＞介紹數據輸入及數據輸出、在＜第 22 章：數據遷移及數據流程圖＞介紹數據流程圖及數據遷移？

答案是因為專案進行時，**數據需求確實就是按這個過程逐漸形成**。若是省略這些數據需求收集及分析的過程，直接以系統功能線框圖或視覺稿提出資訊系統需求，那麼關於數據需求的需求分析，將直到系統分析階段，更甚者是到系統開發階段，才開始進行數據需求的需求分析。可以想見屆時會有多少的需求議題發生。因此，按部就班逐步執行需求分析步驟，才是最佳解決方案。

在商業分析師收集和分析數據需求以及製作領域模型時，除了考慮領域模型對應的使用案例之外，還需要關注以下數據流的三個部分。此外，**許多數據需求可能不會在各個使用案例中明確提出，因此在製作數據資產階段時，必須謹慎檢視數據需求的數據流，以確保不會遺漏任何數據需求**。檢視方式分為以下數據流的三個部分説明：

- **數據輸入**

  指可創造出數據的介面。這些介面可以是系統功能畫面、系統排程自動新增數據或電子交換的數據等。透過這些介面，數據被輸入到系統中，作為後續分析和處理的基礎。

商業分析師需要確保領域模型的屬性包含這些數據輸入的需求，以免影響後續的數據使用或數據分析。

- **數據儲存（數據落地）**

  數據儲存是指數據創造出來後的儲存目的地。儲存的形式可以是資料庫、文件或其他儲存媒介。**需要注意的是，數據儲存不是數據流的必要部分。**也就是說，沒有數據儲存的情況下，數據流仍可從數據輸入至數據輸出完成作業。這也導致一個常見的誤解，在資訊系統功能畫面中可見的數據，不一定都有被儲存下來。

  商業分析師需要確保領域模型的屬性或方法包含需要被儲存下來的數據，以便在後續的數據分析和報表製作中使用。

- **數據輸出**

  數據輸出包含兩種情況。**數據輸出僅輸出數據輸入時的數據，此種情況在系統功能通常稱為「查詢功能」。或是數據輸出還包含業務邏輯的數據處理，此種情況在系統功能通常稱為「報表功能」。**

  商業分析師需要確保領域模型的方法包含數據輸出時必要的數據處理和轉換，以製作查詢和報表使用。

在實際應用中，**每個數據輸入的系統功能應該搭配一個查詢功能，以確保數據輸入和數據儲存的正確性。**商業分析師應該明確定義查詢功能的領域模型，並確保這些功能能夠完整地驗證數據輸入需求。**只有在確定查詢功能的領域模型後，才能進行報表功能的領域模型設計。**

在數據建模工作中，往往會忽略數據輸出也是一種領域模型及數據資產。或者對於數據輸出的需求完全沒有進行需求分析，僅以查詢功能的畫面或報表功能的畫面取代需求分析應該產出的需求文件。為什麼數據輸出的需求分析這麼困難呢？可能原因有三個（圖 2-13-7）：

1. 數據輸入的領域模型不精確。
2. 對於數據儲存的數據架構不熟悉，或數據架構在此階段未明確。
3. 數據輸出需求只準備查詢功能的畫面或報表功能的畫面，沒有考慮到數據輸入之外的業務邏輯應該需要被分析及整理。

哪一個原因是最核心的問題呢？實務上的答案，最困難的其實是 1。也就是說，**數據輸出需求分析最花時間的步驟並不是查詢或報表本身的需求，而是確認數據來源步驟是最花時間的。** 因此原因 1 數據輸入的領域模型若能明確被定義，後續在製作數據輸出的查詢或報表的領域模型及需求分析時，就會加快製作的效率。

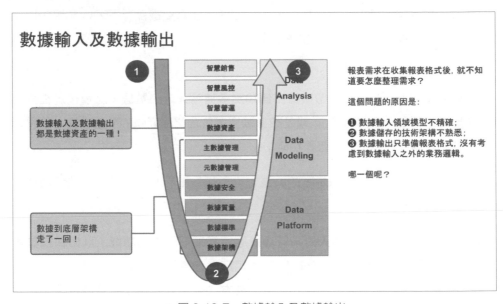

▲ 圖 2-13-7　數據輸入及數據輸出

領域模型及數據資產對大部分商業分析師來說，是一個全新的概念。但這些概念是數據流的具體呈現，而數據流就是支撐資訊系統的核心。因此請務必掌握領域模型及數據資產這兩大需求分析技術。

▌重點總結

我們首先説明提供企業數據儲存的資訊架構，可簡易區分為地端架構與雲端架構，以及雲端服務供應商主要提供的三種服務模式。其中數據處理主要區分為 OLTP 及 OLAP 兩種方式。我們還探討了不同的業務需求和情境應該對應不同類型的資料庫儲存方式。

接著我們説明數據資產扮演將業務流程的整體數據需求以及所包含的企業數據，與資訊系統關聯起來的關鍵角色。此外，數據資產一系列的製作過程及管理，都需要遵循數據治理的原則。

數據資產在資訊系統的系統分析（數據部分）中屬於數據建模層面的任務。與數據資產相關的任務還有主數據管理及元數據管理。數據平台層面的數據架構任務，也深受數據需求的影響。我們還提出數個數據需求影響數據架構的案例。

最後我們説明了數據流的三個部分。因為許多數據需求可能不會在各個使用案例中被明確提出，因此製作數據資產時，必須謹慎檢視數據需求的數據流，以確保不會遺漏任何數據需求。

在完成數據資產後，我們已經產出企業視角的數據全貌。再加上已完成流程再造的業務流程圖，及系統流程圖，我們已經具備提出資訊系統需求的所有前期準備了。接下來就讓我們往系統需求分析邁進！

自我測驗

---

1. 雲端服務供應商主要提供哪三種服務模式？

2. OLTP 及 OLAP 兩種數據處理方式有什麼差異？

3. 資料庫有哪些類型？

4. 製作數據資產的過程及步驟為何？

5. 數據資產需要遵守哪些數據治理原則？

6. 數據建模中的主數據管理及元數據管理有什麼差異？

7. 數據需求如何影響數據架構？

8. 數據流有哪三個部分？各個部分可能產生哪些數據需求？

讓 ChatGPT 幫你建立數據需求！

- Chrome Extension: AIPRM for ChatGPT

- Topic: Productivity

- Activity: Plan

- Prompt: Business Coach and Mentor

透過 ChatGPT 先整理出指定商業問題的研究架構，再進一步要求對特定主題的詳細說明，最後列出該主題量化管理需要的數據有哪些。有了這些材料之後，我們就可以進一步梳理出數據需求。是不是大幅度的縮短腦內風暴會議的討論時間呢！

人類專家的提醒：在使用 ChatGPT 時，仍應透過人類專家謹慎判斷 ChatGPT 提供的回答後，才可正式使用喔。

1. 描述指定商業問題。

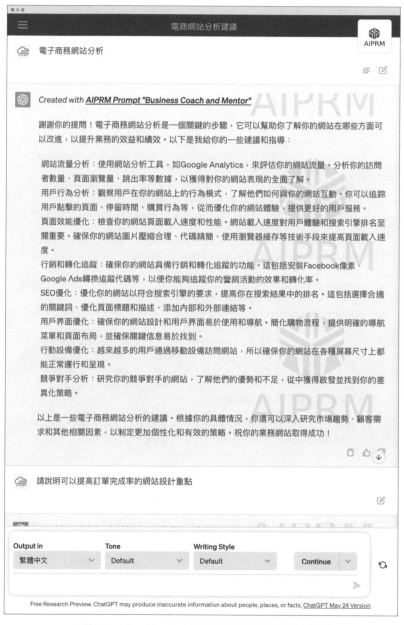

▲ 圖 2-13-8　在 ChatGPT 列出商業問題的方法論

2. 針對特定主題，更進一步要求詳細說明。

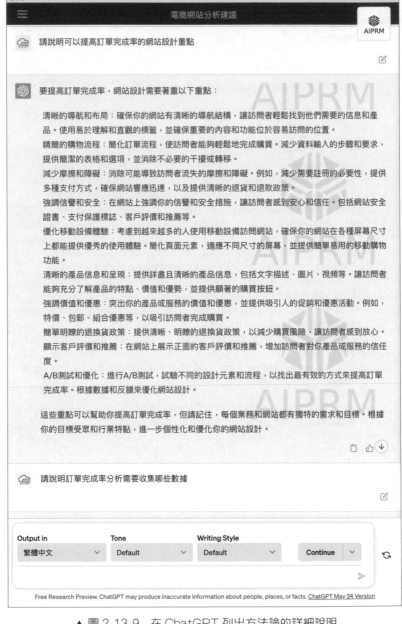

▲ 圖 2-13-9　在 ChatGPT 列出方法論的詳細說明

3. 列出主題量化管理需要的數據。

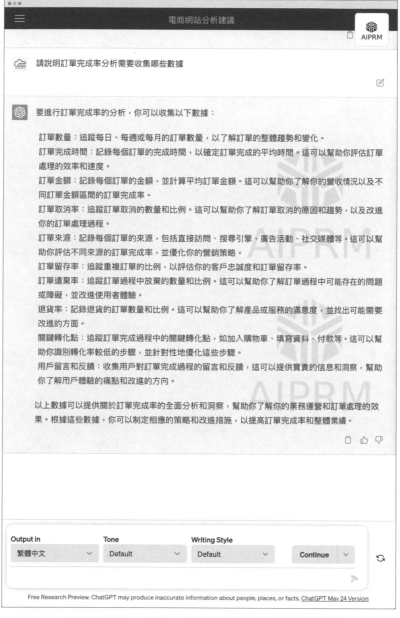

▲ 圖 2-13-10　在 ChatGPT 列出量化管理需要的數據

第**3**篇

System Requirements Specification
系統需求規格書

14

使用案例循序圖－梳理數位化作業的訊息流

《在開始之前的準備》

我們終於來到系統需求規格書的章節。在開始製作循序圖之前，必須完成商業需求分析範圍內的文件，包括業務流程圖、業務作業清單、使用案例、系統流程圖、領域模型以及數據資產。**循序圖作為整合使用案例和領域模型的需求分析技術，也是描述業務邏輯的最後一個文件，其重要性不容忽視。**

許多資訊系統專案省略系統功能線框圖或視覺稿之前的需求分析過程，這些專案往往在系統分析和開發階段反覆修改業務需求，即使採用敏捷方法也難以實現快速靈活的效益。

需求分析的重要性在每個步驟累積後得以凸顯。在循序圖中彙總和設計系統功能的過程中，我們將看到各個需求分析步驟所帶來的成果。

現在就讓我們來執行這個關鍵的步驟吧！

類別			需求發展階段		系統分析階段			
			商業需求分析	系統需求分析	可行性分析	系統規劃	需求分析	系統設計
	商業需求	系統需求	商業需求清單表	系統需求清單表	專案計劃書	軟體需求規格書		
			商業需求規格書	系統需求規格書				
A	商業規則		◎ 業務流程圖 ◎ 業務作業清單 ◎ 使用案例	系統功能線框圖 (系統功能視覺稿) 系統功能需求說明 系統功能測試案例	工作說明書 專案時程檔 (工作量評估 及WBS)	(整合至下方規格中)		
	限制要求							
B	既有資訊 系統	系統對接 需求	◎ 系統流程圖			資料分析 報告 (含數據遷移)	系統架構圖 (軟體/硬體/網路)	
	數據需求		◎ 領域模型 ◎ 數據資產 (數據輸出說明)				數據流程圖	數據模型
C	-	功能性 需求	◎ 使用案例循序圖 ◎ 系統功能清單 ◎ 系統功能流程圖			系統開發 標準	實體 關聯圖	系統功能程式 規格
							系統功能 原型	系統功能測試 規格
D	-	非功能 需求	非功能需求清單					
	-	品質要求	品質要求清單			服務級別協定		
需求管理階段								
需求追溯矩陣								

▲ 圖 3-14-1　系統需求規格書的使用案例循序圖

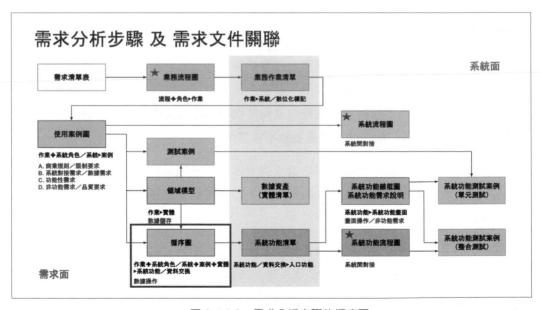

▲ 圖 3-14-2　需求分析步驟的循序圖

54. 循序圖與使用案例及領域模型有什麼 關係？

我們已經準備好業務流程圖，每個業務作業都會對應到一個使用案例及領域模型，但這兩個需求分析技術都是靜態描述需求，我們需要使用循序圖來把這兩個需求描述整合起來。循序圖是一種需求分析技術，用於描述「物件」之間的互動過程，使用案例的「角色」及領域模型的「實體」都是物件。循序圖以一種直觀的方式展示系統功能中各個物件之間的關係，讓利害關係人更容易理解和溝通。

循序圖有以下這些作用：

- **連結使用案例的角色及領域模型的實體**

  透過循序圖，我們可以清晰地瞭解各個物件之間的互動方式，並確保角色和實體之間的關係得到完整地呈現。

- **有順序地說明業務邏輯**

  相比於使用文字說明，循序圖可以以有序的方式說明業務邏輯。透過循序圖，我們可以視覺化地展示不同物件之間的交互過程，使得業務邏輯更加清晰明確。

- **定義不同系統間數據交換的需求**

  循序圖對於定義不同系統間的數據交換需求非常重要。透過循序圖，我們可以明確地標示出數據交換需求，例如採用 API（Application Programming Interface）或 ETL（Extract, Transform, Load）等情境。

- **定義系統功能**

  循序圖最重要的作用是定義系統功能。透過循序圖，我們可以展示如何透過系統功能介面和操作流程實現物件間的交互過程。

- **定義領域模型中實體的數據來源及數據落地需求**

  循序圖能夠精準地表達領域模型中實體的數據來源，同時也能清楚地呈現數據落地的需求。透過循序圖，我們可以明確地了解領域模型中實體的操作流程，確保數據處理的準確性和一致性。

對於需求分析來說，循序圖是一個強大的工具。它能夠提供視覺化的方式來理解系統功能的運作，以及各個物件之間的互動，進而幫助我們設計更有效的系統功能。

此外，**循序圖是進入到系統功能線框圖或視覺稿設計前的最後一個需求分析步驟。因此，所有的業務需求在此時都應該已呈現在使用案例、領域模型及循序圖裡**。在此步驟之後，已經沒有任何需求文件會描述業務需求了，請務必注意這一點！

55. 如何製作高可讀性的循序圖？

循序圖的組成元素

循序圖是描述「物件」之間互動的需求分析技術，**使用案例的「角色」及領域模型的「實體」都是物件，使用案例中的「案例」即是循序圖中的「訊息流」，而承載這些訊息流的物件即是「系統功能」。**

循序圖的組成元素（圖 3-14-3）

- **物件**

  物件可以是角色物件（人型）、實體物件（圓圈）、系統功能物件（四方型）、數據交換功能物件（四方型）等。在循序圖中，它們位於圖型上方。

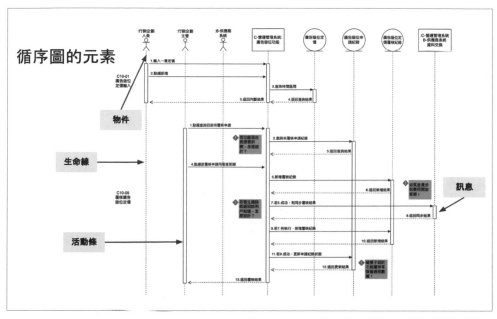

▲ 圖 3-14-3　循序圖的元素

● **生命線**

生命線是垂直的虛線，表示物件在互動過程中的存續期間。它顯示了物件在系統中存在的時間範圍。

● **活動條**

活動條是生命線上的方框，表示物件在某個時間段執行一些操作或方法。它展示了物件的活動過程。

● **訊息**

訊息以帶箭頭的水平線表示，表示物件之間的溝通或資料傳遞。它表達了物件之間的交互作用。

如果是同步訊息（訊息接收者等待訊息回傳或放棄等待，再執行下一個操作），以實線實心箭號表示。如果是非同步訊息（訊息接收者不等待訊息回傳，直接

執行下一個操作)，實線開放箭號表示。如果是回傳訊息，以虛線開放箭號表示。

- **替代片段**

  替代片段表示多個訊息順序的群組關係，例如 if 判斷。它可以幫助我們理解循序圖中的條件分支。使用方框將整個訊息橫向圈選起來表示。

- **迴圈片段**

  迴圈片段表示重複的操作，例如 loop。它展示了在循序圖中的循環過程。使用方框將整個訊息橫向圈選起來表示。

▌ 循序圖製作重點步驟

循序圖的製作是依據使用案例，即一個使用案例會對應至一個領域模型及一個循序圖。接著執行以下步驟：

1. **將使用案例中的「角色」及「系統」以循序圖「角色物件」及「系統功能物件」呈現。**

   這樣呈現可以清楚地顯示出每個角色及系統與其他物件之間的交互作用。透過循序圖，我們可以瞭解到每個角色及系統功能它們需要實現的溝通功能。

2. **將領域模型中的「靜態實體」或「動態實體」以循序圖「實體物件」呈現。**

   這樣呈現可以清楚地展示循序圖所使用到的實體，以及這些實體需要實現的數據需求。

3. **使用案例中的一個「案例」會對應到一組訊息序列。**

   訊息序列描述了各個物件之間訊息傳遞的過程。在循序圖中，我們使用箭頭來表示訊息的流向，進而清晰地顯示出每個物件之間的交互過程。

4. **「實體」是不會有動作的，因此需要有「介面」讓「角色物件」或「系統功能物件」來進行操作。**

角色物件可以透過操作「系統功能」來實現對實體的操作。系統功能物件可以透過操作「其它系統功能」或「數據交換功能」（可能是 API 及 ETL 等）來實現對實體的操作。

例如，財務人員這個角色，對每日帳務交易這個實體要新增一筆資料，則需要一個新增帳務交易的系統功能來實現。或是每日結算這個系統功能，對訂單這個實體要進行銷售金額幣別匯率換算的處理，則需要一個讀取匯率的 API 數據交換功能來取得當天的匯率值。

5. **訊息序列要由左至右開始繪製。**

在循序圖的繪製過程中，我們需要從左至右來繪製訊息序列。這樣可以確保訊息的流向清晰可閱讀。

6. **複雜的業務邏輯判斷可以用文本方式描述，但要對應至訊息。**

對於複雜的業務邏輯判斷，我們可以使用文本方式來進行描述，但需要將其對應到指定的訊息。這樣可以使循序圖更加清晰，以避免過於雜亂無章。

《更進一步學習》

根據維基百科的定義，循序圖（Sequence Diagram）顯示了軟體工程領域中按時間順序排列的流程交互。它描述了所涉及的流程和物件，以及執行功能所需的流程和物件之間交換的訊息序列（附錄 1）。可以參考維基百科及其它線上教學網站進一步學習。

循序圖的製作是一個重要的工作，使用案例和領域模型是循序圖中不可或缺的需求分析來源。循序圖能夠幫助我們更好地呈現系統功能間的行為。透過適當地運用製作重點步驟，我們可以創作出高可讀性的循序圖，提升系統需求設計的效果。

56. 系統功能分析的具體步驟？

在經過製作循序圖的需求分析步驟後，我們已經取得初步的系統功能及數據交換功能（兩者簡稱系統功能）。但這些系統功能不能直接成為系統功能線框圖或視覺稿的設計材料，還需要經過「系統功能分析」步驟才能明確該系統功能應具備的作用。

系統功能分析是優化系統功能的關鍵步驟。**在製作循序圖時，僅依據使用案例及領域模型的需求進行系統功能的設計，缺乏對業務流程、系統流程和數據資產的全面性視角檢視。為了確保系統功能的全面性，避免缺失需求或系統間無法連結的情況，執行系統功能分析步驟是必要的過程。**

1. 定義系統功能

透過循序圖製作步驟的過程，系統功能已被賦與具備一些操作功能。在定義系統功能這個步驟，主要是依業務需求的判斷，該系統功能是否還需具備其它操作功能，包括核心功能和輔助功能。

系統功能在下一個章節＜第 15 章：系統功能清單及系統功能流程圖＞步驟中，有可能會調整功能內容或數個系統功能進行整併。

2. 明確訊息輸入、訊息輸出和訊息序列

確定了系統功能之後，就必須明確循序圖裡的訊息序列。訊息序列是系統設計及系統開發階段的重點任務。不夠清晰的訊息序列，或反覆修改的訊息序列，對開發時程及資源來說是個沉重的負擔。因此務必明確訊息序列的訊息傳遞及處理過程。

3. 明確領域模型數據落地的需求

循序圖中呈現的實體數據落地需求，大部分是屬於交易記錄（transaction log）的數據儲存形式，目的是將系統功能操作過程中的數據儲存至實體中。交易記

錄的系統開發所需資源較高,且系統功能當下若沒有保存數據,要再恢復取得系統功能執行當下的數據相當困難。因此務必明確數據落地需求的處理是否已包含在循序圖中。

交易記錄的數據儲存形式,可以參考＜第 21 章:系統架構圖－需求規格書與架構的關係?＞有更進一步説明。

4. **確認與其它系統功能的關係**

透過循序圖與「系統流程圖」的交互檢視確認,確保循序圖中設計的訊息流與系統流程圖的流程一致,以避免系統功能的設計與系統流程圖不相符,導致在資訊系統專案中的「系統架構圖」無法實現系統功能的需求。

5. **確認系統功能與數位化作業及業務流程圖的整合**

將系統功能與業務流程圖進行確認,確保系統功能可適當的與數位化作業及線下作業整合,以實現數位化作業提升業務作業效率的目的。

透過這些步驟,系統功能分析可以幫助我們更好規劃系統功能的運行方式,識別循序圖無法呈現的問題,並及時完善系統功能應具備的作用。**系統功能分析與資訊系統專案的系統設計和系統開發階段有著非常密切的關聯,同時也有助於提高系統功能未來在業務流程裡的使用率。**

《實務小技巧》

系統功能分析的步驟「5. 確認系統功能與數位化作業及業務流程圖的整合」請務必一定要執行。很多專案進入到系統功能規劃時,往往已經逐漸偏離專案啟動時的初衷。在定下系統功能線框圖或視覺稿之前,把握這個時間點確認收集到的所有需求是否有符合專案目標,是相當重要的需求品質把關手段。

57. 數據流與訊息流有什麼差異？

在＜第 8 章：業務流程圖－業務流程圖與系統功能流程圖有什麼差異？＞中，我們談到了業務流程圖和系統功能流程圖之間的區別。**業務流程圖關注的是「怎麼做及資訊怎麼傳遞」，而系統功能流程圖關注的是「做什麼及數據怎麼傳遞」。**

系統功能流程圖是依據在循序圖中設計的系統功能。在接下來的章節中，＜第 15 章：系統功能清單及系統功能流程圖＞將進一步說明。**系統功能流程圖關注的「數據怎麼傳遞」指的就是數據流。具體的數據流實踐是透過循序圖中系統功能的實體操作和數據落地來實現。**但數據流和訊息流是不同的概念，儘管它們可能看起來相似，但實際上它們有著不同的定義和作用。讓我們進一步詳細說明。

數據流指的是在系統功能中傳遞數據（data）的流動，透過數據處理的方式進行數據的傳遞和處理。**數據流代表了數據在系統中的流動路徑和處理過程。**訊息流指的是在系統功能中傳遞訊息（message）的流動，透過事件驅動的方式進行訊息的傳遞和處理。**訊息流用於系統中不同組件之間傳遞訊息或觸發特定的操作。**

數據流與訊息流主要有以下這些差異：

- **傳遞內容不同**

  數據流主要傳遞的是數據，而訊息流主要傳遞的是訊息，訊息通常是請求系統組件進行某種操作的指令。

  例如，在系統功能中點選儲存按鈕，會透過訊息流驅動資料庫的儲存指令，進而將數據流傳遞過來的數據儲存進資料庫。

- **處理過程不同**

  數據流是透過數據處理的方式進行，而訊息流則是透過事件驅動的方式進行，通常是系統組件在接收到指令後，根據指令內容觸發相應的操作。

例如，在人力資源系統，設計每天 12 點進行當天出勤計算處理就是數據流，其中異常出勤資料透過簡訊系統發送通知就是訊息流。

- **使用技術不同**

  數據流關注的是數據的傳遞和處理過程，包括數據的完整性、準確性和安全性。而訊息流關注的是訊息的傳遞和回應，包括訊息的可靠性、及時性和順序性。

  例如，數據流可以透過 ETL 技術實現，訊息流可以透過 API 技術實現。

在循序圖中呈現的是訊息流（訊息序列），並沒有直接呈現數據流。但透過循序圖中實體的生命線上呈現的活動條，可以瞭解到該實體的數據流情況。**商業分析師在製作循序圖時，無需過度擔心是否以正確的技術方式表達訊息流。商業分析師只需要確保正確表達訊息流涉及的物件和訊息方向。**至於實際的訊息流和數據流規劃，則需要系統架構師和系統分析師根據系統架構圖進行設計。

訊息流和數據流所採用的技術，會在系統分析階段的系統架構圖設計時確定。本書進一步詳細解釋了商業分析師應關注的數據流，請參考＜第 22 章：數據遷移及數據流程圖＞。

重點總結

首先，我們定義循序圖是用於描述物件之間互動過程的需求分析技術，以及它的作用。並且強調循序圖是進入到系統功能線框圖或視覺稿設計前的最後一個需求分析步驟。因此，所有的業務需求在此時都應該已呈現在使用案例、領域模型及循序圖裡。

接著我們介紹了循序圖的組成元素及製作重點步驟。在製作循序圖的過程中，我們會依各個物件之間的操作需要設計系統功能。循序圖能夠幫助我們更好地呈現

系統功能間的行為。循序圖初步產出的系統功能清單，還需要透過系統功能分析步驟，才能進入系統功能線框圖或視覺稿的設計。

最後我們探討了數據流與循序圖裡的訊息流差異。以及說明商業分析師只需要確保正確表達訊息流涉及的物件和訊息方向。至於實際的訊息流和數據流規劃，則需要系統架構師和系統分析師根據系統架構圖進行設計。

在循序圖這個需求分析步驟，我們已經展開系統功能的設計。在接下來的章節中，系統功能將逐步具體成形，請關注需求分析方法的轉變。

自我測驗

1. 循序圖透過什麼方式整合使用案例及領域模型？
2. 循序圖的製作重點步驟為何？
3. 為什麼在進行系統功能線框圖或視覺稿的設計之前，需要先執行系統功能分析步驟？
4. 系統功能分析步驟為何？
5. 數據流及訊息流各自代表的意義是什麼？

附錄

1. Sequence diagram

   https://en.wikipedia.org/wiki/Sequence_diagram

15

系統功能清單及系統功能流程圖－規劃業務專案系統功能的全貌

《在開始之前的準備》

這個章節的內容是需求分析步驟中最關鍵的一個環節。在循序圖之前，需求分析主體都是以業務作業為基礎，衍生出的使用案例、領域模型及循序圖，與系統功能皆沒有直接對應關係，只有系統流程圖有涉及系統需求（圖 3-15-2）。**在本章節中，透過彙整系統功能清單及系統功能流程圖，將需求分析的結果轉換為系統功能。這是關鍵的一步，因此請預留給這個需求分析步驟足夠的時間。**

我們經常看到一些資訊系統專案直接跳過需求分析過程，僅以現有或特定資訊系統的系統功能清單作為需求依據。如果是導入該資訊系統，這樣的方式或許還能順利執行，但若不是，這樣做的後果就是僅僅使用可見的系統功能來評估是否符合需求，而無法評估或忽略了不可見的系統功能。這是一個致命的錯誤步驟，請避免再次使用這樣的方式。

完成這一步後，我們將完全進入系統需求分析的領域。現在就讓我們開始這個章節的內容吧！

類別	需求發展階段				系統分析階段			
	商業需求	系統需求	商業需求分析	系統需求分析	可行性分析	系統規劃	需求分析	系統設計
			商業需求清單表	系統需求清單表	專案計劃書	軟體需求規格書		
			商業需求規格書	系統需求規格書				
A	商業規則	◎ 業務流程圖 ◎ 業務作業清單 ◎ 使用案例				(整合至下方規格中)		
	限制要求							
B	既有資訊系統	系統對接需求	◎ 系統流程圖	系統功能線框圖 (系統功能視覺稿) 系統功能需求說明 系統功能測試案例	工作說明書 專案時程檔 (工作量評估 及WBS)		系統架構圖 (軟體/硬體/網路)	
	數據需求		◎ 領域模型 ◎ 數據資產 (數據輸出說明)				資料分析報告 (含數據遷移)	數據流程圖	數據模型
C	-	功能性需求	◎ 使用案例循序圖 ◎ 系統功能清單 ◎ 系統功能流程圖			系統開發標準	實體關聯圖	系統功能程式規格
							系統功能原型	系統功能測試規格
D	-	非功能需求	非功能需求清單					
	-	品質要求	品質要求清單			服務級別協定		
需求管理階段								
需求追溯矩陣								

▲ 圖 3-15-1　系統需求規格書的系統功能清單及系統功能流程圖

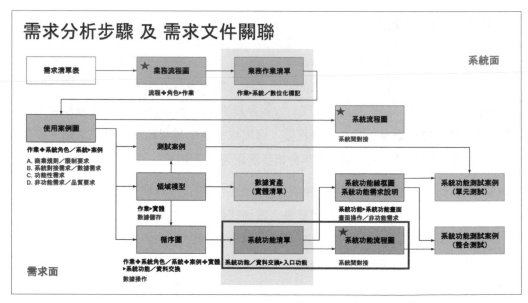

▲ 圖 3-15-2　需求分析步驟的系統功能清單及系統功能流程圖

58. 如何定義可見系統功能與不可見系統功能？

可見系統功能指的是在資訊系統中可以直接觀察到的系統功能。除了可見系統功能，資訊系統中還存在著一些不可見的功能。這些功能在系統背後的伺服器中運行，支撐整個資訊系統運作，但使用者無法透過可見系統功能的介面直接觀察到。

▌可見系統功能應具備的特徵

- **透過介面操作**

  可見系統功能需要提供一個介面供使用者操作和控制，以實現特定的功能和任務。

- **一致的操作設計**

  這個介面的設計有一致的原則，例如圖形介面、按鈕、選單等。

- **可直觀學習操作**

  一致原則的介面是直觀容易學習的，使用者能夠輕鬆自行學習後使用它們。

可見系統功能承擔系統易用性的責任，因為它們直接影響系統使用者的體驗。

▌不可見系統功能可具備的特徵

- **數據處理**

  最常見的不可見系統功能，包括數據儲存、處理、傳輸等。例如訂單管理系統的訂單處理介面，按下儲存鈕後，依據品項單價及數量計算出總金額。

- **背景執行**

  背景執行是指在伺服器中運行的不可見系統功能，使用者無法介入操作及控制，只能透過可見系統功能檢視其執行結果。例如訂單管理系統的訂單處理介面，按下儲存鈕後，依據信用卡資料連線至交易銀行進行扣款。

- **自動執行**

  自動執行的不可見系統功能，無需使用者執行任何操作。例如消費者訂單購買數量達行銷方案的獎勵規則後，於一定時間內自動給予消費者加碼紅利點數，並通知消費者。

不可見系統功能的設計對系統的數據完整性、可維護性、和穩定性等方面有重要的影響。它們通常涉及大量數據處理、繁複計算過程、複雜資訊技術方案等方面，需要綜合不同的系統規劃及分析技能，以實現不可見系統功能的要求。

▌功能需求、非功能需求及品質要求與不可見系統功能的關係

在＜第 2 章：商業分析涉及的專業領域－商業分析師在資訊系統專案中面臨哪些溝通挑戰？＞中，我們說明了非功能性需求是指達到功能性需求之後的其他需求，品質要求則是指未達到功能性需求或非功能性需求時的要求。

非功能性需求大部分都需要不可見系統功能的協助才能達成。例如，向下滾動時自動載入資料（背景執行載入數據）。**品質要求則幾乎都需要不可見系統功能**，例如，當接口無回應時顯示警示頁面並發送通知郵件（背景執行發送郵件）。

此外，**幾乎所有的功能需求都需要進行數據處理，實際上不可見系統功能廣泛應用於大部分需求中。因此，僅僅依靠系統功能線框圖或視覺稿進行需求分析，其實是忽略了大量的需求內容。**在進行需求分析時，我們應該結合不可見系統功能，以獲得更全面和準確的需求內容。

不可見系統功能採用＜第 14 章：使用案例循序圖＞訊息流（系統功能及數據交換功能）及＜第 22 章：數據遷移及數據流程圖＞數據流來描述需求。因此，請務必掌握每個章節描述需求的不同面向。

▌ 不可見系統功能的設計重點

因為不可見系統功能沒有介面呈現，因此對商業分析師而言，是較難以掌握的部分。但我們仍可透過一些系統功能的設計方法來提高不可見系統功能的可控制性。

- **提出監測不可見系統功能的需求**

  不可見系統功能可以透過監測的方式來降低不確定性。例如自動執行的功能，安排外部監測系統管理，以即時掌握系統運行的情況。

- **將不可見系統功能與可見系統功能關聯**

  將不可見系統功能的執行結果呈現在可見系統功能中。例如背景執行的功能，將結果呈現在其它可見系統功能的介面中。

- **掌握不可見系統功能的數據**

  更進一步掌握不可見系統功能的方式是直接取得不可見系統功能的執行數據或數據處理結果。例如自動執行的功能，將執行結果的數據同步至商業分析師可讀取的資料庫中。

雖然這些不可見系統功能通常在伺服器運行，但它們是資訊系統不可缺少的功能。透過對不可見系統功能的理解，商業分析師就能夠更好地掌握系統功能的設計重點。

59. 如何製作系統功能清單？

在＜第 14 章：使用案例循序圖－如何製作高可讀性的循序圖？＞中製作循序圖時，規劃的「介面」有「系統功能」及「數據交換」（可能是 API 或 ETL 等）兩種類別。即可見系統功能（系統功能）及不可見系統功能（系統功能或數據交換）。

此刻，透過循序圖已經列出了一些系統功能及數據交換，但現在我們需要整理更多的資訊。**這是整個系統需求規格書中最重要的一步，將循序圖的需求分析結果轉換為系統功能清單。請務必記得，系統功能清單包含不可見系統功能。**（圖 3-15-3）系統功能清單製作重點步驟：

1. **系統功能不是指一個頁面，而是指循序圖中一組訊息序列裡的數位化操作。**

   一個系統功能可能是一個頁面或由多個頁面組成的操作。至於是需要幾個頁面組成，需要依據可見系統功能的「一致的操作設計」。該設計會在＜第 16 章：系統功能及線框圖＞時進行設計。

2. **一個數位化操作必須是完整的從開始到結束，它會產生結果，不會在操作中途中斷。**

   一個數位化操作可能是由數個訊息序列組合而成。不同循序圖的訊息序列相同時，會引發我們想設計成共用的系統功能。

   此時我們需要進行以下的判斷：首先需要確認使用案例中的案例是否是共用案例，若是共用案例，還需要確認業務流程圖中的業務作業是否是共用作業。若業務作業不可共用，但循序圖的訊息序列相同，導致希望系統功能共用時，這就意味著該系統功能將實現多個業務作業的需求。**此類系統功能的共用設計與業務流程是不一致的，長時間下來會逐漸發展成系統功能與業務流程差異愈來愈大的情況，因此需要嚴格管理此類系統功能。**

3. **在循序圖中定義的系統功能可以區分為「入口功能」和「步驟功能」。**

   入口功能是角色或系統能夠操作的第一個系統功能，而步驟功能則是在入口功能之後執行的系統功能（圖 3-15-3）。入口功能通常會被製作成系統選單或按鈕，以提供使用者操作。

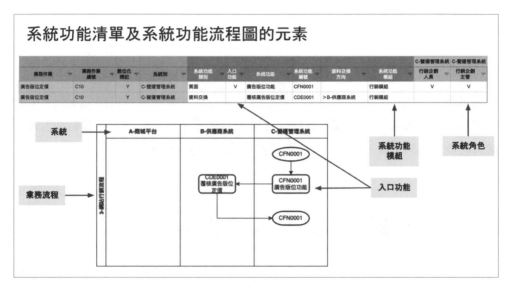

▲ 圖 3-15-3　系統功能清單及系統功能流程圖的元素

4. **定義「系統功能模組」。**

   系統功能模組僅是數個系統功能或數據交換的集合，不涉及實質系統功能或系統功能流程的設計（圖 3-15-3）。這樣可以大幅度降低整體系統設計的複雜度。

5. **定義「系統功能編號」。**

   系統功能編號包含系統功能及數據交換。做為後續在系統分析和系統開發階段管理追蹤使用。

6. **定義系統功能與系統角色的關係。**

   根據循序圖中角色操作的系統功能及數據交換，定義系統功能與系統角色的關係（圖 3-15-3）。

系統功能會在接下來的系統功能線框圖或視覺稿考慮 UI/UX 設計，並具體設計出畫面，以對接系統分析階段的系統功能原型。系統功能線框圖或視覺稿在＜第 16 章：系統功能及線框圖＞中有更進一步的說明。

數據交換也會在接下來的系統功能線框圖或視覺稿中搭配介面設計（如果有將不可見系統功能與可見系統功能關聯的情況），以對接系統分析階段的系統功能原型及數據流程圖。數據流程圖在＜第 22 章：數據遷移及數據流程圖＞中有更進一步的說明。

在完成系統功能清單的步驟後，我們已經有整個業務專案的系統功能全貌。**系統功能清單是後續資訊系統專案進行時重要的系統需求管理依據，影響範圍包含專案時程及成本評估等，因此請務必在此步驟完成明確的清單。**

60. 如何製作系統功能流程圖？

系統功能流程圖的重點是呈現「不同系統之間系統功能的連結」（例如，系統功能呼叫其它系統 API 等情況），以及「系統內各系統功能的流程順序」。也就是說，**透過系統功能流程圖，就可以知道整個系統對外及對內的運作情況**，也可得知各系統的所有系統功能及數據交換。

製作系統功能流程圖時，需要注意以下重點步驟（圖 3-15-3）：

1. 系統功能流程圖的橫軸是系統，應與系統流程圖的系統相同。縱軸是業務流程，與業務流程圖相同。**因此我們在這個步驟將需求分析結果呼應了需求分析的第一個步驟業務流程圖。**

2. 每個入口功能都代表著一條系統功能流程，以入口功能作為流程圖的起點。

3. 一個系統功能或一個數據交換，在系統功能流程圖中被視為一個作業，箭頭表示功能的執行順序，而非訊息流或數據流（訊息流在循序圖中，數據流則在數據流程圖中）。

4. **離開系統功能的數據，可以以文件形式出現在系統功能和數據交換作業旁，以呈現該系統功能和數據交換作業有「數據輸出」。**例如 API 對接的數據、報表下載、輸出表單和查詢功能等。數據輸出應可對應領域模型及數據資產，請參考＜第 13 章：數據資產－數據需求如何影響數據輸入及數據輸出的設計？＞。

製作系統功能流程圖時，經常會遇到一個情況：商業分析師認為業務作業不應共用，而系統分析師則主張系統功能應共用。面對這種不一致，該如何處理呢？舉個例子，如果客戶資料可以由多個單位進行修改，若業務作業共用，意味著客戶資料修改擁有統一的流程；若業務作業不共用，則表示客戶資料修改存在業務流程上的差異。系統分析師會認為，由於是對同一份客戶資料進行修改，因此提出了系統功能共用的建議。

此時必須深入探討，為什麼業務作業無法共用？因為無法共用的原因，未來必然需要在系統功能共用中加以實現，導致系統功能的共用程式碼邏輯變得非常複雜。但好處是所有共用程式碼邏輯可以在同一處進行管理。至於是否採用系統功能共用，以及如何做出選擇，都是可以考慮的，但業務流程圖與系統功能流程圖的設計應該反映最終的選擇。

另一個常見的問題是，系統功能的合併與分拆（即系統功能共用是如何決定的）。執行步驟是，使用案例的循序圖製作好後，統整所有循序圖討論相同的訊息序列是否需要整合（即製作系統功能清單的步驟 2）。需要避免先決定特定系統功能共用後，再由各個循序圖的訊息序列配合設計，這種設計方式會導致為了系統功能共用而共用的情況。

總結來說，系統功能流程圖與業務流程圖在系統面及需求面相呼應（圖 3-15-2），但各自以不同的方式呈現業務流程裡數位化作業的需求。這是需求發展階段裡最重要的需求分析步驟，也是決定性影響系統分析階段是否可順利承接系統需求的關鍵。

▎ 重點總結

我們一開始介紹了可見系統功能及不可見系統功能的差異，以及功能需求、非功能需求及品質要求與不可見系統功能的關係。因為不可見系統功能沒有介面呈現，因此對商業分析師而言，是較難以掌握的部分。但我們仍可透過一些系統功能的設計方法來提高不可見系統功能的可控制性。

接著我們說明系統功能清單製作重點步驟，並強調製作系統功能清單是整個系統需求規格書中最重要的一步，將循序圖的需求分析結果轉換為系統功能清單。以及系統功能清單是後續資訊系統專案進行時重要的系統需求管理依據，影響範圍包含專案時程及成本評估等，因此請務必在此步驟完成明確的清單。

最後我們說明製作系統功能流程圖的重點步驟，並強調透過系統功能流程圖，就可以知道整個系統對外及對內的運作情況。製作過程中需要深入探討的是，業務作業共用及系統功能共用的差異，以及系統功能共用的評估方式。

我們完成商業需求轉換成系統需求的過程了，接下來我們將完全進入系統需求分析的領域。

自我測驗

1. 可見系統功能與不可見系統功能各自有什麼特徵？
2. 不可見系統功能的重要性為何？
3. 透過哪些設計重點可以提高不可見系統功能的可控制性？
4. 系統功能清單的重要性為何？
5. 系統功能清單的製作步驟？
6. 系統功能流程圖的製作步驟？
7. 如何評估系統功能共用？

讓 ChatGPT 幫你完成系統功能流程的規劃！

- Chrome Extension: AIPRM for ChatGPT
- Topic: Productivity
- Activity: Plan
- Prompt: Create a basic Mindmap

透過 ChatGPT 先整理出指定系統流程常見的系統功能有哪些，可以加速流程的討論，而且也可減少發想基礎流程的時間，可以把寶貴的專案時間花在更有特色的系統功能上！

人類專家的提醒：在使用 ChatGPT 時，仍應透過人類專家謹慎判斷 ChatGPT 提供的回答後，才可正式使用喔。

1. 描述系統流程場景。

▲ 圖 3-15-4　在 ChatGPT 列出系統功能基礎流程

2. 指定特定系統功能，更進一步要求詳細說明。

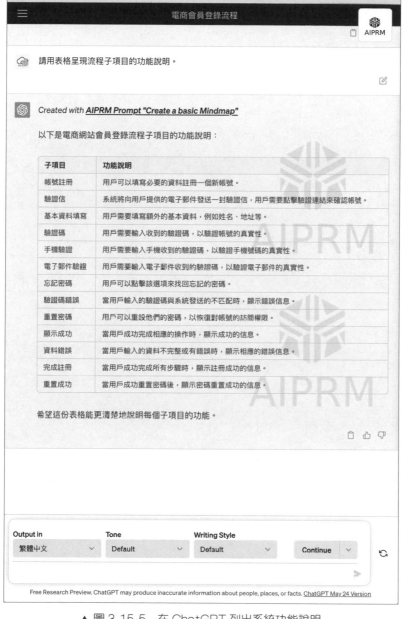

▲ 圖 3-15-5　在 ChatGPT 列出系統功能說明

16

系統功能及線框圖－打造數位化作業的介面

"Perfection is not when there is no more to add, but no more to take away."
- Antoine de Saint-Exupéry
「完美不是已無法再添加，而是已無法再刪減。」－安東尼‧聖修伯里
法國知名作家、飛行員、《小王子》作者

《在開始之前的準備》

以線框圖或視覺稿呈現需求是大家比較熟悉的方式，但我們必須記得，這只是需求的一部分而已。在進行需求分析之後，我們應該要意識到線框圖或視覺稿僅能呈現介面，並無法展示關鍵但不可見系統功能的數據需求及其它需求內容。

但線框圖或視覺稿確實能呈現許多非功能性需求，例如符合企業視覺配色、方便點選的選單，以及如何標示負數的表格等視覺化需求。這些非功能性需求很難透過文字描述來呈現。

在＜第 5 章：分析階段產出文件－如何設計需求管理方法的框架？＞中提到「當利害關係人提出一個需求時，我們需要將其拆分為不同的需求類別，並使用不同的分析技術來表示這些需求內容。」**這正是在說明線框圖或視覺稿只能呈現視覺化的需求，而其他需求類別則需要使用前幾章提到的需求分析技術來描述。**

儘管線框圖或視覺稿是較為熟悉的需求呈現方式，但本章節中仍有些細節需要我們留意。

類別	需求發展階段				系統分析階段			
	商業需求	系統需求	商業需求分析	系統需求分析	可行性分析	系統規劃	需求分析	系統設計
			商業需求清單表	系統需求清單表	專案計劃書	軟體需求規格書		
			商業需求規格書	系統需求規格書				
A	商業規則		◉ 業務流程圖 ◉ 業務作業清單 ◉ 使用案例		工作說明書 專案時程檔 (工作量評估 及WBS)	(整合至下方規格中)		
	限制要求							
B	既有資訊系統	系統對接需求	◉ 系統流程圖	系統功能線框圖 (系統功能視覺稿) 系統功能需求說明 系統功能測試案例		系統架構圖 (軟體/硬體/網路)		
	數據需求		◉ 領域模型 ◉ 數據資產 (數據輸出說明)			資料分析報告 (含數據遷移)	數據流程圖	數據模型
C	-	功能性需求	◉ 使用案例循序圖 ◉ 系統功能清單 ◉ 系統功能流程圖			系統開發標準	實體關聯圖 系統功能原型	系統功能程式規格 系統功能測試規格
D	-	非功能需求	非功能需求清單					
	-	品質要求	品質要求清單			服務級別協定		
	需求管理階段							
	需求追溯矩陣							

▲ 圖 3-16-1　系統功能線框圖

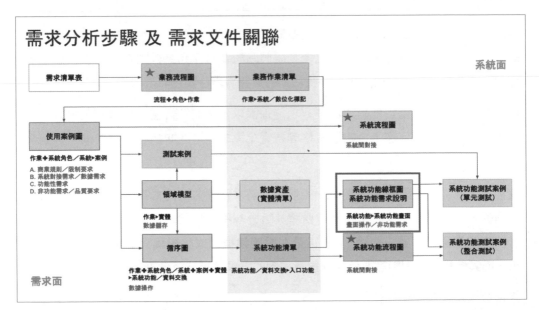

▲ 圖 3-16-2　需求分析步驟的系統功能線框圖

61. 線框圖、視覺稿、功能原型有什麼差異及限制？

一般而言，商業分析師或產品經理會製作線框圖，UI/UX 產品設計師會製作視覺稿，而功能原型則需要系統分析師參與其中。但隨著現在功能原型製作工具的普遍，許多商業分析師或產品經理也會透過功能原型來描述需求。

線框圖、視覺稿和功能原型各自有其獨特的描述方式。舉例來說，在＜第 15 章：系統功能清單及系統功能流程圖－如何定義可見系統功能與不可見系統功能？＞中，我們提到了可見系統功能應該具備的特徵，包括一致的操作設計和可直觀學習操作，這正是視覺稿的設計重點。以下是它們各自的定義和差異（圖 3-16-3）：

- **線框圖（Wireframe）**

  線框圖是簡單的黑白圖形，用於展示網站的結構和佈局。它強調訊息和系統功能流程，並且非功能性需求應該與線框圖一起被提出。

- **視覺稿（Mockup）**

  視覺稿在線框圖的基礎上添加顏色、字體、圖像等視覺元素，用於展示網站的外觀和風格。它著重於展現企業或品牌的形象和主視覺。在視覺稿階段，可以提早確認所需的畫面元件，並統一系統功能畫面的操作設計，這也是軟體需求規格書「系統開發標準」中會涉及的內容。

- **功能原型（Prototype）**

  功能原型在視覺稿的基礎上添加動畫、交互、數據等功能元素，用於展示系統的行為和使用體驗。它的重點在於可用性和可行性。完善功能原型可能還需要系統架構師和系統分析師的協助。因此，功能原型若在需求分析階段就完成的話，需要留意後續變更的可能。

線框圖、視覺稿、功能原型的差異

線框圖(Wireframe)	視覺稿(Mockup)	功能原型(Prototype)
簡單的黑白圖形，展示網站的結構和佈局	在線框圖的基礎上添加顏色、字體、圖像等視覺元素，展示網站的外觀和風格	在視覺稿的基礎上添加動畫、交互、數據等功能元素，展示網站的行為和體驗
重點在於訊息層級和業務流程	重點在於企業或品牌的形象及主視覺	重點在於可用性和可行性
非功能性需求要與線框圖一併提出	系統開發標準中會涉及的畫面元件管理，在視覺稿階段可以提早確認所需元件，並統一系統功能畫面的操作設計	功能原型的完善還需要系統架構及系統分析的資訊，因此功能原型若在需求分析階段就完成的話，需要留意後續變更的可能
可以用紙筆草稿或文書軟體製作	可以用Photoshop, Sketch等設計工具製作	可以用Adobe XD, Framer等原型工具製作

▲ 圖 3-16-3　線框圖、視覺稿、功能原型的差異

雖然線框圖、視覺稿和功能原型提供了顯著的視覺優勢，但是也必需要瞭解它們的局限性。

- 無法完整地呈現系統的所有功能和行為，例如不可見系統功能。
- 無法整合真實數據以評估系統的效能表現和使用者體驗。
- 製作過程需要投入大量的時間和資源。
- 使用者的回饋不明確，或者他們無法正確地理解設計用意。
- 無法模擬不可見系統功能的細節，導致忽略不可見系統功能複雜性帶來的挑戰。
- 設計的視覺效果在技術上不可行或無法實現。

以上是關於線框圖、視覺稿和功能原型的限制。理解這些限制並在使用時謹慎處理限制所帶來的盲點，仍可透過線框圖、視覺稿和功能原型的優勢協助提高需求確認的精確性和使用者體驗。

《實務小技巧》

在需求訪談階段，仍然可以先製作線框圖或視覺稿，以更快速了解需求的外觀和樣貌，來幫助需求訪談的進行。但不能忽略需求分析步驟，也不能忽視其他需求分析技術所描述的需求內容。因此，在需求分析時，請堅持按照需求分析步驟執行，以確保不遺漏任何重要的需求內容。

62. 製作線框圖時應考慮的因素？

線框圖在與其他需求分析步驟的需求文件搭配時，包括循序圖、領域模型、使用案例及業務流程圖，有以下幾個製作重點：

- **線框圖也可以包含不可見系統功能的執行結果。**

  在＜第 15 章：系統功能清單及系統功能流程圖－如何定義可見系統功能與不可見系統功能？＞中說明，將不可見系統功能的執行結果呈現在可見系統功能中，以透過介面更明確掌握不可見系統功能的狀態。例如設計 API 呼叫紀錄查詢功能的線框圖，以掌握 API 執行結果。

- **線框圖的操作順序應與循序圖的訊息序列一致。**

  透過線框圖直觀的介面，有可能為了使用者體驗因素，因此需要調整循序圖的訊息序列。線框圖及循序圖的訊息序列兩者最終要一致。

- **線框圖介面的欄位應與領域模型一致。**

  在線框圖中的輸入欄位，必須要有對應的輸出欄位。例如新增客戶資料功能中的所有欄位，就必須要在客戶查詢功能中包含這些欄位，即使原本需求中不包含輸出欄位的需求。

並且需要確認線框圖裡的欄位，與領域模型裡的屬性及方法一致，確保實現循序圖的數據落地需求，以避免線框圖欄位呈現的資料實際上沒有被儲存在資料庫中。

● **線框圖搭配的需求說明，是說明操作面及設計面的需求，不是說明業務需求。**
當線框圖的操作面及設計面，或非功能性需求需要描述時，可搭配需求說明文件補充相關資訊。但不可以在需求說明文件中說明業務需求。業務需求說明應該在循序圖、領域模型及使用案例中說明。

● **線框圖的介面操作應與業務流程圖中的相關作業能進行整合。**
線框圖的操作面需要能與其它線下作業面順暢整合，以達到流程改造及數位化作業的效益。

線框圖是呈現需求分析結果的介面，因此線框圖的設計應與其它需求文件內容一致。以達到視覺化的需求呈現，同時也維持需求的完整性。

確認線框圖與其它需求文件內容一致的步驟相當重要。**實際上，許多利害關係人透過線框圖確認需求是否符合他們的期望時，往往會受到視覺感受的影響，而導致沒有完整確認其他需求內容是否符合。**因此，在線框圖設計完畢後，務必需要與循序圖、領域模型、使用案例及業務流程圖相互確認需求的一致性。

63. 數據分析如何提高使用者體驗？

線框圖、視覺稿和功能原型提供視覺化的需求呈現介面，以更快的凝聚利害關係人的共識。另一個重要的功能是將使用者體驗的需求納入需求分析階段中，透過視覺化的呈現，以確認使用者體驗是否符合需求。

此外，數據分析也是提升使用者體驗的重要手段，但許多商業分析師或數據分析師會在資訊系統專案後期，甚至是資訊系統已完成開發及測試後，才開始展開數據分析需求的準備及彙整。此時常常發生數據分析需要的數據不存在，或數據分析的結果無法嵌入至系統功能流程或系統功能介面中。這導致需要大量的需求變更及重複開發的時間及資源。因此，**如何在製作線框圖及視覺稿的階段就納入數據分析的需求，是這個需求分析步驟的重點。**

首先，需要先確認數據分析如何提高使用者體驗，以確認需要哪些數據來源及可能受影響的系統功能。以下是常見提高使用者體驗的數據方法：

● **使用者行為分析**

  深入了解目標客群的需求、喜好和行為，我們可以針對性地改進產品或服務。例如透過目標客群在網站上的停留時間、點擊率和轉化率等數據分析方法，識別出目標客群在使用產品或服務時遇到的問題，以進行問題改進及優化。

● **客製化體驗**

  透過數據分析，可以依不同目標客群建立客製化的內容、推薦和建議，進而使目標客群使用者體驗提升。例如電子商務網站可以透過分析客戶過去的購買記錄和瀏覽行為，提供相關產品推薦，以提高客戶的購物體驗。

● **A/B 測試和迭代設計**

  A/B 測試是一種常用的數據分析方法，可以用來比較兩個或多個不同版本的產品或頁面，以確定哪個版本能夠提供更好的使用者體驗。透過收集和分析使用者在不同版本中的行為數據，可以確定哪個版本更受使用者歡迎並進一步優化。此外，透過迭代設計不斷地進行改進和優化，確保產品或服務在整個生命週期中提供最佳的使用者體驗。

● **優化旅程地圖**

  在＜第 10 章：使用案例＞中，我們介紹了人物誌、使用者旅程地圖、客戶旅程地圖及使用者故事。透過數據分析，可以進一步識別出旅程地圖中的關鍵節

點和痛點，並進一步優化這些步驟，以提供更好的使用者體驗。例如電子商務網站透過分析會員註冊過程中的跳出率，找出沒有完成會員註冊的問題所在並進行改進，進而提高會員註冊的轉換率。

可以看出，這些方法都需要在資訊系統中使用資訊技術來實現，因此會產生數據儲存和操作的數據需求。 如果涉及推薦系統或金融欺詐審核等數據應用場景，不僅會影響數據本身，還會對業務流程產生影響。因此，越早納入數據分析需求，需求管理的工作就越容易進行，也可以避免重新進行整個需求分析過程。

《實務小技巧》

實務上常見的情況是，UI/UX 設計師先設計出系統功能的視覺稿，然後再回頭討論業務需求。這樣的作業方式容易忽略業務流程及不可見系統功能的需求，最後導致前端介面和後端業務需求反覆修改的情況。

為了避免這種情況，我們可以將專案前期提出的線框圖或視覺稿視為需求來源之一，然後再依據需求分析步驟，對需求進行正確的分析步驟，最後再進行線框圖或視覺稿的調整，這樣就能夠減輕資訊專案系統開發階段反覆修改需求的情況。

《更進一步學習》

數據分析提高使用者體驗涉及許多專業領域，包含資料科學、使用者經驗（UX）、人機互動（Human–Computer Interaction, HCI）、數據倫理和隱私等，本書沒有包含，讀者可透過其它資源更進一步學習其它專業領域知識。

64. 有哪些常見的原型相關製作工具？

Figma

https://www.figma.com/

Figma 是一個線上設計和協作工具，可用於設計和原型製作，且設計師和團隊成員可以協同工作，在同一個專案中共享和註釋設計文件。

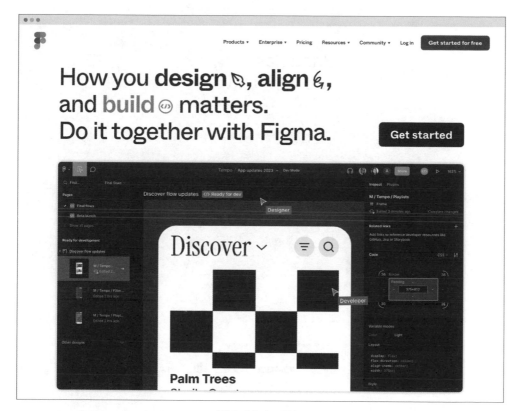

▲ 圖 3-16-4　Figma

Zeplin

https://zeplin.io/

Zeplin 是一個協作工具，用於設計師和開發人員之間的設計轉換和開發工作流程。設計師可以將他們在設計工具（如 Sketch、Figma 等）中的設計文件直接導出到 Zeplin 中，開發人員可以從中獲取 CSS 代碼、圖像資源和準確的尺寸和間距等開發所需要的資訊或程式碼。

▲ 圖 3-16-5　Zeplin

Marvel

https://marvelapp.com/

Marvel 是一個線上設計和原型製作的工具，可以幫助設計師將靜態設計轉化為具有互動效果的原型，並進行測試和共享。

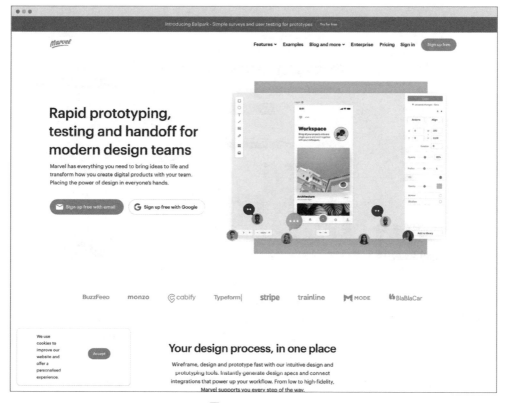

▲ 圖 3-16-6　Marvel

Canva

https://www.canva.com/

Canva 是一個線上平台，提供各種設計工具和模板，直觀的拖放界面和豐富的設計元素庫，使非設計師也能輕鬆創造專業的圖形設計作品。

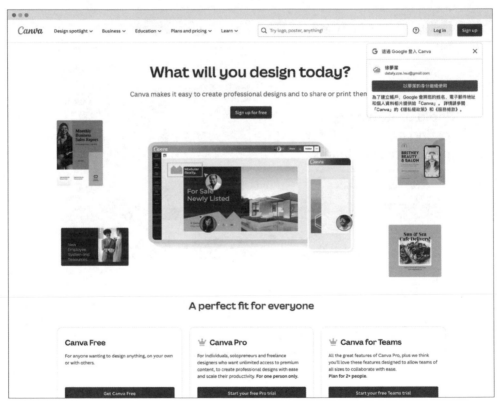

▲ 圖 3-16-7　Canva

▌Sketch

https://www.sketch.com/

Sketch 是一個專業的向量繪圖工具，主要用於 UI 和 UX 設計。它有簡潔的界面和豐富的設計功能，及支援各種其它工具的整合套件，可擴展其功能和整合其他設計工具。

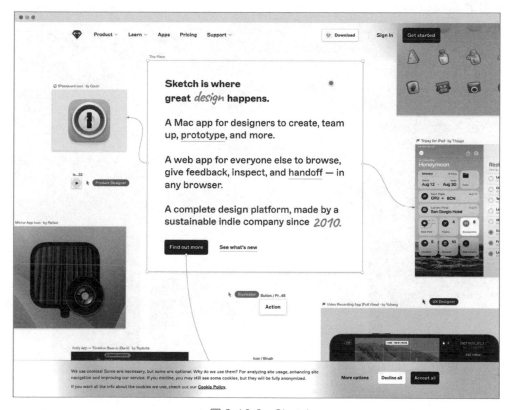

▲ 圖 3-16-8　Sketch

Mockplus

https://www.mockplus.com/

Mockplus 是一個可快速製作原型的工具，設計師可以使用拖放方式將元素放置在畫布上，並添加互動效果和轉場動畫。

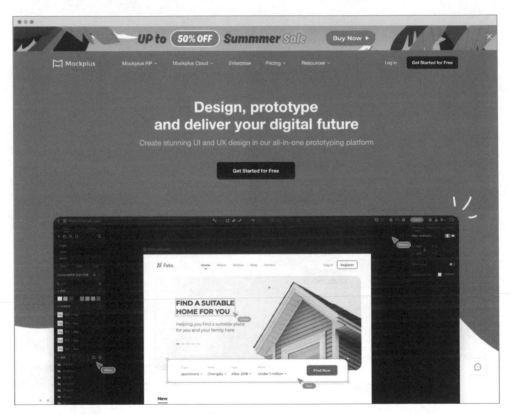

▲ 圖 3-16-9　Mockplus

重點總結

我們介紹了線框圖、視覺稿、功能原型有什麼差異及限制，並且強調視覺化的優勢協助提高需求確認的精確性和使用者體驗。

其中的線框圖是呈現需求分析結果的介面，因此線框圖的設計應與循序圖、領域模型、使用案例及業務流程圖相互確認需求的一致性。以達到視覺化的需求呈現，同時也維持需求的完整性。

接著我們探討了數據分析是提升使用者體驗的重要手段。為了避免發生數據分析需要的數據不存在，或數據分析的結果無法嵌入至系統功能流程或系統功能介面中，製作線框圖及視覺稿的階段就應納入數據分析的需求。

最後，我們列出常見的原型製作工具清單。

我們即將完成系統需求分析作業，請再堅持一下！我們朝需求分析的最後一個章節邁進。

自我測驗

1. 線框圖、視覺稿、功能原型有什麼差異？
2. 可見系統功能應該具備的一致操作設計和可直觀學習操作，應該在哪一個設計需求文件中體現？
3. 線框圖、視覺稿、功能原型有哪些限制？
4. 製作線框圖時應考慮哪些因素？
5. 常見提高使用者體驗的數據方法有哪些？

17

測試案例－模擬數位化作業 與線下作業的整合

"Great things are done by a series of small things brought together."

- Vincent Van Gogh

「偉大的事情是透過一系列的小事物結合完成的。」－文森·梵谷

荷蘭後印象派畫家、表現主義先驅、二十世紀藝術關鍵人物

《在開始之前的準備》

我們終於來到需求分析的最後一個步驟，建立測試案例。回顧之前的＜第 10 章：使用案例－使用案例與測試案例有什麼關係？＞，我們已經了解到測試案例需要在使用案例確定之後就開始定義，才能根據相應的案例來編寫測試案例。

此刻這一步驟將重新回到商業需求分析的源頭，業務流程圖，從業務作業開始檢視所有的需求。因此，在製作測試案例之前，所有需求文件應該都已經準備就緒，這樣才能將所有需求的測試方式完整地呈現在測試案例中。

此外，儘管不同的資訊系統可能具有不同的測試案例準備方式，但我們仍然可以遵循一些設計準則。

現在，讓我們來看看如何製作一個集合所有需求的測試案例吧。

類別	需求發展階段				系統分析階段			
	商業需求	系統需求	商業需求分析	系統需求分析	可行性分析	系統規劃	需求分析	系統設計
			商業需求清單表	系統需求清單表	專案計劃書	軟體需求規格書		
			商業需求規格書	系統需求規格書				
A	商業規則		◉業務流程圖　◎業務作業清單　◎使用案例	系統功能線框圖(系統功能視覺稿)系統功能需求說明 系統功能測試案例	工作說明書 專案時程檔(工作量評估及WBS)	(整合至下方規格中)		
	限制要求							
B	既有資訊系統	系統對接需求	◎系統流程圖			系統架構圖(軟體/硬體/網路)		
	數據需求		◎領域模型　◎數據資產(數據輸出說明)			資料分析報告(含數據遷移)	數據流程圖	數據模型
C	-	功能性需求	◎使用案例循序圖　◎系統功能清單　◎系統功能流程圖			系統開發標準	實體關聯圖 系統功能原型	系統功能程式規格 系統功能測試規格
D	-	非功能需求	非功能需求清單					
	-	品質要求	品質要求清單			服務級別協定		
需求管理階段								
需求追溯矩陣								

▲ 圖 3-17-1　系統需求規格書的系統功能測試案例

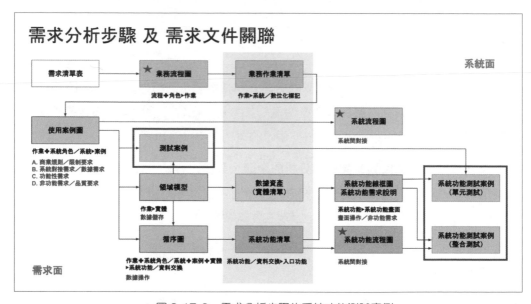

▲ 圖 3-17-2　需求分析步驟的系統功能測試案例

65. 資訊系統測試類型有哪些？

單元測試、整合測試和使用者測試是提高資訊系統品質的關鍵步驟。它們各自的定義及實施方法如下（圖 3-17-3）：

- **單元測試（Unit Testing）**

  單元測試的目的是驗證獨立的程式碼單元是否正確地執行。這些獨立的單元可以是函數、方法、類別、功能或模組等。透過單元測試，可以隔離測試特定程式碼，並快速發現和修復錯誤。

  實施方法為依「系統功能清單」的一個「系統功能」或「數據交換」進行測試和驗證。單元測試可以透過自動化測試工具來提升測試速度和頻率。

- **整合測試（Integration Testing）**

  整合測試的目的是檢查不同元件、功能、模組或系統在整合時是否正確地協同工作。透過整合測試，可以驗證系統的整體功能和一致性。

  實施方法為依「系統功能流程圖」的一條「入口功能」的流程進行測試和驗證。整合測試需要花費一定的時間和精力來設計、開發、維護和更新測試案例，並且可能會受到外部系統的影響，無法進行全面性的測試。

- **使用者測試（User Testing）**

  使用者測試用於確保資訊系統能滿足使用者的需求和期望。透過使用者測試，可以發現使用者使用上的問題並收集有價值的使用回饋。

  實施方法為依「業務作業清單」及「業務流程圖」中的數位化作業，使用者對真實系統進行操作和驗證。使用者測試需要花費較長的時間和精力來執行和分析測試結果，並且可能會受到使用者主觀意見或情感反應的影響。

測試類型的比較

測試類型	方法	執行者	效益	效率
單元測試 (Unit Testing)	依「系統功能清單」的一個「系統功能」或「資料交換」進行測試和驗證。	開發人員。	可以及早地發現和修復程式碼中的錯誤或缺陷。	可以利用自動化工具來提升測試速度和頻率。
整合測試 (Integration Testing)	依「系統功能流程圖」的一條「入口功能」的流程進行測試和驗證。	開發人員、測試人員。	確保同一個流程裡的系統功能及資料交換之間的互動正確無誤。 但是可能無法涵蓋所有的情境或場景。	需要花費一定的時間和精力來設計、開發、維護和更新測試案例，並且可能會受到外部系統的影響。
使用者測試 (User Testing)	使用者對真實系統進行操作和驗證。	使用者、代表使用者的測試人員。	可以確保系統符合使用者的需求和期望，也可以提供使用者對系統功能、介面、易用性等方面的回饋和建議。	需要花費較長的時間和精力來執行和分析測試結果，並且可能會受到使用者主觀意見或情感反應的影響。

▲ 圖 3-17-3　測試類型的比較

商業分析師在設計測試案例時，需要綜合參考使用案例、領域模型、循序圖、系統功能線框圖和系統功能流程圖。**業務流程圖往往會被忽略，但業務流程圖卻是需求文件中最重要的測試範圍。我們不僅需要針對系統功能設計測試方法，還應該包括線下業務作業，以確保線上和線下的業務作業能夠順暢地整合。**

在設計整合測試案例時，我們需要考慮更廣泛的測試情境，包括特殊業務情境的測試（例如業務活動異常頻繁的時期），以及系統架構面臨資訊安全事件時的承受能力等。為了完成整合測試案例的設計，通常需要與資訊人員密切合作，共同完成這項任務。

在資訊系統開發的過程中，隨著需求的變更或系統設計師對系統設計進行改變，測試案例可能需要進行調整。這也是為什麼許多專案在系統開發的後期才開始進行測試案例設計的原因。但這樣的測試案例設計往往與系統功能非常相符，未必能測出與需求不相符的問題之處。最重要的是，測試案例還脫離了需求本質，僅以「可見系統功能」做為測試案例的依據，導致資訊系統可能與使用者的需求和期望相差甚遠。因此，如果在專案後期才進行測試案例的製作，仍必須以使用案例和其他需求文件作為基礎，確保測試案例能夠包含所有需求。

《實務小技巧》

在進行測試案例設計時，還可以同時製作未來數據分析需要的數據清單！例如，在設計「客戶資料維護」系統功能的測試案例時，可以一併設計「客戶資料」的數據清單（即領域模型及數據資產的數據輸出需求）。在執行測試案例時，可以請求資訊人員同時導出客戶資料，或將客戶資料轉入至視覺化工具（Tableau 等）中。

這樣做的好處是透過數據的驗證，可以提升測試的有效性及發現系統功能介面無法發現的潛在問題。同時，這些數據也可以是該系統功能數據分析的數據基礎。例如「客戶資料」可以做為客戶分析的數據基礎。

66. 如何設計測試案例？

測試案例的設計主要考慮兩個面向，其一是測試情境，其二是測試技術。以下是數種測試情境的來源：

1. 根據需求或規格製作測試案例

這種方式確保測試案例涵蓋了所有功能和條件。在製作測試案例時，應該包含其它需求分析步驟的需求文件，並確保測試案例涵蓋了所有需求。這種測試方式有助於確保資訊系統在不同情況下正常運行，並提供給使用者符合需求的使用體驗。

2. 根據風險或優先級製作測試案例

將使用案例衍生的測試案例按照其重要性和容易出錯的程度進行排序，然後針對最重要或最容易出錯的測試案例優先製作。這樣可以確保在最關鍵的地方進行全面的測試，減少系統錯誤和故障的風險。

3. **根據經驗或直覺製作測試案例**

   有經驗的測試人員對需求的經驗和直覺是製作測試案例的寶貴資源。根據經驗和直覺來製作測試案例，可以幫助發現可能容易出錯或降低使用者體驗的系統功能。

4. **根據特殊情境製作測試案例**

   將極端值或特殊的使用情境納入測試案例是非常重要的，以確保資訊系統在極端情況下也可以正常運行。這將幫助我們發現可能存在的問題並及時解決，進而提高資訊系統的可靠性和穩定性。

一般而言，單元測試的測試情境來源會使用上述方法 1 及方法 4 設計測試情境。設計整合測試的測試情境時，會使用上述方法 1 及方法 2 設計測試情境，並且增加特殊業務情境的測試案例（例如業務活動異常頻繁的時期）。

測試技術常見的設計方式有：

- **等價劃分（Equivalence Partitioning）：簡化測試案例**

  等價劃分透過將需要測試的輸入數據分組為幾個類別來簡化測試案例。目的是希望維持測試數據的範圍，但減少測試案例數量，以增加測試效率。類別可區分為有效類別及無效類別，有效類別可以再依範圍、唯一值、特殊值等進行劃分。

  例如日期欄位限定在 1 至 31 之間，則可以設計無效類別是 -1 及 32、有效類別可以是 1 及 28、29、30、31，特殊值 2 月的 28 或 29 等數個類別來設計測試案例。

- **邊界值分析（Boundary Value Analysis）：測試邊緣**

  邊界值分析專注於測試輸入值的邊界。目的是找出經常出現在有效和無效範圍邊緣的問題，以增加發現潛在問題的可能性。

  例如金額欄位限定在 1 至 999 之間，則可以設計 -1、1000、1 及 999 共四個測試案例。

- **決策表測試（Decision Table Testing）：測試複雜邏輯**

  決策表測試將各種輸入組合和相應的預期結果彙整成測試案例，以有效地處理複雜的邏輯並確保包含所有的可能性。

  例如組織簽核流程功能的測試案例，即可以將所有可能輸入組合和結果進行彙整以供測試時使用。

《更進一步學習》

測試技術是軟體工程中專門的領域，這邊僅列出概要內容供參考。實際使用測試技術時，請針對使用的技術進行更深入瞭解及學習。

總結而言，測試案例的設計不僅需要考慮業務需求情境，也要同時考慮合適的測試技術。**商業分析師在此階段製作的測試案例，更著重在業務需求情境的設計（即上述方法 1 至 4）。且測試案例是＜第 20 章：品質要求及服務級別協定＞的重要參考依據。**測試技術部分，商業分析師可依實際專案情況判斷是否需要進行測試案例設計，或透過與資訊人員的共同協作，使用自動化測試工具來實現。

67. 如何判斷測試案例是否有效？

只有有效的測試案例才能確保資訊系統的品質能有效提升，因此判斷測試案例是否有效，是改善測試案例設計或測試策略的重要方法。

以下是評估測試案例有效性的常用方法：

- **測試案例效能（Test Case Effectiveness）**

  測試案例效能 ＝（發現缺陷數 / 執行測試案例數）x 100

目的是瞭解測試團隊在每個測試階段執行的測試案例有多少能夠發現缺陷，它
可以幫助「判斷測試案例的品質」。

- **測試案例生產力（Test Case Productivity）**

  測試案例生產力 =（準備測試案例數 / 投入人時數）

  這個指標用於衡量測試團隊準備測試案例的數量和投入的努力，它可以反映
  「測試團隊的工作效率和能力」。

- **缺陷密度（Defect Density）**

  缺陷密度 =（發現缺陷數 / 程式碼行數）x 1000

  這個指標用於衡量每單位程式碼中發現缺陷的數量，它可以反映「系統開發品
  質和可靠性」。

以上是幾種評估測試案例有效性的常用方法。**定期評估和改進測試策略，隨著專
案的發展和測試結果的變化，不斷優化測試案例的設計和執行，才能確保測試作
業的有效性和價值。**

重點總結

我們介紹了單元測試、整合測試及使用者測試的定義和實施方法。並強調不僅需
要針對系統功能設計測試方法，還應該包括線下業務作業，以確保線上和線下的
業務作業能夠順暢地整合。以及在設計整合測試案例時，我們需要考慮更廣泛的
測試情境，包括特殊業務情境的測試（例如業務活動異常頻繁的時期），以及系統
架構面臨資訊安全事件時的承受能力等。

接著說明了測試案例的設計主要考慮兩個面向，其一是測試情境，其二是測試技術。商業分析師在此階段製作的測試案例，更著重在業務需求情境的設計。且測試案例是＜第 20 章：品質要求及服務級別協定＞的重要參考依據。

最後，我們說明了判斷測試案例有效性的方法，以及必須定期評估和改進測試策略，隨著專案的發展和測試結果的變化，不斷優化測試案例的設計和執行，才能確保測試作業的有效性和價值。

我們終於完成了所有的需求分析步驟，這是一個關鍵的里程碑！我們即將進入資訊系統可行性分析階段，請帶著所有的需求分析文件，朝著下一個階段前進！

自我測驗

1. 單元測試、整合測試及使用者測試的實施方法各為何？
2. 設計測試案例時需要考慮哪兩個面向？
3. 判斷測試案例是否有效的方法有哪些？

第**4**篇

Project Plan
專案計劃書

18

工作說明書－提升資訊系統專案的成功率

"The point of a contract is not to create rights, but to ensure fairness." - Robert Nozick

「合約的目的不是要創造權利，而是要確保公平。」－羅伯特·諾齊克

美國哈佛大學教授、當代英語國家哲學界主要人物

《在開始之前的準備》

隨著需求發展階段的完結，「系統需求」即將正式轉換成「軟體需求」，資訊系統專案即將邁向下一個階段。無論資訊系統實施方式是選擇自建方案還是採購方案，製作一份完整且詳細的工作說明書對於資訊系統專案的順利進行是必要的任務。

在需求發展階段的文件全數完成後，開始製作工作說明書是一個理想的時間點。包括業務作業清單、數據資產和系統功能清單等「需求追蹤矩陣」的內容，以及三份流程圖：業務流程圖、系統流程圖和系統功能流程圖。這些內容能夠作為資訊人員進行可行性分析的依據。

工作說明書不僅僅涉及需求，還包含了費用預算和專案時程等重要資訊。因此，一個資訊專案的執行成功與否，工作說明書的完整性是關鍵因素之一。

接下來我們將開始介紹工作說明書的要點。

類別	需求發展階段				系統分析階段			
	商業需求	系統需求	商業需求分析	系統需求分析	可行性分析	系統規劃	需求分析	系統設計
			商業需求清單表	系統需求清單表	專案計劃書	軟體需求規格書		
			商業需求規格書	系統需求規格書				
A	商業規則		● 業務流程圖 ● 業務作業清單 ● 使用案例	系統功能線框圖 (系統功能視覺稿) 系統功能需求說明 系統功能測試案例	工作說明書 專案時程檔 (工作量評估 及WBS)		(整合至下方規格中)	
	限制要求							
B	既有資訊系統	系統對接需求	● 系統流程圖				系統架構圖 (軟體/硬體/網路)	
	數據需求		● 領域模型 ● 數據資產 (數據輸出說明)			資料分析報告 (含數據遷移)	數據流程圖	數據模型
C	-	功能性需求	● 使用案例循序圖 ● 系統功能清單 ● 系統功能流程圖			系統開發標準	實體關聯圖	系統功能程式規格
							系統功能原型	系統功能測試規格
D	-	非功能需求	非功能需求清單					
	-	品質要求	品質要求清單			服務級別協定		
需求管理階段								
需求追蹤矩陣								

▲ 圖 4-18-1　專案計劃書的工作說明書

68. 如何管理從需求發展階段到專案管理階段的轉換？

在順利走到專案開始之前，我們在需求發展階段已經做好了需求規格書，並按照前面章節建議的方式進行製作。然而，在我們踏入資訊系統專案之前，有一些事項需要再次確認是否已完成：

1. 定義需求之間的關係

透過前面章節的需求分析方法，我們應該能夠清晰地定義出需求清單表中「需求之間的關係」。這將為後續的專案管理奠定基礎。

2. **需求優先級排序**

   需求的優先級排序應該根據各企業的業務需求進行，不需要考慮資訊系統專案的情況。我們只需按照業務需求進行排序，以確定最初版本的專案需求範疇。需求優先級排序可以參考＜第 7 章：需求清單表－如何有效率的進行需求優先級排序？＞中的詳細說明。

3. **界定業務專案**

   為了與資訊系統專案進行區別，我們將數個業務作業清單中標記需要數位化的作業，且歸屬於同一個系統需求時，將這些作業定義為一個「業務專案」。一個業務專案可能對應到一個或多個資訊系統專案。資訊系統專案的劃分需要考慮資訊技術因素，因此我們將專案區分為兩種類型，以更清晰地界定權責。業務專案的制定可以參考＜第 9 章：業務作業清單－彙整業務作業清單的具體步驟？以及如何制定業務專案？＞中的詳細說明。

實際上，在進入資訊系統專案後，根據資訊技術的評估，有可能會提出需求順序或需求範疇的異動。但只要需求關係和排序已經明確，業務專案與資訊系統專案的範疇差異就容易管理。

因此，**我們應該要求明確的需求關係和排序，將業務專案與資訊系統專案分離，但需求項目仍然可以相互對應，以在整個需求管理階段（包括整個軟體開發生命週期）中，我們能夠做好充分的需求管理議題應對**。完整的需求發展到專案管理的轉換過程為（圖 4-18-2）：

1. 需求發展階段產出需求規格書（RS 文件），在界定出數個業務專案後，形成各個業務專案的**系統需求規格書（SRS 文件）**；

2. 需求管理階段為管理系統需求規格書（SRS 文件）在軟體開發生命週期各階段的實施情況，以及數個資訊系統專案間的需求項目對應關係；

3. 在系統分析階段，依據資訊系統專案的需求範疇，進行軟體工程的作業，並產出**軟體需求規格書（SRS 文件）**。

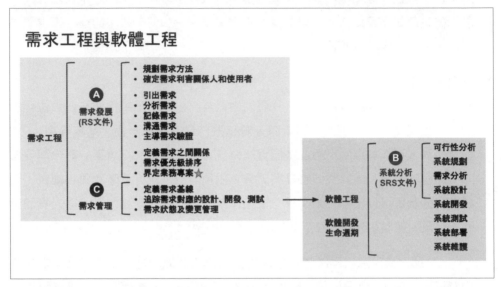

▲ 圖 4-18-2　一個業務專案可能對應到一個或多個資訊系統專案（一個或多個軟體工程）

69. 系統需求規格書與工作說明書的關係？

可行性分析是系統分析的第一個階段（**圖 4-18-2**），這是為了確定資訊系統專案的可行性，資訊人員分析的標的即是系統需求規格書。資訊系統專案經理會在與資訊人員確認可行性分析的結果後，將分析報告呈現在工作說明書中。

工作說明書（Statement of Work, SOW）是一份綜合專案資訊的文件，概述了專案的範圍、目標、可交付成果和利害關係人的專案期望。它為專案所有利害關係人提供完整的專案指引，確保專案執行有所依循，以提高專案執行成功率。

可行性分析會歷經三個階段：

1. **第一版的需求基線**

   一開始時，我們並不會將所有的需求規格書文件提供給資訊人員，這樣可能會因為資訊過於複雜，導致雙方期望不一致的情況。因此，我們會使用「需求追蹤矩陣」來橋接需求發展階段和系統分析階段。

   需求追蹤矩陣包含三個元素：「業務作業清單」、「數據資產」和「系統功能清單」，以及三份流程圖：「業務流程圖」、「系統流程圖」和「系統功能流程圖」（圖 4-18-3）。

   也就是說，一個業務專案的需求範疇，就是由這三個清單及三個流程圖所組成，這些清單和流程圖也是第一版的需求基線（Baseline）。

2. **對焦需求範疇**

   資訊人員根據第一版需求基線的範疇進行可行性分析報告，這是確定需求基線的過程，並不會評估需求細節。在這個對焦的過程中，可能會需要調整需求順序或進行需求範疇的異動。這將突顯出先前是否按部就班地進行需求分析。

   最理想的需求範疇對焦結果是，在「業務流程圖」和「系統流程圖」方面，雙方達成高度共識，而對於「系統功能流程圖」則無法確認（因為在這個階段，專案資源未確認、系統架構尚未完成等情況下，雙方可達成對系統功能流程圖的共識是相當少見的情況）。

3. **提供完整系統需求規格書**

   在需求範疇已定下確認的需求基線時，提供完整的系統需求規格書予資訊人員，以進行後續的系統規劃及系統設計工作。

需求追蹤矩陣的三個清單及三個流程圖，後續還會對接到「系統功能程式規格」等，以實現「需求追蹤」的功能。因此在進入系統分析階段之前，務必需要準備好系統需求規格書。

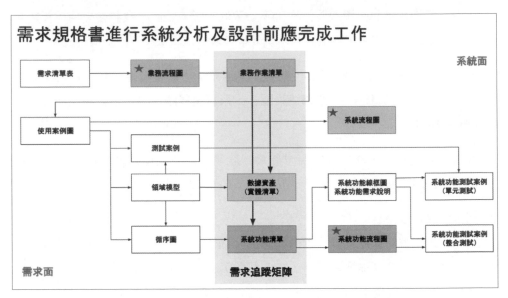

▲ 圖 4-18-3　需求追蹤矩陣的三個清單及三個流程圖

藉由完成可行性分析，我們能夠確保在系統設計階段有一個明確的需求基線，並確保資訊人員能夠按照正確的需求範疇和系統需求規格書來進行系統規劃及設計的工作。這將有助於提高資訊系統專案的成功率和品質，並確保最終交付的資訊系統能夠滿足業務需求和利害關係人期望。

70.資訊系統專案的實施方法有哪些？

資訊系統的建設方案通常有兩種選擇：**自建方案和採購方案**。在完成可行性分析後，企業需要根據實際情況來選擇最適合的方案。如果選擇自建方案，企業內部的資訊系統建設單位將負責製作工作說明書；如果選擇採購方案，則資訊系統服務供應商將負責製作工作說明書。

儘管每個企業在自建方案的考慮因素可能有所不同，但在採購方案中有一些通用的準則。實際上，我們可以將自建的資訊單位視為外部供應商，以相同的方式來進行管理。因此，以下內容將以採購方案為例進行說明。

採購流程通常包含以下幾個階段：

1. **商源評選**

   透過網路或供應商網絡進行初步篩選，選出符合資格的潛在供應商。

2. **建議書邀請**

   根據買方的需求，向符合資格的供應商發出邀請書。

3. **工作說明書評選**

   供應商根據邀請書的需求製作工作說明書，並參與評選過程。

4. **合約談判及簽定**

   供應商根據邀請書的需求和工作說明書的內容製作報價書，買方進行比價和議價，最終與選定的供應商簽訂合約。

5. **合約執行及管理**

   根據合約和工作說明書的要求執行專案直至合約終止。

其中「建議書邀請」、「工作說明書評選」和「合約談判及簽定」與資訊系統採購密切相關。接下來，我們將逐一說明這些步驟的重點。

資訊系統採購賣方建議書類型

建議書類型	目的	情境	適用價格類型
Request for information, RFI 資訊邀請書	• 用來取得產品、服務、或供應商一般資訊的請求文件。(選商) • 通常在採購之前使用。	需求不明確。	這是一個資訊的請求，並不能成為對供應商的約束。
Request for Tender, RFT 投標邀請書	• 用於選出最低合格投標者。(最低價格標) • 通常在賣方能提供規格書或採購市場已知的產品、服務時。	需求明確。 採購金額大時。 法規或企業規程強制要求。	適用固定價格
Request for Proposal, RFP 提案邀請書	• 用於買方收集賣方提供問題的解決方案。(資格標) • 允許買方廣泛蒐集解決方案及進行合約談判。	需求不明確。 需求明確但需要專業能力。	適用成本償付
Request for Quotes, RFQ 報價邀請書	• 用於要求賣方對標準產品服務，或統一格式報價單進行報價。(價格標) • 允許買方降低預算風險及取得比價優勢。	需求統一。 時程壓力。	適用時間材料成本

▲ 圖 4-18-4　資訊系統採購賣方建議書類型

賣方建議書類型主要有四種（圖 4-18-4）：

- **資訊邀請書**：邀請供應商提供產品、服務、或企業一般資訊；
- **投標邀請書**：邀請供應商對資訊系統專案的招標案進行投標；
- **提案邀請書**：邀請供應商對資訊系統專案的需求進行提案；
- **報價邀請書**：邀請供應商對資訊系統專案的需求進行報價。

買方在發出建議書邀請時，通常會附上簡易版的「系統流程圖」和「系統功能清單」，以供供應商參考，做為製作工作說明書和報價書的依據。

資訊系統專案通常涉及專業的資訊技術能力，因此最常使用的是提案邀請書。然而，對於高度規範化的專案（例如維護案或軟體產品導入案），投標邀請書或報價邀請書也很常見。

在不同的建議書情況下，供應商提供的工作說明書內容會有相當大的差異。因此，**如果買方發出不適合的邀請書，不僅會造成供應商的錯誤期望，還可能導致後期專案管理和需求管控方面的風險。**

資訊系統採購合約價格類型

價格類型	特色	優點	缺點	適用	總價格類型
固定價格	• 買方能明確定義需求，及賣方排出固定總價。 • 賣方承擔風險。	全部價格已知。	買方要建立明確範疇，需面對賣方的變更請求。	• 買方對範疇已清楚定義。 • 適合需要移轉時間及成本風險的專案。	1. 固定價格 2. 固定價格加激勵費用 3. 固定價格加價格調整
成本償付	• 買方償付賣方直接及間接的實際成本，再加上利潤。 • 買方承擔風險。	買方僅需準備粗略範疇。	全部成本未知，需要較多範疇管理。	• 買方對範疇未知，或需要專業能力的工作。 • 適合需要移轉技術風險的專案。	1. 成本加固定費用 2. 成本加達成費用 3. 成本加績效獎勵費用
時間材料成本	• 單位費率事先訂定。 • 買方承擔風險。	合約建立迅速。	全部成本未知，需要較多範疇管理。	• 有時程壓力，或買方需全面掌握範疇的情況。 • 適合需要買人力、材料需求的專案。	1. 固定成本單價 2. 階梯成本單價

▲ 圖 4-18-5　資訊系統採購合約價格類型

合約價格類型主要有三種（圖 4-18-5）：

- **固定價格法**：賣方提出專案總固定總價。
- **成本償付法**：賣方提出專案各項交付物的細項價格（含成本及利潤）。
- **時間材料成本法**：賣方提出專案各項交付物的單位價格。

在建議書確定後，通常也能大致確定合約價格類型。然而，建議書中可能會採用混合價格類型的方式，例如：

- 基本系統功能開發使用固定價格；
- 特定平台整合開發使用成本償付；
- 設備及教育訓練使用時間材料成本。

制定不同的價格類型後，可以在總價格中引入激勵費用或價格調整空間，主要適用於以下情況：

- 需求明確，鼓勵供應商加快專案進展；
- 需求不明確，允許在一定價格區間內進行範疇變更或資源追加。

從圖 4-18-5 的表中可以看出，不同類型的價格適用在不同情況。**如果使用不適合的價格類型，例如對於需求不明確的專案使用固定價格，幾乎可以確定將難以實現專案目標。**

此外，資訊系統專案的報價通常因供應商而異，很難進行直接比較。為解決這個問題，可以參考報價邀請書的方式，要求供應商按統一格式提供報價。

在進行合約價格比價時，同時也應該比較供應商提出的工作說明書。接下來，我們將關注工作說明書的關鍵組成部分。

71. 工作說明書哪些部分影響資訊系統專案的成功率？

工作說明書（Statement of Work, SOW）是一份綜合專案資訊的文件，概述了專案的範圍、目標、可交付成果和利害關係人的專案期望。它為專案所有利害關係人提供完整的專案指引，確保專案執行有所依循，以提高專案執行成功率。

資訊系統專案的工作說明書通常會固定包含數個重要資訊，以下介紹關鍵組成部分：

- **專案目標**

  說明專案的主要目的和預期成果，以及完成這些目標所帶來的效益。賣方所說明的專案目標應該明確、可衡量且具體，讓買方能夠依說明來判斷供應商是否有正確理解專案需求。

- **需求範疇**

  描述專案的範圍和工作內容。這包括所需的功能、系統要求、技術要求以及相關限制和假設等。買方可從供應商對需求範疇的掌握，判斷供應商提供的產品、服務與專案需求的差異。

此外，買方也可透過超過專案需求的部分，更進一步確認原本的系統需求規格書是否有缺少需求，或是供應商提出更合適的需求解決方案。

- **專案交付物**

  說明專案應交付的成果和相應的交付時間表。交付物不限定軟體系統、文件等，也包含培訓課程等勞務服務。並且需要列出各個交付物的驗收標準及驗收方法。

- **專案資源**

  說明專案執行所需的資源，包括人力資源、設備、軟體和其他資源。此部分買方需注意資源費用是否包含在合約費用中，或是應由買方準備資源。

- **時程規劃**

  說明專案的時間表和里程碑。此部分買方需注意是否有供應商之外的第三方或買方應配合的前提及限制。

- **費用預算**

  詳細列出專案的預算和相關費用。費用預算應該包括各項開支和相應的金額，如人力成本、設備成本、軟體授權費用等。

- **風險管理**

  評估專案可能面臨的風險，並提供相應的風險應對策略，以及買賣雙方的權利義務。

- **績效指標**

  若在合約價格中有引入激勵費用或價格調整空間，則需明確說明激勵的績效指標及價格調整條件。

- **工作說明書變更管理**

  說明在專案進行過程中，若發生工作說明書需要變更時，應進行的評估流程及相對應的作業。

專案交付物是工作說明書裡最重要的一個部分，越嚴格把關專案交付物的細節，該份工作說明書對未來專案的指導性就越強。

在資訊系統專案的工作說明書中，有一個很特殊但常常被大家遺忘的專案交付物：「**技術移轉及技術培訓**」。

通常大家都會考慮到資訊系統上線後，使用者教育訓練等活動的安排，但常常沒有考慮到供應商的技術移轉及資訊人員的技術培訓，導致在資訊系統發生問題時，仍需要供應商提供解決方案。

若專案交付物不包含技術移轉及技術培訓時，則需要在工作說明書裡增加**「資訊系統維運方案」**，以確保在資訊系統上線後，由供應商提供維運服務。

72. 如何評選工作說明書？

在收到供應商的工作說明書後，評估的重點是判斷工作說明書是否有清晰地定義買方及賣方的責任及義務，以避免產生歧義或衝突。在工作說明書的說明皆符合雙方的期望和利益的情況之下，該供應商就成為符合需求的候選得標供應商。

評估工作說明書會著重在以下幾個方面：

- **具體和完整性**
  使用具體明確的語言，避免使用模糊或含糊的詞彙。

- **可行性和合理性**
  反映買方及賣方的實際情況，不應設定不切實際的期限、成本或品質要求。

- **彈性和適應性**

  是否考慮到專案可能面臨的風險，並提供相應的風險管理機制。

- **衡量和評估方法**

  明確設定交付物的驗收標準和驗收方法，以確保交付物的品質。

在資訊系統專案中，評估供應商的工作說明書與系統需求規格書之間的落差，更是其中的關鍵。比較積極的落差比較方法是，請供應商依簡易版的「系統流程圖」及「系統功能清單」製作「系統流程圖」、「系統功能流程圖」、「系統架構圖」、「系統開發標準」（圖 4-18-6）。

資訊系統採購工作說明書內容

邀請書		建議書／工作說明書	
專案目標		專案目標	
專案範圍 現況描述		專案範圍	
需求說明 交付項目	簡易版系統流程圖 簡易版系統功能清單	專案時程 專案預算 專案品質 專案資源	系統流程圖 系統功能流程圖 系統架構圖 系統開發標準 專案時程檔 服務級別協定
專案管理規範		專案風險 專案溝通	
評選方式說明		報價表	

▲ 圖 4-18-6　邀請書及工作說明書應包含的項目

買方可透過供應商製作的「系統流程圖」、「系統功能流程圖」與系統需求規格書的「系統流程圖」、「系統功能流程圖」比較後，**擷取供應商建議方案的優點，及辨別未被滿足的需求**。透過這個反覆的工作說明書調整過程，不僅能提高與供應商在需求範疇上的共識，也可以約略推估供應商價格的輪廓。

需要注意的是，工作說明書在定義上是供應商得標後，用於明確專案工作內容的文件。因此，在實際上，可能無法在簽定合約前，就從供應商獲得完整的工作說明書。但是，若能越早明確工作說明書，對專案風險管理就越有幫助。

除了上述的內容外，工作說明書通常還包含「專案時程檔」和「服務級別協定」，這些將在後續的章節＜第 19 章：專案時程＞及＜第 20 章：品質要求及服務級別協定＞中詳細說明。

在工作說明書中，還有一些常被討論的議題值得關注：

- **工作說明書完全忽略買方現況議題**

  無論何種資訊系統建置案，都無法忽略現有的業務流程及現有的資訊系統。因此，在評選工作說明書時，必須納入現況整合的考量。

- **系統開發標準及使用技術的確認**

  現代開發技術框架多樣化，除了影響開發時程和成本，還對系統未來的維運作業具有關鍵性影響，同時也會直接影響價格。

  對需求工程顯著的影響是，需求可能會需要配合採用的資訊技術進行調整，愈晚確認系統開發標準，需求變更的機率及範圍就會愈大。例如使用 A 技術與 B 技術可以達到的系統功能不同，則相關的需求就需要進行調整。

- **軟體開發方法與需求單位的配合**

  在系統開發標準中，常見的軟體開發方法有瀑布式（Waterfall Model）和敏捷式（Agile Model）。通常會在工作說明書中載明採用哪一種軟體開發方法，不同的開發方法，對後續的專案管理及需求管理方式也不同。軟體開發方法可以參考＜第 4 章：需求形成的過程＞中的詳細說明。

  瀑布式通常以「系統功能」或「系統功能模組」為單位，進行系統分析、設計、開發和測試流程。

  若採用敏捷式的 Scrum 框架，可以以「系統功能流程圖」中的一個「入口功能」或一個「使用案例」作為一個衝刺（Sprint）迭代，但要注意使用案例的需求情境比系統功能的需求情境更廣，需視資訊系統的大小及專案實際情況進行評估。

- **需求分析文件與系統分析文件的區別**

  在供應商製作建議書或工作說明書時，可能需要其他需求分析文件的協助。需求工程和軟體工程是不同的，需求分析文件無法直接取代系統分析文件，需求分析文件只能作為系統分析文件中的「需求」。

  常見的誤解包括直接將線框圖轉換為系統功能畫面、將領域模型當作資料庫設計，以及將使用案例的測試案例當作系統功能測試案例等。

透過以上對工作說明書的重點以及相關議題的說明，我們能更好地評估供應商的解決方案，並確保工作說明書具有準確性和有效性，以實現工作說明書對資訊系統專案執行的指引。

重點總結

我們介紹了從需求發展到專案管理的轉換過程，並提出了三個重要的步驟，為專案管理奠定基礎。

接著說明系統需求規格書與工作說明書的關係，並介紹了可行性分析的三個階段及需求追蹤矩陣。藉由完成可行性分析，可以確保明確的需求基線。

在資訊系統專案的實施方法說明中，我們說明了採購方案的商源評選、建議書邀請、工作說明書評選、合約談判及簽定、合約執行及管理等階段。

在工作說明書的部分，我們說明了關鍵組成包含專案目標、需求範疇、專案交付物、專案資源、時程規劃、費用預算、風險管理、績效指標和變更管理等資訊。

最後介紹如何評選工作說明書，及提出一些常見的工作說明書議題，如現況整合、系統開發標準、軟體開發方法和需求分析文件與系統分析文件的區別等。

當資訊單位或供應商提出工作說明書時，我們的資訊系統專案已經從需求發展階段跨入系統分析階段了，這是資訊系統專案實施關鍵性的一步！

自我測驗

1. 需求規劃到專案管理的轉換過程有哪三個確認及哪三個步驟？
2. 系統需求規格書與工作說明書的關係？
3. 可行性分析會歷經哪三個階段？
4. 資訊系統專案的採購流程通常有哪幾個階段？
5. 賣方建議書有哪四種主要類型？
6. 合約價格類型有哪三種主要類型？
7. 工作說明書有哪些關鍵組成部分？
8. 評選工作說明書應著重哪些方面？

讓 ChatGPT 幫你啟動專案及預列待辦清單！

- Chrome Extension: AIPRM for ChatGPT
- Topic: Productivity
- Activity: Plan
- Prompt: Project management startsheet generator

用 ChatGPT 彙整會議紀錄不夠，我們要提早準備專案的每一步！告訴 ChatGPT 會議的情境、參與人員等資訊，讓它幫我們列出會議前的待辦事項，以在會議前提早準備，讓專案會議不再冗長沒重點！

人類專家的提醒：在使用 ChatGPT 時，仍應透過人類專家謹慎判斷 ChatGPT 提供的回答後，才可正式使用喔。

1. 描述會議的特性、參與人、會議主題等。

▲ 圖 4-18-7 在 ChatGPT 列出啟動會議的關鍵資訊

2. 若有需要可要求 ChatGPT 更進一步的展開細部資訊。

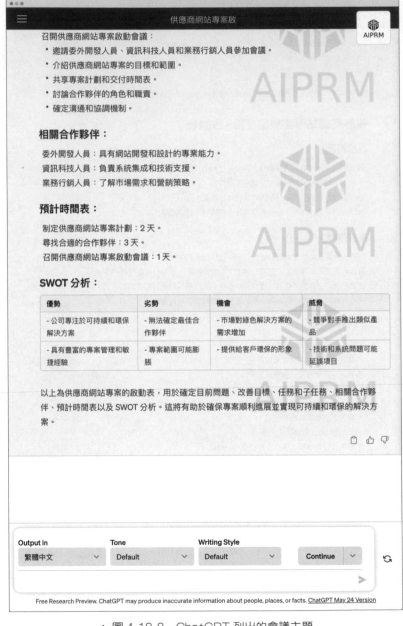

▲ 圖 4-18-8　ChatGPT 列出的會議主題

專案時程－提升資訊系統專案的執行效率

"The key to effective communication is not what you say, but ensuring that the other person truly understands your message." - George Bernard Shaw

「溝通的關鍵不在於說話，而在於確保對方真正理解你的意思。」－蕭伯納

英國及愛爾蘭劇作家、倫敦政治經濟學院的聯合創始人

《在開始之前的準備》

在規劃專案時程之前，為了避免需求認知落差，規劃專案時程的最佳時機點是「需求發展階段」作業已全部完成時。實務上可能很難有如此充足資源的專案，但至少需要完成「業務流程圖」、「系統流程圖」、「使用案例」、「循序圖」，以及最重要的「領域模型」。其中循序圖及領域模型是最常見缺少的項目，在這樣的情況下規劃出的專案時程，不僅容易在系統功能間的訊息流發生誤解，更常見的是數據輸出及數據落地需求的缺少。

因此，專案時程若是與需求發展階段部分作業併行時，務必要做到需求發展階段的需求異動，專案時程就須再次檢視是否受影響的可能。需求發展階段的任何一個需求，都有可能對應到系統分析階段的不同作業，導致專案時程大幅度受影響。因此，千萬不要輕忽一個小需求的新增或變更。

現在就讓我們來規劃一個可行的專案時程吧！

類別	需求發展階段				系統分析階段			
	商業需求	系統需求	商業需求分析	系統需求分析	可行性分析	系統規劃	需求分析	系統設計
			商業需求清單表	系統需求清單表	專案計劃書	軟體需求規格書		
			商業需求規格書	系統需求規格書				
A	商業規則		◎ 業務流程圖 ◎ 業務作業清單 ◎ 使用案例	系統功能線框圖 (系統功能視覺稿) 系統功能需求說明 系統功能測試案例	工作說明書 專案時程檔 (工作量評估 及WBS)	(整合至下方規格中)		
	限制要求							
B	既有資訊系統	系統對接需求	◎ 系統流程圖			系統架構圖 (軟體/硬體/網路)		
	數據需求		◎ 領域模型 ◎ 數據資產 (數據輸出說明)			資料分析報告 (含數據遷移)	數據流程圖	數據模型
C	-	功能性需求	◎ 使用案例循序圖 ◎ 系統功能清單 ◎ 系統功能流程圖			系統開發標準	實體關聯圖 系統功能原型	系統功能程式規格 系統功能測試規格
D	-	非功能需求	非功能需求清單					
	-	品質要求	品質要求清單			服務級別協定		
	需求管理階段							
	需求追溯矩陣							

▲ 圖 4-19-1　專案計劃書的專案時程檔

73. 什麼是最小可行產品？什麼是概念驗證？

最小可行產品（Minimum Viable Product, MVP）

指的是一個具有核心功能和價值主張的產品原型，透過直接提供給使用者使用，並從使用者的回饋中驗證產品假設和市場需求，同時改進產品功能和品質。

MVP 在資訊系統專案中的應用帶來了眾多效益，下面是一些重要的方面：

● **以最小的投入建立可用的資訊系統**

MVP 的目標是實現完整的作業流程，但同時減少輔助性的功能和細節，以節省

開發成本和時間。這使得企業能夠以最小的投入建立一個可用的資訊系統，並在後續的迭代中逐步增加功能。

- **快速驗證資訊系統功能的可行性**

  透過 MVP，專案團隊可以快速驗證資訊系統功能是否能夠取代或改變當前的作業流程。這有助於及時調整需求方向和內容，確保資訊系統能夠滿足實際需求。

- **從使用者回饋中確定實際需求**

  MVP 的另一個重要優勢是可以根據使用者的回饋和資訊系統收集的數據，確定使用者的實際需求。這使得專案團隊能夠更好地理解使用者的期望並及時作出調整。

- **降低專案後期風險**

  透過提高使用者對專案的關注和資訊系統的注意，MVP 能夠提高使用者及專案成員對專案的向心力。這有助於降低專案後期系統測試階段的風險，確保順利的系統部署和營運。

儘管 MVP 帶來了許多好處，但在資訊系統專案中採用 MVP 也存在一些風險：

- **產品過於簡單或不完善**

  由於 MVP 的特性，最小可行產品可能無法滿足使用者的所有需求和期望。這可能導致降低使用者的體驗和滿意度，影響資訊系統的推廣和使用者接受度。

- **未實現的需求可能存在技術問題**

  MVP 通常只實現了核心功能和價值主張，未實現的需求可能存在隱含的技術問題、系統效能等不可預測的因素。這增加了資訊系統的風險和不確定性。

- **系統架構擴展困難**

  採用 MVP 建立的系統架構不一定能夠輕易地擴展成更大型的系統架構，或者擴展的成本可能高於重新建設的費用。這可能導致成本和資源的浪費。

▎ 概念驗證（Proof of Concept, POC）

指用簡易方式證明某個想法、概念或理論的可行性。在資訊系統專案中，POC 被廣泛應用來降低風險、評估價值和效益，以及控制關鍵風險和成本。

POC 在資訊系統專案中的應用帶來了多項效益，以下是一些重要的方面：

- **多個想法和概念的評估和比較**

  POC 使得專案團隊可以同時評估和比較多個資訊系統的方案，再從中挑選最合適的方案。這提高了方案評估的可比性，並擴大了評估的範圍。

- **早期問題和缺陷的發現**

  透過 POC，專案團隊可以提早發現資訊系統的問題和缺陷，並及時進行評估和解決。這有助於提高資訊系統的適用性並確認使用者對作業流程改變可能產生的抗拒。

- **快速測試和驗證想法和概念**

  POC 能夠快速測試和驗證資訊系統的想法和概念，節省導入大型系統的時間和資源。這有助於企業獲取新系統導入及流程改進的優勢。

然而，在資訊系統專案中採用 POC 也存在一些風險：

- **專注於特定想法和概念**

  由於 POC 的特性，可能會過於專注於特定想法和概念的可行性，忽略了資訊系統的其他功能和細節。這可能導致評估結果與資訊系統專案的成敗沒有因果關係。

- **評估結果可能無法完全實現**

  POC 的評估過程未必能夠全面涵蓋使用者的實際體驗和回饋，因此評估的價值和效益不一定能夠全部實現。同時，POC 也存在未可預測的風險和成本。

● **概念驗證的限制**

由於 POC 使用有限的資源和技術實現技術方案，可能無法支持專案層級需要的系統架構規格，或者無法滿足專案後期系統上線的實際營運需求。

總而言之，MVP 和 POC 在資訊系統專案中有著不同的目的和應用。**MVP 目的是驗證使用者需求並迭代改進功能和品質，而 POC 則是用來證明想法的可行性，幫助決策者作出判斷。需求發展階段的系統需求分析可以採用 MVP 方式進行系統需求的形塑，而系統分析階段的可行性分析和系統規劃可以採用 POC 方式進行系統架構或技術驗證。**

74. 系統需求分析如何應用最小可行產品概念？

將最小可行產品應用於系統需求分析的過程中，可以遵循以下簡化的需求分析步驟：

1. **確定現行業務流程的問題和使用者需求**

深入瞭解現行業務流程中的問題和使用者的需求，包括他們的痛點和期望的改進。

2. **提出業務流程方案及系統需求（業務流程圖及使用案例）**

基於對現行業務流程的分析，提出改進的業務流程方案和相應的系統需求。這些需求應該被細化並優先排序，以確定 MVP 需要實現的需求。

3. **選擇最重要的系統功能、數據落地、數據輸出（領域模型及使用案例循序圖）**

根據優先排序的需求，選擇並定義 MVP 所需最重要的系統功能、數據落地需求及數據輸出需求。

4. 建立系統功能原型（系統功能線框圖或視覺稿）

根據選定的最重要的系統功能，建立一個系統功能原型，以便使用者和利害關係人能夠試用和提供回饋。

5. 系統功能原型測試及收集使用者回饋

將系統功能原型、數據落地及數據輸出的範例交付給使用者和利害關係人進行測試，並收集他們的回饋和意見。

6. 分析回饋，並改進 MVP

分析使用者回饋，評估 MVP 的效果，並根據這些結果進行改進。可能包括調整系統功能、優化使用者體驗和增加新的功能。

總結來說，應用 MVP 於系統需求分析的過程中，需要明確的業務流程、系統功能、數據落地和輸出的需求確認、使用者參與和回饋，以及持續的系統需求迭代。這些步驟的有效執行可以幫助 MVP 的成功實施和系統需求的持續改進。

《實務小技巧》

在需求發展階段若想要使用最小可行產品概念時，可以簡化需求規格書的製作。即只製作業務流程圖、使用案例、領域模型、使用案例循序圖及系統功能線框圖。

或只製作領域模型、使用案例循序圖及系統功能線框圖，但需要將業務流程圖及使用案例的概念整合至使用案例循序圖中。

在製作使用案例循序圖時，需要額外關注訊息流和數據落地需求，以避免為了求快速迭代，導致數據需求缺失或數據流程混亂。

75. 在專案時程計劃和管理中造成挑戰的關鍵因素是什麼？

在專案時程的設定和工作量評估中，確實存在著專案成員間難以達成共識的困難。這可能是因為**不同成員對工作量和工作分解結構（Work Breakdown Structure, WBS）的評估存在差異**，導致期望的不一致。此外，在資訊系統專案中，常見的問題是，在系統開發和測試的後期階段，**出現了時程延遲或工時評估不正確的情況**。

以下是常見工時評估不正確的原因及相應的解決方法：

- **工作包的需求內容無法進行驗證及管理**

  當工作包的單位是系統功能，且需求描述採用傳統的文章式時，需求內容往往難以驗證和管理。為了避免這種情況，務必要落實需求分析步驟的執行，及以使用案例為單位向下劃分工作包。

  這樣做的好處是，工作包的產出必然與領域模型、循序圖和系統功能線框圖相關聯，可以在工作包中設定不同的驗證管理點，確保需求的驗證能夠及時進行。

- **工作包的大小不適當**

  常常出現少數幾個工作包涵蓋了專案大部分核心技術的情況，這導致了工作包大小的不平衡。對於商業分析師而言，在沒有掌握資訊技術的前提下，應對這種情況的可行準則是**優先保持工作包的平均性而不是完整性**。

  例如，不同使用案例的工作包工時明顯不平衡時，可以進一步進行大工作包分拆；如果已經分拆到領域模型或循序圖的最小單位（一個實體或一個訊息序列），工時仍然明顯過大，這表明該工作包需要單獨管理，以確保風險可控。

- **工時評估人員對需求內容理解錯誤**

  當使用系統功能做為工作包的單位,並且需求描述以文章式時,很難達成對需求內容的一致理解。為了避免這種情況,需要摒棄文章式的需求描述方式,採用具體的需求分析文件,透過使用案例、領域模型、循序圖和系統功能線框圖等來明確需求內容。

- **評估人員對需求內容理解正確,但技術評估錯誤**

  這種情況較難從商業分析師的角度提供解決方案,因此專案中必須有能夠正確評估系統架構的架構師,以避免評估錯誤導致專案失敗。

因此,在確保工時評估的準確性和合理性,以及 WBS 的適當性方面,系統需求發展階段製作的系統需求規格書扮演重要作用。這份文件能夠提供清晰明確的需求內容,有助於工時評估人員進行工作量評估和 WBS 的制定。

76. 如何優化專案時程規劃方法以提高專案的執行效率和有效性?

在專案時程管理中,最大的挑戰之一是在有限的時間內滿足無窮的需求,特別是在資訊系統專案中,需求的選擇涉及眾多專業技術,在資源有限的情況下,進而導致時程延遲的機率提高。我們可以從兩個方向來**增加專案時程規劃的有效性**:

- **增加專業技術的負載量**

  增強專案成員的專業技能,提升他們處理複雜技術挑戰的能力。這可以透過提供培訓、指導和資源支持等方式實現。增加團隊的技術優勢可以為解決問題提供更多選項,進而減輕時程壓力。

- **提早發現並反應選擇**

  在專案進行之前的早期階段,特別是在時程規劃階段,努力發現和確認可能的

風險和挑戰。這樣可以提前對可能的問題進行評估和應對策略的制定，並在選擇上有更多彈性。這樣一來，選擇的範圍不會只剩下推遲工期一個選項，而是能夠更早地作出相應調整。

此外，可透過兩個具體的方法幫助**增加專案時程規劃的效率**：

- **設立長期時程目標，但專注於下一個里程碑時程**

  專案時程規劃，隨著時間的推移，對於近期工作估計較準確，越遠期工作的估計越不準確。這會讓專案成員產生一個錯覺：專案初始的準時，誤以為專案時程會一直準時，直到延遲越來越不可控後，才驚覺專案問題已難以改善。

  然而，我們可以利用這一特性，盡可能將工作提前至靠前階段進行準備。也就是說，在下一個里程碑之前，盡可能地完成當前工作，避免工作遞延至下一個里程碑；若有工時剩餘，則提早執行後期工作，以彌補後期時間可能不足的問題。

- **建立主觀時間與客觀時間的轉換機制**

  主觀時間指的是個人依經驗對工作做的判斷；客觀時間指的是不考慮限制情況下，制定出工作的完成時間。主觀時間會包含個人對工作的理解及想像，客觀時間則必然會面臨資源不足以完成該項工作。

  時程規劃時，容易先採用主觀時間評估，再使用推疊法加總取得預估總時程，實務上很難挑戰及否定主觀時間產出的專案時程，也很難逐項討論取得共識。

  但若先採用客觀時間預估出總時程，再反推主觀時間可完成的需求範圍，與期望需求相比較後做為討論基礎，相較之下，比較容易進行討論及達成時程共識。

這些方法可以幫助專案團隊在有限的時間和技術條件下做出更明智的選擇，提前解決專案成員認知不一致的問題並減輕時程延遲的風險。

77. 可以實施哪些專案時程管理方法來減輕風險和不確定性？

牛津大學曾做過一個研究，蒐集全世界超過 1 萬 6,000 項重大專案的成本與效益數據，專案類型不限資訊科技系統，也包括奧運等。其中只有 8.5％的專案準時完成並符合預算；而準時完成、符合預算，又能產生預期效益的專案只有 0.5％。—來源《哈佛商業評論》2023 年 2 月號

這說明了再怎麼詳細的專案時程規劃，在專案進行的過程中，專案時程仍受海量的專案議題及未預期事件的影響。那麼要如何實施專案時程管理方法來**減輕風險和不確定性帶來的影響**？

- **管理速度而不是管理時程**

  專案時程管理有另一個特性，往往是時程來不及了才去探討為什麼，若時程準交的情況就快速略過，但這樣就損失了一些潛在時間。也就是說，準交的情況，有可能是工時評估錯誤，隱含有空閒的時間。

  所以應該是管理工作的速度，而不是管理時程，探討每一個工作的產出速度，不應該工作準交就略過時程檢討。

- **迭代比時程重要**

  人類天生不擅長規畫和預測，比較擅長模仿及學習，所以讓工作可見度提高，會幫助時程管理，也讓一些專案決策有機會在前期就做出改變。

  這也說明了敏捷開發、最小可行產品、概念驗證的重要性，這些方法的使用，都可以提高工作可見度，促成迭代增加，進而減輕風險和不確定性帶來的影響。

統整專案時程規劃方法及專案時程管理方法，建議專案時程實施的順序是：

1. **專案時程規劃初版是基於需求分析文件拆解的一系列平均的工作包；**
2. **依客觀時間預估總時程，再換算成主觀時程，同時做時程與需求的取捨；**
3. **在管理專案時程時，採管理速度，確保沒有工時評估錯誤及浪費潛在時間；**
4. **並在下一個里程碑時程之前，提早準備後期工作，以平衡後期時程的風險。**

最後，別忘了專案需要的資源（包含硬體／雲端等）也需要提早準備，但這些工作涉及許多專業技能，也是常見會延遲的工作項，因此在依循上述的步驟下，愈早執行愈好。

重點總結

一開始我們介紹了最小可行產品（MVP）和概念驗證（POC）在資訊系統專案中的定義、效益和風險。以及提供一些具體的方法和準則，將 MVP 應用於系統需求分析中。

接著我們探討了常見工時評估不正確的原因及相應的解決方案，以及如何增加專案時程規劃有效性與降低風險和不確定性帶來影響的方法。

最後，我們統整了專案時程規劃方法及專案時程管理方法，提出一個建議專案時程實施的順序。

我們希望這些方法能夠幫助專案團隊在有限的時間和技術條件下，做出更明智的選擇，提前解決專案成員認知不一致的問題並減輕時程延遲的風險，以達到更好的專案時程實施效益。

自我測驗

1. 什麼是最小可行產品（MVP）？ MVP 在資訊系統專案中有什麼效益和風險？
2. 什麼是概念驗證（POC）？ POC 在資訊系統專案中有什麼效益和風險？
3. MVP 和 POC 可使用在什麼專案階段？
4. 常見工時評估不正確的原因及相應的解決方法？
5. 有哪些方法可以增加專案時程規劃的效率？
6. 哪些專案時程管理方法可以減輕風險和不確定性帶來的影響？
7. 建議專案時程實施的順序為何？

讓 ChatGPT 幫你規劃工作包及任務清單！

- Chrome Extension: AIPRM for ChatGPT
- Topic: Productivity
- Activity: Plan
- Prompt: Make a WBS for your project

用 ChatGPT 逐步的把一個大專案細拆成各個任務！專案隨時都是千頭萬緒，專案經理如何提綱挈領的管理專案時程呢？有一份逐步展開的任務清單，可以讓專案成員更有專案方向，再透過大家集思廣益的補充，應該更容易促成大家對專案目標時程的共識喔！

人類專家的提醒：在使用 ChatGPT 時，仍應透過人類專家謹慎判斷 ChatGPT 提供的回答後，才可正式使用喔。

1. 描述系統的特性、採用技術、時程限制等。

▲ 圖 4-19-2　在 ChatGPT 列出專案各階段任務清單（未完）

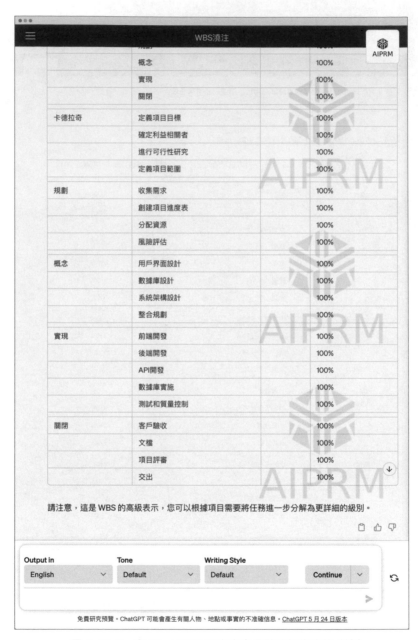

	WBS澆注	100%
	概念	100%
	實現	100%
	關閉	100%
卡德拉奇	定義項目目標	100%
	確定利益相關者	100%
	進行可行性研究	100%
	定義項目範圍	100%
規劃	收集需求	100%
	創建項目進度表	100%
	分配資源	100%
	風險評估	100%
概念	用戶界面設計	100%
	數據庫設計	100%
	系統架構設計	100%
	整合規劃	100%
實現	前端開發	100%
	後端開發	100%
	API開發	100%
	數據庫實施	100%
	測試和質量控制	100%
關閉	客戶驗收	100%
	文檔	100%
	項目評審	100%
	交出	100%

請注意，這是 WBS 的高級表示，您可以根據項目需要將任務進一步分解為更詳細的級別。

Output in	Tone	Writing Style	
English	Default	Default	Continue

免費研究預覽。ChatGPT 可能會產生有關人物、地點或事實的不准確信息。ChatGPT 5 月 24 日版本

▲ 圖 4-19-3　在 ChatGPT 列出專案各階段任務清單（續）

2. 針對特定的子任務，更進一步的要求展開子任務及建議工具。

▲ 圖 4-19-4　在 ChatGPT 列出子任務目標描述及建議工具

20

品質要求及服務級別協定－
提升資訊系統服務品質的關鍵

"Quality is not an act, it is a habit." - Aristotle
「品質不是一種行為，而是一種習慣。」－亞里斯多德
古希臘哲學家

《在開始之前的準備》

在發展品質要求及服務級別協定之前，有幾個重要的前提條件需要明確。以下是一些建議發展品質要求及服務級別協定的前提條件說明：

1. **需要完成系統流程圖**

   系統流程圖能夠有效地呈現系統之間的流程和數據流程，幫助我們理解系統流程和數據傳遞的過程所需的品質要求及服務級別。

2. **需要完成系統功能清單**

   系統功能清單列出了系統應該具備的各項可見與不可見的系統功能，這有助於我們確定品質要求及服務級別協定的重點項目。

3. 工作說明書及系統架構圖需要有確認的第一個版本

工作説明書及系統架構圖提供了資訊系統的架構和運作方式，是制定服務級別協定的重要參考依據。

4. 需要確定系統採用的技術架構

不同的技術架構可能具有不同的性能特點和限制，因此在制定服務級別協定時需要考慮到這些因素。

綜上所述，完成系統流程圖、系統功能清單，以及確認工作説明書和系統架構圖的第一個版本，並確定系統所採用的技術架構後，是制定品質要求及服務級別協定的最佳時機點。這樣更符合資訊系統的實際情況，確保協定的有效性和適用性。

類別	需求發展階段				系統分析階段			
	商業需求	系統需求	商業需求分析	系統需求分析	可行性分析	系統規劃	需求分析	系統設計
			商業需求清單表	系統需求清單表	專案計劃書	軟體需求規格書		
			商業需求規格書	系統需求規格書				
A	商業規則		◎ 業務流程圖 ◎ 業務作業清單 ◎ 使用案例	系統功能線框圖 (系統功能視覺稿) 系統功能需求說明 系統功能測試案例	工作說明書 專案時程檔 (工作量評估 及WBS)	(整合至下方規格中)		
	限制要求							
B	既有資訊系統	系統對接需求	◎ 系統流程圖			系統架構圖 (軟體/硬體/網路)		
	數據需求		◎ 領域模型 ◎ 數據資產 (數據輸出說明)			資料分析報告 (含數據遷移)	數據流程圖	數據模型
C	-	功能性需求	◎ 使用案例循序圖 ◎ 系統功能清單 ◎ 系統功能流程圖		系統開發標準	實體關聯圖	系統功能程式規格	
						系統功能原型	系統功能測試規格	
D	-	非功能需求	非功能需求清單					
	-	品質要求	品質要求清單			服務級別協定		
需求管理階段								
需求追溯矩陣								

▲ 圖 4-20-1　系統需求規格書的品質要求清單及軟體需求規格書的服務級別協定

78. 什麼是品質要求及服務級別協定？

品質要求及服務級別協定是一系列標準和指標，用於確保資訊系統服務能夠滿足系統使用者的需求和期望，以及確保資訊系統服務品質和使用者滿意度。

品質要求及服務級別協定在專案簽約（採購方案，委外廠商開發時）或專案指派（自建方案，企業內部開發時）之前有著重要的作用。透過約定要求水準及協定條款，雙方能夠確認彼此的權利和義務。

不同等級的要求水準及協定條款導致不同的成本和費用，就像為資訊系統「購買保險」一樣。購買更多的保險意味著更全面的保障，但保費也會更高。然而，即使有了全面的保障，仍然無法完全預測不可預知的情況。因此，在專案簽約或指派前，必須達成共識，絕不能有「系統不出問題是理所當然」的心態。

根據**資訊系統服務的使用者不同**，對品質要求及服務級別協定會有不同的要求。舉例來說，面向消費者的電子商務平台和面向企業內部使用者的系統，對停止服務的容忍範圍有不同程度的要求。

此外，選擇**不同的技術架構**也是影響要求水準及協定條款的關鍵因素。老舊或新穎的技術架構會導致不同的要求水準及協定條款。

在資訊系統專案中，我們不僅要關注功能性需求，還要關注那些在達到功能性需求之後的非功能性需求。**而品質要求及服務級別協定（Service-Level Agreement, SLA）是一種管理服務品質的方式，將品質要求轉化為具體的指標和目標。**

在開始討論之前，我們需要明確這些容易混淆的關鍵詞：

● **非功能性需求**

指的是在達到功能性需求之後出現的其他需求，例如頁面自動載入資料、顏色要柔和、影片載入速度快、畫面快速出現等。

- **品質要求**

  指在未達到功能性需求或非功能性需求時所要求的標準，例如接口請求延遲時間、未回應時的警示頁面和通知郵件、系統停機時間等。

- **服務級別協定（SLA）**

  將品質要求轉化為具體的數據指標，用於管理服務品質。其中，服務品質指標稱為服務級別指標（Service-Level Indicator, SLI），服務品質應達到的水準稱為服務級別目標（Service-Level Objective, SLO），例如資訊系統在一個月內應達到 99.99% 的可用性，可用性是指標，99.99% 是目標。

在實際應用中，我們有多種方式來呈現品質要求。由於單一數字難以涵蓋所有資訊系統的品質事件，我們需要考慮各種因素，不同的品質事件可能會使用不同的方式來描述品質要求。例如，在某個特定版本的瀏覽器之前，我們可能需要指定將功能引導至操作說明頁面，以避免系統錯誤。

從這些清單中可以看出，最初的系統需求是基於資訊系統「一切正常」的情況下列出的功能性需求。然後，我們會思考更多的非功能性需求，再接著考慮一些「不正常」情況下的品質要求。

那麼，品質要求到底算不算是需求呢？畢竟，當我們未達到功能性需求或非功能性需求時，會發生什麼事情是很難預測的。這也使得提出具體的品質要求變得困難。確實，品質要求除了依據過去的經驗外，很難在專案中逐項列舉，因為這涉及到大量的技術架構因素。然而，**我們可以從兩個角度來看待品質要求：**

- **可用性或可靠性**：這是指系統處於可操作狀態的時間百分比。
- **耐用性**：這是指數據遺失的比率。

大部分的品質要求都是關注這兩大類議題。但在檢視品質要求時，我們應該**同時關注這兩個角度，以免只注重提高可用性而忽略了耐用性**。舉例來說，為了實現 99.99% 的系統可用性，我們可能在處理品質事件的過程中損失了線上使用者的數據。

這兩個角度是綜合結果的概念，實現品質要求的過程主要包括：

● 在開發過程中，工程師自主關注品質要求。

● 根據過去經驗中出現的品質事件，提出相應的品質要求。

換言之，**品質要求是一個持續發展的過程**，很難在需求發展階段中做到全面的定義。許多分析師都遇過意料之外的情況，例如「這個地方也會發生錯誤？」的意外情境。因此，**在需求發展階段中，品質要求是唯一一個即使業務需求不變，仍然需要持續發展的需求，以應對未預測到的品質事件。**

《更進一步學習》

關於品質要求，最早是由 Google 在 2003 年提出的網站可靠性工程（Site Reliability Engineering, SRE）概念，目前 SRE 是許多網站資訊系統依循的工程架構，但 SRE 以工程角度出發，與商業分析師要面對的業務服務，在工程和業務之間仍然存在相當大的差異。

SRE 主要從工程的角度出發，關注部署、容錯、負載平衡、規模調整擴充、延遲處理等技術議題。它著眼於確保系統的穩定運行和高效性能，以提供良好的使用者體驗。SRE 強調定量的指標和量化的目標，並且透過技術手段來實現這些目標。

然而，商業分析師所面對的是業務上的議題。他們需要處理突然的業務擴張、政策法規的改變等問題。這些議題往往無法直接量化為服務品質的指標，需要資訊人員進行評估後轉換成具體的工程方案。

儘管如此，SRE 和商業分析師所關注的領域之間仍然存在聯繫和相互影響。品質要求在兩者之間扮演著重要的角色。品質要求是將業務需求轉化為可量化的指標和目標的過程。這些要求可能來自於業務的需求，也可能來自於技術和工程方面的考慮。商業分析師和資訊人員之間需要進行密切合作，以確保品質要求得到充分理解並得以實現。

79. 如何制定品質要求？

我們已經知道品質要求需要同時考慮「可用性」及「耐用性」，我們可以制定一個資訊系統專案的品質要求項目。雖然在「系統功能」層面的品質要求很難在需求發展階段做全面的定義，但**「系統架構」的品質要求是最基本的**；另一方面，品質要求不限定在專案交付物，也**包含「專案本身」的品質要求**。因此一個資訊系統專案的品質要求架構應該是這樣的結構（圖 4-20-2）：

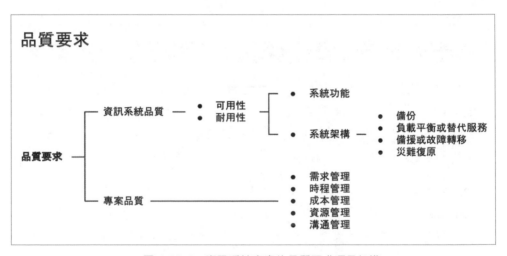

▲ 圖 4-20-2　資訊系統專案的品質要求項目架構

系統架構實現品質要求主要有四種方式：

- **備份**

　根據不同層級（作業系統層級、應用系統層級、資料層級），制定相應的備份解決方案。

- **負載平衡或替代服務**

　在系統架構規格中考慮負載和容量平衡，特別是在與業務服務高度相關的情況下，如電子商務網站在購物節期間的負載調整方案。

- **備援或故障轉移**

  備份（backup）是指製作標的的複本，在需要使用時，還原至複本的狀態，通常不包含硬體及基礎設施。

  備援（High Availability, HA）是指另一組系統或硬體及基礎設施，通常也包含資料同步，以在系統發生故障時，透過技術操作切換至備援系統。

- **災難復原**

  制定災難復原計劃，包括復原策略、指揮溝通、應急措施、復原步驟、測試演練等。

專案的品質管理包含整個專案生命週期，因此專案的品質要求非常廣泛，包含：

- **需求管理**

  確定需求變更作業，包括需求改變時專案成員應遵循的制度。

- **時程管理**

  建立有效的工作回報流程，以發現和處理時程延遲情況。

- **成本管理**

  制定嚴格的費用制度，以確保專案成本可控。

- **資源管理**

  管理系統架構中的設備資源，並制定專案成員的品質要求，如專業背景要求和參與程度要求。

- **溝通管理**

  在委外廠商的合約中明確溝通管理的品質要求，如專案成員替換流程、溝通方式和頻率要求等。

這些品質要求項目需要不同的專家相互協調和整合，商業分析師可以與專案的其他專家一起進行討論，根據專案的特性進一步增加要求項目。

80. 如何制定服務級別協定？

在服務級別的制定中，有兩個重要的要素：**服務品質指標和服務品質水準（目標閾值）**。在計算指標時，我們需要考慮**服務品質指標的時間區間**，例如，一個月內的停機時間不得超過 30 分鐘。時間區間的設定通常會根據專案的溝通週期來決定，例如在專案月會時討論的時間區間可以是每個月，或更短的時間區間。

服務品質水準的設定也沒有一個固定的標準，它取決於實際的專案資源和系統架構。在系統架構中，服務品質指標通常會有約定成俗的單位，代表該項服務通常的品質水準，例如網頁載入時間以秒為單位，接口請求回應時間以毫秒為單位等。

> 透過這個過程，資訊人員可以提早瞭解和處理服務品質指標數據的收集方式（有可能需要開發程式碼）。同時，在專案中也可以提出有關服務品質的報表或儀表板需求，例如導入資訊系統的監控工具。
>
> 這樣的做法有助於確保專案在開發過程中能夠關注並達到所設定的服務品質水準。透過適當的監控和報告機制，專案團隊能夠即時瞭解系統的運行情況並進行必要的調整和改進。

如果資訊專案是由委外廠商執行系統開發，服務級別協定的合約條款通常包括以下項目（一樣需同時考慮可用性和耐用性）：

- **服務內容**：包括系統維運、重裝、升級、客服中心、專員服務、定期系統檢測報告等。

- **服務品質**：例如 7x24 系統監側、每月升級、5x8 客服中心、每月定期會議、每季系統檢測等。

- **異常處理**：例如
  - 非常嚴重：影響 30% 系統使用者，承諾 7x24 的 15 分鐘內回應，1 小時內提供解決方案。
  - 嚴重：影響 10% 系統使用者，承諾 7x24 的 30 分鐘內回應，4 小時內提供解決方案。
  - 一般：局部功能無法正常使用，承諾 7x24 的 60 分鐘內回應，8 小時內提供解決方案。
  - 低：不影響業務作業進行，承諾 7x24 的 60 分鐘內回應，1 工作日內提供解決方案。

- **損害處理**：例如根據委外廠商存在過失導致系統無法使用的時數，約定扣除委外廠商維運費用的百分比。條款例如「在乙方存在過失的前提下，甲方有權依異常導致系統無法使用的時數，按 x% 扣除乙方維運費用。」

服務級別協定最遲應該在系統開發之前提出，最好的時機是在專案簽約（委外廠商開發時）或專案指派（企業內部開發時）之前。這樣可以早期凝聚專案成員對系統完成的共識，並提高對需求範疇和品質要求的警覺性。

81. 如何評估服務協定的有效性？

系統功能層面的品質要求往往難以在需求發展階段進行全面的定義。而系統架構的品質要求在專案初期則是制定最基本的要求。然而，一旦資訊系統正式上線運行一段時間後，服務品質指標及服務品質水準可能就不再適用，這是一種常見現象。以下列舉幾種常見情況：

1. **服務品質水準頻繁無法達成**

   這種情況下，我們需要確認是否是因為服務品質水準設定與現實資源無法相應配合，其中最常見的原因是硬體設備或程式碼效能已無法達到所需的服務品質水準。

2. **服務品質水準無法達成的成因有多個**

   這時候我們應該將服務品質指標進行細分，以確保每個品質事件的成因都能被相對應的服務品質指標所追蹤。例如，將 99.99% 的系統可用性指標細分為資料庫可用性、網絡可用性等。

3. **服務品質指標及水準設定與業務服務不一致**

   這種情況通常發生在資訊系統正式上線後，導致業務服務模式發生改變。舉例來說，人力資源系統原本不包含門禁權限檢核功能，但當門禁系統上線後，由

於人力資源系統與門禁系統緊密結合，就需要重新調整人力資源系統的服務品質指標及水準（指提高人力資源系統的服務品質水準）。

一個有效的服務級別協定應該盡可能涵蓋各種品質事件的要求，並在發生品質事件時有相應的因應措施。此外，週期性地追蹤服務品質指標可以實現服務級別協定的持續更新。

重點總結

一開始我們探討了發展品質要求及服務級別協定的前提條件和時機點，然後定義了非功能性需求、品質要求、SLA 等關鍵字，並說明為什麼品質要求是一個持續發生的過程，以及品質要求需要同時考慮可用性和耐用性。

接著我們分別介紹了資訊系統和專案的品質要求項目架構，並舉例說明系統架構實現品質要求的四種方式和專案的品質管理的五個方面。

我們最後介紹了如何制定服務級別協定的兩個要素：服務品質指標和服務品質水準，並提出了一些制定服務級別協定的實務建議，和評估服務級別協定有效性的方法。

到這裡，我們的資訊系統專案已經準備好可以與委外廠商簽約或指派內部資訊單位，開始展開系統分析階段了，讓我們朝下一個里程碑繼續前進！

自我測驗

1. 品質要求及服務級別協定在什麼時間點進行，才能確保甲乙雙方的權利及義務？

2. 品質要求及服務級別協定受哪些因素影響？

3. 非功能性需求與品質要求有什麼區別？

4. SLA、SLI、SLO 各代表什麼定義？

5. 資訊系統的品質要求通常會看哪兩個角度？

6. 為什麼品質要求是唯一一個即使業務需求沒有改變，仍需要持續進行發展的需求？

7. 制定品質要求的架構？

8. 實現系統架構的品質要求有哪四種方式？

9. 專案管理的品質要求有哪些？

10.服務品質的指標及水準（目標閾值）如何制定？

11.服務級別協定最晚在什麼時間點前要提出？

12.服務品質指標及服務品質水準不適用的情況有哪些？

13.有效的服務級別協定應呈現哪三個表現？

讓 ChatGPT 成為你的品質管理大師！

- Chrome Extension: AIPRM for ChatGPT
- Topic: Productivity
- Activity: Plan
- Prompt: Research Table

「我不會系統開發實在不知道要怎麼提出品質要求……」沒關係！ ChatGPT 來幫你建立世界級的品質要求及服務級別協定需要的量化指標及管理目標值，有了討論的指標群，就可以在此基礎之上，開始討論適合自己系統的品質要求了！

人類專家的提醒：在使用 ChatGPT 時，仍應透過人類專家謹慎判斷 ChatGPT 提供的回答後，才可正式使用喔。

1. 描述系統的特性，例如「電子商務網站」、「客戶關係管理系統」等。

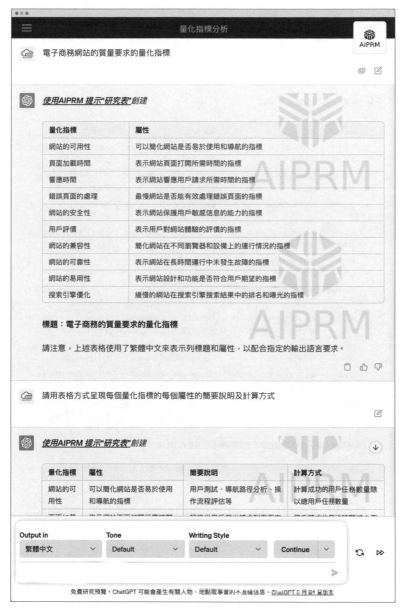

▲ 圖 4-20-3　在 ChatGPT 列出品質要求的量化指標

2. 針對特定的量化指標，更進一步的要求展開指標定義及計算方式。

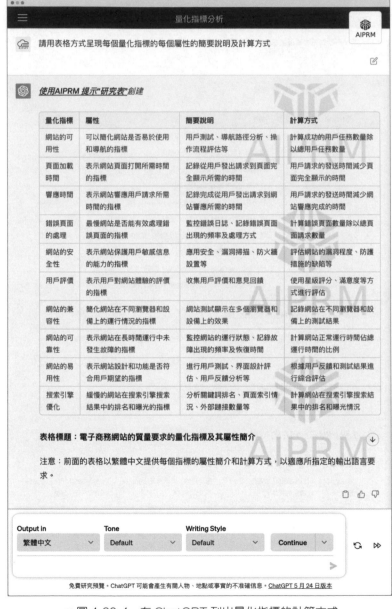

▲ 圖 4-20-4 在 ChatGPT 列出量化指標的計算方式

3. 針對每一個指標，列出服務品質水準的建議目標值。

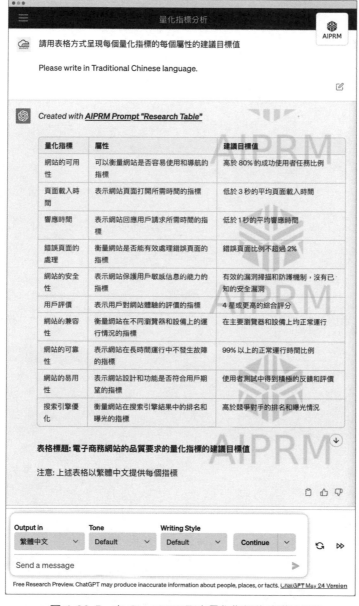

▲ 圖 4-20-5　在 ChatGPT 列出量化指標的建議目標值

第 5 篇

Software Requirements Specification
軟體需求規格書

21

系統架構圖－數據部分－掌握資訊系統數據的架構

"High expectations are the key to everything." - Samuel Walton
「高期望是達到一切目標的關鍵。」－山姆‧沃爾頓
美國零售業領導廠商沃爾瑪創始人

《在開始之前的準備》

系統架構圖製作，最早製作時間點可能與需求發展階段的「系統流程圖」同時製作，以在需求發展階段進行系統架構可行性初步確認，以及與現況的系統架構的整合評估。

第二個製作系統架構圖的時間點是，在系統分析階段製作「工作說明書」或「專案時程檔」時一起製作系統架構圖，以在可行性分析時評估系統架構具體的工作量、資源及所需時間。

系統架構圖最晚需要在系統分析階段的「系統規劃」時就需要定案，且同時還需要制定「系統開發標準」，以做為接下來的系統設計及系統開發的基礎。

接下來的章節，我們會涉及很多的資訊技術名詞，但請放心，我們會使用淺顯易懂的用語來說明。

類別	需求發展階段				系統分析階段			
	商業需求	系統需求	商業需求分析	系統需求分析	可行性分析	系統規劃	需求分析	系統設計
			商業需求清單表	系統需求清單表	專案計劃書	軟體需求規格書		
			商業需求規格書	系統需求規格書				
A	商業規則		◉ 業務流程圖 ◉ 業務作業清單 ◉ 使用案例	系統功能線框圖 (系統功能視覺稿) 系統功能需求說明 系統功能測試案例	工作說明書 專案時程檔 (工作量評估 及WBS)	(整合至下方規格中)		
	限制要求							
B	既有資訊系統	系統封接需求	◉ 系統流程圖			系統架構圖 (軟體/硬體/網路)		
	數據需求		◉ 領域模型 ◉ 數據資產 (數據輸出說明)			資料分析報告 (含數據遷移)	數據流程圖	數據模型
C	-	功能性需求	◉ 使用案例循序圖 ◉ 系統功能清單 ◉ 系統功能流程圖			系統開發標準	實體關聯圖	系統功能程式規格
							系統功能原型	系統功能測試規格
D	-	非功能需求	非功能需求清單					
	-	品質要求	品質要求清單			服務級別協定		
	需求管理階段							
	需求追溯矩陣							

▲ 圖 5-21-1　軟體需求規格書的系統架構圖

82. 常見各種架構圖，有什麼差別？

企業架構（Enterprise Architecture, EA）是從高層次來說明企業的資訊服務，以指導企業完成其戰略所需要的業務流程或技術變更。企業架構有四個領域（附錄 1）：

1. 業務架構（Business Architecture）

描述業務運作所依據的流程和標準，包含當前和未來的計劃。

2. 數據架構（Data Architecture）

企業需要使用的數據，從數據生產到數據消費模式的描述，包含數據標準及數據管理政策。

3. **應用架構（Application Architecture）**

   説明自動化服務應用程式、應用程式的交互及依賴性、開發新應用程式或更新舊應用程式的計劃。

4. **技術架構（Technology Architecture）**

   説明支持的系統、程式、工具等。

由這四個領域可知，在系統分析階段，若業務運作的流程和標準尚未明確，或未來的計劃也未定義，資訊技術將難以有所依據；反過來説，若系統分析階段的資訊規劃，沒有符合業務運作的流程和標準，縱始是優異的資訊系統架構，無法服務業務運作亦是無用武之地。

另一方面，在資訊系統專案中，常見資訊人員提出各種架構圖，這些架構圖與企業架構圖又有什麼差別呢？以下為常見各種架構的説明（圖 5-21-2）：

架構比較表

	企業架構 Enterprise Architecture	系統架構 System Architecture	軟體架構 Software Architecture	數據架構 Data Architecture
定義	依據業務戰略，定義有助於系統開發、維運的作業流程。	説明組件和子系統之間的行為，組件包含軟體、硬體、網絡等。	説明服務之間的行為，例如分層架構、微服務架構、REST架構、訊息架構等。	説明業務需求轉化的邏輯數據和物理數據如何管理，以及説明數據在企業中的流動情形。
方法	導入能達成業務需求的資訊基礎設施、框架、或工具。	實施資訊基礎設施、維持資訊服務的可用性及耐用性。	實施滿足業務作業需求的技術整合方案，使業務作業數位化。	實施企業的數據收集和使用，以讓數據使用者能夠快速取得高品質的數據。
角色	企業架構師等	系統架構師、系統工程師、雲端工程師、網路工程師、資料庫工程師等	軟體架構師、系統分析師、UI/UX設計師等	數據架構師、數據工程師、數據分析師、資料視覺設計師等
範例	例如，導入DevOps、DataOps、雲端架構等。	例如，訂單系統的系統架構包含：Web伺服器、業務層伺服器、資料庫等。	例如，訂單系統的軟體架構包含：響應式使用者介面、Web服務、供應商API、金流服務等。	例如，訂單系統的數據架構包含：訂單數據業務邏輯、訂單數據資料庫、訂單業績報表、客戶訂單數查詢等。

▲ 圖 5-21-2　架構比較表

- **企業架構（Enterprise Architecture）**

  企業架構是指企業整體運作所需的資訊結構和組織。依據業務戰略，定義有助於系統開發、維運的作業流程。

  企業架構的執行是透過導入能達成業務需求的資訊基礎設施、框架、或工具。例如，導入 DevOps、DataOps、雲端架構等。

- **系統架構（System Architecture）**

  系統架構是指資訊系統在整個企業架構中的配置和組成。說明組件和子系統之間的行為，組件包含軟體、硬體、網絡等。

  系統架構的執行是透過實施資訊基礎設施、維持資訊服務的可用性及耐用性。例如，訂單系統的系統架構包含：Web 伺服器、業務層伺服器、資料庫等。

- **軟體架構（Software Architecture）**

  軟體架構是指軟體系統的結構和組成方式。說明服務之間的行為，例如分層架構、微服務架構、REST 架構、訊息架構等。

  軟體架構的執行是透過實施滿足業務作業需求的技術整合方案，使業務作業數位化。例如，訂單系統的軟體架構包含：響應式使用者介面、Web 服務、供應商 API、金流服務等。

- **數據架構（Data Architecture）**

  數據架構是指數據在系統中的組織和結構化方式。說明業務需求轉化的邏輯數據和物理數據如何管理，以及說明數據在企業中的流動情形。

  數據架構的執行是透過實施企業的數據收集和使用，以讓數據使用者能夠快速取得高品質的數據。例如，訂單系統的數據架構包含：訂單數據業務邏輯、訂單數據資料庫、訂單業績報表、客戶訂單數查詢等。

每種架構都有其獨特的特點和用途，它們相互關聯並共同支持資訊系統的運作。在設計資訊系統時，充分理解這些架構的差異和功能，可以幫助我們建立更有效、可擴展和可維護的系統。

83. 檢視架構圖時應關注哪些重點？

雖然各種架構圖對資訊系統都有其用途，但對於非技術背景的商業分析師來說，理解複雜的系統結構和運作方式可能是一個挑戰。這是資訊系統專案進入到系統分析階段關鍵的一個步驟，商業分析師或其他利害關係人，務必要把握這個階段對架構圖進行深入的瞭解，以穩固後續系統開發的進行。檢視架構圖時應關注以下重點：

- **透過圖像化的組件關係，強化對系統之間行為的理解**

    架構圖以圖像化的方式展示硬體或軟體的結構、組件和各個元素之間的關係。透過瞭解這些圖表，商業分析師或利害關係人可以更清晰地瞭解資訊系統各個部分之間的交互作用。這有助於提升利害關係人制定決策的品質。

- **對潛在的架構瓶頸點，儘早提出備案**

    透過審視架構圖，識別出可能存在的風險、瓶頸或不一致性。以針對性地進行調整和優化，進而提高系統的穩定性、可擴展性和效能。例如，網路線路若發生中斷，架構圖中是否有備援的機制。

    潛在的風險及瓶頸點，可透過情境模擬來確認架構圖的設計是否可承受情境帶來的衝擊。模擬情境通常會與品質要求相同，在＜第 20 章：品質要求及服務級別協定－如何制定品質要求？＞中有相關說明。

- **確認架構圖的實施細節，改進利害關係人和技術人員之間的溝通**

  透過各種架構圖，提供所有專案成員一致的溝通基礎。同時，技術人員也可以透過這種圖像化的方式更好地傳達技術細節和相關要求。更進一步，依據架構圖展開的具體實施細節，是整個資訊系統專案後續系統開發及系統測試的基礎，進而改進專案成員之間的溝通。

架構圖確實涉及大量資訊科技的語言，但圖像式的設計對非技術背景的商業分析師來說，透過瞭解及學習後，應能分辨及掌握各種架構圖的重點。因此，在資訊系統開發過程中，我們應該充分利用架構圖的價值，以提升整個專案的成功機會。

84. 架構圖的挑戰和限制是什麼？

我們已經介紹各種不同架構圖的用途，以協助我們瞭解資訊系統的各個面向，但製作架構圖也有許多挑戰和限制，這些挑戰和限制需要我們關注：

- **取捨呈現的資訊**

  製作一個易於理解的架構圖是一項挑戰。我們希望它能夠提供足夠的細節，同時又不至於過多專業術語難以理解。取捨呈現的資訊，以讓專案的所有成員都能理解，是製作架構圖重要的考慮因素。

- **管理架構圖的關聯性**

  大型系統可能包含數百個組件和子系統，它們之間的關係可能非常複雜。同時不同的架構圖又描述不同面向的資訊系統需求，在這種情況下，管理架構圖的關聯性成為一個挑戰。因此，無法確保系統需求都有呈現在各種架構圖中，是非技術背景的商業分析師，在審視架構圖時的限制之一。

● **保持架構圖的即時性**

當資訊系統變化很大或需求變更時，更新架構圖可能變得困難和耗時。因此，如何透過需求管理工具有效的更新和維護架構圖，以確保它反映了當前狀態，是設計需求管理方法時需要考慮的因素。關於需求管理工具，在＜第 5 章：分析階段產出文件－有哪些流行的需求管理工具？＞中有介紹。

總結來說，**架構圖是商業分析師瞭解系統分析階段產出是否符合系統需求的一個依據。透過理解資訊系統架構的設計，確認系統需求是否皆有被涵蓋。**但它也面臨挑戰和限制，因此，落實查核系統需求與架構的對應關係，是非技術背景的商業分析師有效降低限制的方法。

85. 需求規格書與架構的關係？

各種架構的設計包含大量的科技技術專業知識，身為一個商業分析師應如何掌握？首先，我們需要先瞭解系統需求規格書與架構的關係。

架構圖中的組件彼此沒有明確區隔，在不同架構圖中，組件有可能會被重複描述，那麼商業分析師需要去理解及解讀所有的架構圖嗎？如果能做到當然是最佳的情況，**但實務上只要能掌握系統需求規格書與架構的關係，商業分析師就能透過「循序圖」中的訊息流，即「數據輸入」、「數據儲存」（或數據落地）及「數據輸出」，檢驗架構是否有實現系統需求規格書的需求**（圖 5-21-3）。需要注意的是，只能確保需求有被實現，但不包含技術適用性、成本、效率等因素。

因此，不管架構是採用什麼技術，所有的技術執行路徑，都要能對應至系統需求規格書的使用案例循序圖，以在後續不同的測試階段執行數據輸入、數據儲存及數據輸山測試。也就是說，**商業分析師要能掌握「數據輸入及數據輸出的介面」，及「數據儲存的目的地」**（圖 5-21-3）。

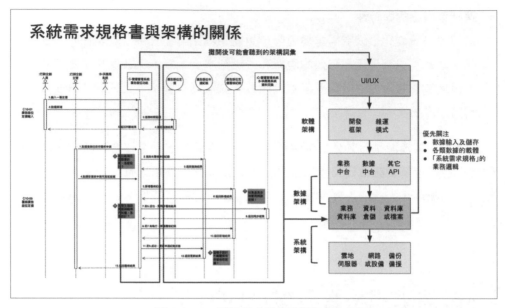

▲ 圖 5-21-3　系統需求規格書與架構的關係

需要注意，**在數據輸入介面的數據輸出，不能取代數據儲存的目的地**。最主要的原因是，數據輸出、數據儲存、數據處理等，這些都涉及不同的技術，彼此互相無法取代。在輸入介面看到的數據，有可能沒有儲存，僅僅只是當下的呈現而已。待流程或時間過後需要先前的數據時，只要數據沒有儲存下來，或數據已被更新，就無法取得當時的數據了。所以系統需求規格書的使用案例循序圖，需要保留的過程數據應該要呈現在規格書中，以實作數據儲存。

資訊系統中，**數據儲存有三種形式**：

- **交易記錄（transaction log）**

  在系統功能之中，針對特定的資料進行資料的保留，優點是保留數據精準，缺點是增加應用系統的開發成本。適合用在業務流程導致異動的數據，例如銷售金額的異動數據。

- **批次備份（batch backup）**

  在系統功能之外，在指定時間點，對不特定的資料進行資料的保留（即不可見系統功能），優點是保留數據全面，缺點是儲存成本高且數據不精準，只能呈現保留數據之間的差異，無法說明差異原因。適合用在可彙整的數據，例如每日銷售業績數據。

- **即時抄寫（real-time copy）**

  在系統功能之中，針對特定的資料進行資料的複製，將資料傳送至其它數據儲存目的地，優點是保留數據精準，但不增加應用系統的開發成本，缺點是資訊技術較困難。適合用在業務流程的數據，例如訂單的新增或異動。

各種數據儲存方式無法互相取代。數據儲存方式若沒有在系統需求規格書中設計，在專案後期幾乎就只能採用批次備份數據儲存方式，或提高開發成本回頭增加交易記錄方式的需求。因此，**務必在需求發展階段（領域模型及使用案例循序圖）就加入數據儲存需求，在資訊單位提出架構時，則要再次確認數據儲存的目的地是否有符合數據儲存需求**。請參考＜第 13 章：數據資產－數據需求如何影響數據輸入及數據輸出的設計？＞及＜第 14 章：使用案例循序圖－系統功能分析的具體步驟？＞詳細說明。

《實務小技巧》

這個地方很容易有一個混淆的觀點，商業分析師需要依軟體需求規格書裡的每一個 API 或每一個功能畫面分段進行測試及驗證嗎？其實是不需要的，也就是說，以商業分析師而言，進行測試及驗證的單位是「系統需求規格書」不是「軟體需求規格書」。

商業分析師只要依系統需求規格書的「系統功能線框圖」及「使用案例循序圖」的需求進行測試，當數據輸入及數據儲存的結果與需求不符，則測試

驗證就是沒有通過，至於是哪一個 API 或哪一段程式碼導致的問題，應由資訊人員進行排除。

這也呈現了系統需求規格書的「使用案例循序圖」的重要性，記錄了原始的數據輸入及數據儲存需求。

86. 需求規格書相對應哪些數據技能？

需求規格書中哪些部分涉及數據輸入及數據儲存？包含系統流程圖、領域模型、循序圖及系統功能線框圖。不同部分對商業分析師而言，應具備的數據技能也不相同（圖 5-21-4）：

● **系統流程圖**

確認系統流程圖裡的每個系統數據儲存的目的地。若因技術關係，商業分析師無法直接存取數據儲存目的地，應提出將數據批次備份或即時抄寫的數據儲存需求，以滿足後續數據使用的情境。數據儲存的目的地通常為資料庫，因此需具備「資料庫的操作能力」，在＜第 23 章：數據模型－商業分析師如何確認系統需求？＞中有更進一步的說明。

● **領域模型**

在數據儲存目的地讀取領域模型設計的數據需求。視資料庫類型的不同，需要使用不同的程式語言「讀取資料」，最常見的程式語言為 SQL。需要注意的是，當數據架構提出的數據儲存目的地是商業分析師不具備操作能力的資料庫時，應提出將數據批次備份或即時抄寫的數據儲存需求，以滿足後續數據使用的情境。在＜第 23 章：數據模型－什麼是數據模型，以及數據建模技術有哪些？＞中有更進一步的說明。

- **使用案例循序圖**

透過程式語言可以讀取領域模型的資料時，即可「驗證使用案例及循序圖裡的業務邏輯」，即在數據目的地讀取到的資料，結果應與系統功能測試結果相同。

這裡有一點需要注意，**若業務邏輯的結果數據需要透過資訊人員提取後才能驗證，即商業分析師無法自行在數據儲存目的地驗證業務邏輯的資料時，代表領域模型及循序圖裡數據儲存需求設計有缺少（即沒有將業務邏輯的數據結果儲存下來）**，應回頭檢視需求的完整性。

若業務邏輯涉及統計分析等方法論，除 SQL 外，可能還需要其它程式語言，例如 Python 或 Excel 等工具的輔助驗證。

- **系統功能線框圖及系統功能需求說明**

數據輸入大部分都會在系統功能線框圖中呈現，少部分是透過資料上傳、其它系統數據交換，或是透過其它技術輸入的數據（例如上傳聲音媒體產生文字稿）。

「數據輸出」與「數據儲存」是不同的，因為數據輸出仍是透過開發產生的系統功能，因此它與其它系統功能相同，仍然需要透過驗證數據儲存目的地資料的正確性。

實務上的做法是，在數據輸入的功能，搭配一個數據輸出功能（查詢功能），該功能沒有其它業務邏輯，僅僅只是輸出數據儲存目的地的資料。當數據輸出功能（查詢功能）驗證通過後，其它系統功能的數據驗證即可使用此功能取代資料庫存取資料的動作。

數據輸出功能（查詢功能）也可以採用資料視覺化工具讀取數據儲存目的地的資料庫取代。無論是數據輸出功能或資料視覺化工具，都需要在需求發展階段就決定，並於需求規格書中呈現需求。

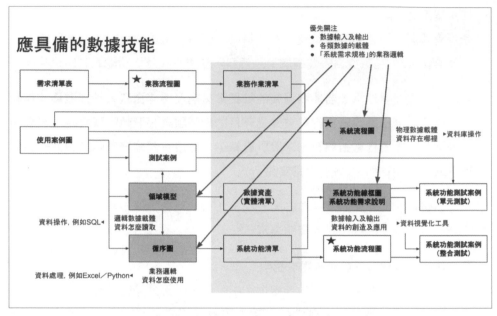

▲ 圖 5-21-4　系統需求規格書相對應的數據技能

系統需求規格書相對應的數據技能，都是為了實現商業分析師要能掌握數據輸入及數據輸出的介面，及數據儲存的目的地。 其中最重要的是需具備資料庫的操作能力，若無法操作資料庫，則需要在需求發展階段就尋求替代讀取資料庫的方案（例如透過批次備份將數據備份至資料視覺化工具中），以為後續系統測試階段做好準備。

87. 如何掌握資訊系統的數據架構？

我們已經介紹什麼是數據輸入介面、數據輸出（查詢功能）以及數據儲存目的地（數據落地），但一直沒有提到另一種常見的數據輸出需求：報表功能。報表功能跟查詢功能有以下幾點常常被討論：

● **報表功能似乎與查詢功能很類似？**

是，除了在技術上的差異外，以數據邏輯來說是相同的需求。

● **報表功能一定是批次計算的，查詢功能一定是即時的？**

否，會使用定時批次計算的方式通常是兩個原因：數據的到位時間點，及數據
量大於機器處理效能。換句話說，如果沒有數據到位議題的話，任何報表功能
都能透過技術手段達到即時的效果；反之，查詢功能也會在數據量大於機器處
理效能時，面臨效率不佳的問題，因此本質上這兩個功能沒有批次跟即時的差
別。

● **有報表功能就不需要查詢功能了？**

否，報表功能跟查詢功能雖然在數據邏輯上相同，但在應用系統中扮演不同的
角色：查詢功能是做為數據輸入功能的輔助，透過數據輸出驗證數據輸入功能
的正確性，因此查詢功能通常沒有業務邏輯，報表功能則包含業務邏輯的數據
處理。

需要注意的是，業務邏輯的數據處理並非全部在報表功能實現，需要記錄數據
輸入當下的數據結果時，應在系統功能中將數據儲存至數據儲存目的地。例
如，總價＝（數量 X 單價）－折扣，數量、單價、折扣是數據輸入，總價就是
業務邏輯的數據處理，且通常數據輸入畫面也會呈現總價，不應到報表時還需
要進行總價的計算，應直接從數據儲存目的地直接讀取即可。

清楚劃分數據是屬於數據輸入時的範疇，還是屬於報表功能業務邏輯的數據處
理，也是領域模型的重要功用（即屬性及方法）。

● **報表功能一定是最後再開發？**

否，在系統需求規格書中，透過領域模型及使用案例循序圖就有明確的系統需
求，所以只要系統需求規格書有踏實的製作，系統分析階段報表功能是能與系
統功能同步展開的。

通常無法同步展開是因為系統需求規格書沒有領域模型、使用案例循序圖，只有系統功能線框圖，這時就必須等待領域模型、使用案例循序圖的產出（無論什麼角色來執行產出），或資料庫的實體關聯圖設計產出後，報表功能工作才能展開。很多專案都跳過領域模型，直接由系統分析師製作實體關聯圖，才導致誤以為報表一定要在系統分析之後才能展開。

報表功能包含業務邏輯的數據處理，大部分業務邏輯是跨業務流程、跨系統、甚至是跨組織企業，因此數據就有到位時間議題，進而衍生批次備份及批次計算的需求。系統分析階段，系統分析師會因為當前硬體設備或成本限制，提出批次備份及批次計算的設計，但這與商業分析師的原始需求無關。另一種情況是，已知有批次備份或即時抄寫的需求，批次備份有數據到位的因素，即時抄寫有跨系統的情況，因此通常這兩種情況的數據輸出也是以報表方式來實現。

總的來說，**若系統需求規格書裡，沒有涉及業務邏輯的數據處理，則可以確定是沒有報表需求的，也就是所有數據輸出都是系統裡的查詢功能（這種情況很少見）。若有報表需求，則需要設計數據到位的數據流、跨系統的數據架構，及使用數據流程圖描述數據流動情形。**

因此，**可以得知數據輸出需求可分為兩個部分，一個是系統裡的查詢功能，另一個是需包含數據到位及跨系統的報表功能；前者是軟體架構的一環，後者是數據架構的一環。**

前者軟體架構對商業分析師來說，需要掌握數據輸入介面、數據輸出（查詢功能）及數據儲存目的地（數據落地），以提高數據的可靠性，避免系統產出品質低或錯誤的數據。

後者數據架構對商業分析師來說，還需要更多技術知識，例如資料倉儲、機器學習、人工智慧等等才能瞭解數據架構。但**數據架構中最重要的數據流程圖，是商業分析師值得投入學習的知識，以掌握數據架構實現的數據輸出功能（即報表功**

能）。數據流程圖將會在下一個章節＜第 22 章：數據遷移及數據流程圖＞進行說明。

《實務小技巧》

若系統架構或數據架構非常困難理解時，請掌握以下準則，其它技術細節可忽略：

關注數據輸入介面、數據輸出的查詢功能（呈現數據輸入）、數據儲存目的地（數據落地），並且力求可以自行操作數據儲存目的地。

若有涉及數據輸出的報表功能（呈現業務邏輯的數據處理），則還需要關注數據流程圖，同樣力求可以自行操作數據儲存目的地。

重點總結

我們介紹了四種架構都有其獨特的特點和用途，它們相互關聯並共同支持資訊系統的運作。架構圖的圖像式設計對非技術背景的商業分析師來說，透過瞭解及學習後，應該關注系統之間行為的理解、潛在架構瓶頸點的識別，以及確認架構圖展開的實施細節。

架構圖是商業分析師瞭解系統分析階段產出是否符合系統需求的一個依據。只要能掌握需求規格書與架構的關係，商業分析師就能透過循序圖中的訊息流，檢驗架構是否有實現需求規格書的需求。更重要的是，務必在需求發展階段（領域模型及使用案例循序圖）就加入數據儲存需求，在資訊單位提出架構時，則要再次確認數據儲存的目的地是否有符合數據儲存需求。

需求規格書中不同部分對商業分析師而言,應具備的數據技能也不相同。對商業分析師來說,需要掌握數據輸入介面、數據輸出(即查詢功能)、數據儲存目的地,以提高數據的可靠性,避免系統產出品質低或錯誤的數據。數據流程圖亦是商業分析師值得投入學習的知識,以掌握數據架構實現的數據輸出功能(即報表功能)。

下一個章節我們將繼續說明數據架構的應用,數據遷移及數據流程圖。

自我測驗

1. 企業架構、系統架構、軟體架構、數據架構的定義為何?
2. 非技術背景的商業分析師,檢視架構圖時應關注哪些重點?
3. 如何透過系統需求規格書確認架構有實現所有系統需求?
4. 數據儲存有哪三種形式?
5. 需要使用批次計算的原因有哪些?
6. 報表功能跟查詢功能的差異?
7. 開發報表的前提條件有哪些?

附錄

1. Architecture domain

   https://en.wikipedia.org/wiki/Architecture_domain

22

數據遷移及數據流程圖－
掌握資訊系統數據的流動

"Real integrity is doing the right thing, knowing that nobody's going to know whether you did it or not." - Oprah Winfrey

「真正的成就不僅在於你的能力，更在於你的志向和視野。」－歐普拉‧溫芙蕾

美國脫口秀主持人、時代百大人物

《在開始之前的準備》

資料分析報告及數據流程圖在資訊系統專案中，常被忽略或在系統分析後期才得以執行。這是因為一旦資訊系統專案進入系統分析階段，重點往往放在系統功能介面、流程以及其他視覺需求文件上。這使得數據相關需求只在專案後期甚至系統測試階段才逐漸受到重視。然而，這時的數據問題受限於已開發的系統功能，使得需求可能需要進行調整，或者是數據需要大量加工才能使用。

因此，**我們強烈建議在資訊系統專案的適當時間點製作資料分析報告及數據流程圖，最合適的製作時間點是與系統架構圖同時，最晚則是在系統開發之前完成**。請務必調整這個觀念，以避免資訊系統專案在後期出現數據相關的種種問題。

讓我們一同確保專案的順利進行和數據的完美產出吧！

類別	需求發展階段				系統分析階段			
	商業需求	系統需求	商業需求分析	系統需求分析	可行性分析	系統規劃	需求分析	系統設計
			商業需求清單表	系統需求清單表	專案計劃書	軟體需求規格書		
			商業需求規格書	系統需求規格書				
A	商業規則		◎ 業務流程圖　◎ 業務作業清單　◎ 使用案例	系統功能線框圖 (系統功能視覺稿) 系統功能需求說明 系統功能測試案例	工作說明書 專案時程檔 (工作量評估 及 WBS)	(整合至下方規格中)		
	限制要求							
B	既有資訊系統	系統對接需求	◎ 系統流程圖			系統架構圖 (軟體/硬體/網路)		
	數據需求		◎ 領域模型　◎ 數據資產 (數據輸出說明)			資料分析報告 (含數據遷移)	數據流程圖	數據模型
C	-	功能性需求	◎ 使用案例循序圖　◎ 系統功能清單　◎ 系統功能流程圖			系統開發標準	實體關聯圖　系統功能原型	系統功能程式規格　系統功能測試規格
D	-	非功能需求	非功能需求清單					
	-	品質要求	品質要求清單			服務級別協定		
需求管理階段								
需求追溯矩陣								

▲ 圖 5-22-1　軟體需求規格書的資料分析報告及數據流程圖

88. 資訊系統架構如何影響數據架構及業務活動？

在數位化過程中，數據架構的考量不僅限於業務端的需求，還包括數據應用系統設計、數據工程技術、數據儲存方式和數據流設計等因素。其中，系統架構及軟體架構對數據架構的影響非常重要。在前一章＜第 21 章：系統架構圖－數據部分－常見各種架構圖，有什麼差別？＞中，我們介紹了系統架構、軟體架構及數據架構的比較。數據架構受系統架構及軟體架構影響的層面及過程有以下數種：

● **系統架構影響數據儲存方式的選擇**

不同的系統架構有不同的數據儲存需求，例如分佈式儲存系統、關聯式資料庫

或 NoSQL 資料庫等。在設計數據架構時，需要考慮系統架構的特點和儲存方式的適應性，以確保數據能夠有效地儲存和管理。

- **數據儲存方式影響數據流的設計**

  不同的數據儲存方式需要不同的數據流架構和流程。例如，若使用關聯式資料庫儲存數據，則需要設計複雜的資料表關聯和查詢；而使用分佈式儲存系統則需要考慮數據的分佈設計等。因此，數據儲存方式的選擇需要與數據流設計相互匹配。

- **數據儲存方式及數據流設計影響數據工程技術的選擇**

  數據工程技術涉及數據的提取、轉換和加載（ETL）等過程，這些過程需要根據數據儲存方式和數據流設計的要求來進行。因此，需要綜合考慮數據工程技術與數據儲存方式及數據流設計之間的關聯，以確保數據能夠有效地被處理。

- **業務需求影響數據應用系統的設計**

  不同的業務需求對數據應用系統的要求也不同。例如，呈現數據分析的可視化結果，或是推送即時的產品推薦系統，數據應用系統的設計大不相同。因此，需要充分考慮業務需求場景，確保能夠滿足相應的功能和性能要求。

綜上所述，數據架構的設計是數位化過程中的一個關鍵步驟。在設計和規劃數據架構時，需要綜合考慮系統架構、軟體架構、數據儲存方式、數據流設計、數據工程技術、業務需求等各方面的因素。只有**合適地設計和規劃數據架構，才能確保數據能夠有效地被儲存、管理和應用，進而實現業務的數位化轉型。**

數據儲存方式可以參考＜第 13 章：數據資產＞，數據流設計及數據工程技術為本章介紹的重點。在探討數據流程圖之前，我們必須首先確認數據在系統架構中如何流動。

在早期的系統架構中，各個系統往往是獨立運作的，這主要是因為它們發展的業務活動不同。對於導入 ERP 的企業，ERP 系統本身成為一個獨立的系統，然後

與其他系統進行橫向對接。獨立運作的系統特點是橫向系統功能的對接不容易，以及相同的數據在不同系統中重複或錯誤，這導致企業內部形成了許多數據孤島（圖 5-22-2 左側）。

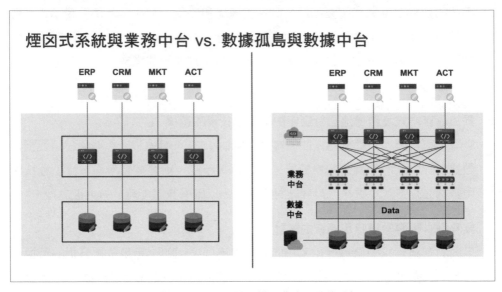

▲ 圖 5-22-2　系統架構與業務活動的關係

2014 年，「微服務」軟體架構被提出；2015 年，「中台」系統架構被提出。微服務的目標是以將單一功能模組化的方式組合成複雜的系統功能，而中台則是重新劃分前台、中台和後台的系統功能，建立起橫向的系統功能平台。這兩者都是為了應對業務需求的彈性和快速變化，並試圖整合企業內部碎片化的數據，以發現數據的價值（圖 5-22-2 右側）。

但是，這只是資訊系統架構的改變嗎？當然不是。如果企業內部的業務活動仍然是各自獨立的決策，而資訊系統架構僅僅改成了中台架構，這將導致系統功能和數據不容易被業務單位理解和接受。如果企業內部的業務活動已經實現橫向運作，例如不同網站通路已經整合成一個企劃單位，但資訊系統的各個網站仍然是

獨立運作的，這將導致資訊系統效率低下。因此，**在提出建立業務中台和數據中台的時候，需要的不僅僅是資訊系統架構的改變，還需要對企業內部的業務活動進行重大變革，只有兩者同步進行才能實現系統架構及數位轉型的效益。**

在獨立運作的系統架構中，數據主要在單一系統中產出和使用，跨系統整合數據的情況很少見。由於需求不多，因此大多數情況下會根據案例進行數據提取和開發，然後提供給使用者。如果頻繁發生需要其他系統數據或跨系統數據整合的需求，說明此時已有兩個現象：業務活動使用企業數據的方式已經改變，並且獨立運作的系統架構已經不符合業務活動的需求，這就是業務活動和系統架構需要改變的時候。

獨立運作的系統架構需要橫向溝通時，以及中台架構中橫向系統功能平台，都需要有數據流的設計，以實現數據的移動和處理。即使是單一的系統，也普遍有數據流的需求，最常見的即是需要定時批次計算的報表功能。在＜第 21 章：系統架構圖－數據部分－如何掌握資訊系統的數據架構？＞中，我們有討論到關於報表功能的議題。接下來我們更進一步探討數據流的設計。

89. 數據流設計對資訊系統的重要性？

數據流是指數據在資訊系統中移動和處理的過程，將數據來源（數據輸入）與數據輸出連接起來，實現業務目的需要的數據處理。透過設計良好的數據流，可以實現數據的高效傳輸、處理和儲存，進而提高資訊系統的效能和使用者體驗。

數據流需要在系統分析階段確定，然後再進入系統開發階段。如果在進行系統開發之前沒有明確確定數據流的設計，後續更改幾乎是不可能的，或者說成本幾乎等同於重新開始。由此可見，數據流是整個資訊系統設計的核心。

另一方面，**數據流的固化是導致許多資訊系統在經過數年後非常難以調整需求的原因**。數據流固化是指，在現有數據流之上堆疊新增業務需求，而非依業務目標設計符合業務需求的數據流。雖然調整後的系統功能看似符合需求，但實際上的數據流可能是不合理的或存在缺陷的。隨著時間的推移，越來越少工程師理解疊床架屋的數據流，這也解釋了為什麼修改系統功能會如此困難，即使需求表面上看似簡單。這是一個不可逆轉的過程，我們必須謹慎對待。

在資訊系統中，**數據流主要有三個過程**：

1. **數據來源和擷取（數據輸入）**
   從不同的資訊系統、外部數據源或其他應用程式，擷取所需要的數據。數據擷取過程需要確保數據的準確性和完整性，並將其傳送到後續的處理階段。

2. **數據處理和轉換**
   將數據經過加工和轉換，以符合業務需求。包括數據清理、數據格式轉換、計算和其他數據處理，以提升數據的品質和價值。

3. **數據儲存和數據輸出**
   將數據儲存到資料庫或文件中，或將數據輸出到其他資訊系統。儲存和輸出過程需要確保數據的安全性和可靠性，及保護數據免受損壞或遺失。

此外，**數據流還可分為批次和即時兩種類別**。這兩種類別的資訊技術截然不同，因此務必在需求發展階段確認數據流的類別。很多商業分析師第一次都會提出所有數據都要即時的想法，但這實際上是過於簡化的需求描述。一個正常運作中的資訊系統，數據會一直不斷更新，**常見的數據流需求情境有：即時查詢明細數據、即時查詢彙總數據、指定日期彙總數據等**。

另一個常見的問題是「歷史數據」。**歷史數據有兩種概念，一種是出於業務作業的法規合規要求，另一種則是受到資訊系統架構限制或成本考量所影響**。

因此，總結成六種數據流需求情境：

- **即時單筆明細數據／是否有合規封存歷史數據的需求**
- **即時彙總數據**
- **批次彙總數據**
- **批次彙總的單筆明細數據／是否有合規封存歷史數據的需求**

這六種需求情境會衍生出不同的數據流，因此在製作「使用案例循序圖」和「領域模型」時，若能提早確認上述這六種情境，對整體系統分析階段非常有幫助。換言之，系統分析階段也是最終確認數據流需求情境的時間點，如果在此階段未能確認，投入系統開發階段後將持續產生各種架構問題。

在確認六種數據流需求情境時，還需確認以下各點，這些項目需要資訊人員協助處理（圖 5-22-3）：

- 數據輸入來源
- 數據儲存目的地
- 安全控管：機器 IP 控管、檔案加密、資料脫敏等
- 數據格式：CSV、JSON、DB Dump 等
- 數據範圍：增量（差異資料）、全量（全部資料）
- 數據流頻率：批次、即時、手動執行
- 數據流執行方式：API、匯入及匯出
- 數據流執行時間點：不定時、指定時間、指定週期
- 數據流執行時間：幾毫秒～幾小時或以上
- 數據量：幾 bytes ～幾 TB 或以上

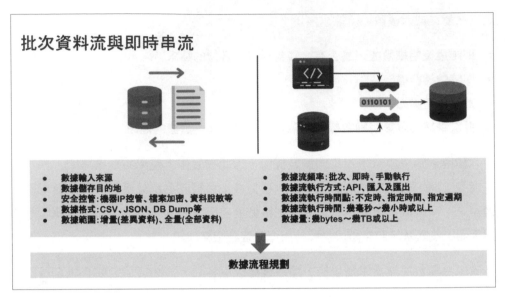

▲ 圖 5-22-3　數據流的需求情境

這些項目通常會記錄在數據流程圖中，目的在於系統分析階段時，將這些需求妥善納入系統功能程式規格之中，確保會被實現。

《實務小技巧》

有一個特殊情況必須盡量避免：若需求發展階段未提出需要的即時彙總數據的情境，後續要加入該情境，幾乎不可能實現。在這種情況下，資訊人員通常會提議頻繁執行批次，以嘗試達到接近即時效果，但往往長期下來造成系統效能的癱瘓。因此，為了避免影響系統效能，我們應該盡量避免使用這種方案，以及在需求發展階段確認需要的數據流需求情境。

90. 如何使用數據流程圖可視化資訊系統的數據流？

數據流程圖是一種圖形表示工具，用於描述數據在資訊系統中移動和處理的過程。**數據流程圖是數據輸出（報表功能）的基礎，而製作材料來源則是領域模型。**數據流程圖的組成有以下各項（圖 5-22-4）：

- **數據來源**

  數據流程圖的起始點表示數據來源的位置，通常是資料庫、應用程式或資訊系統等。

- **數據目的地**

  數據流程圖的終止點表示數據最終的去處，通常是儲存於資料庫、輸出文件、輸出至應用程式或輸出至其它資訊系統等。

- **擷取的數據（領域模型）**

  需要擷取數據的領域模型。通常只會列出實體清單，實體之間的關係透過需求規格書的領域模型即可取得。

- **數據處理過程說明**

  前述「數據流需求情境的項目」是基本的數據流描述，可供開發人員快速評估該數據流的需求樣貌及可能所需的開發工作量。數據處理過程還包含數據分析、數據應用等處理，更進一步也可能包含機器學習及資料科學的作業。數據處理過程非常多樣，視業務需求而定，因此沒有固定的需求說明格式。

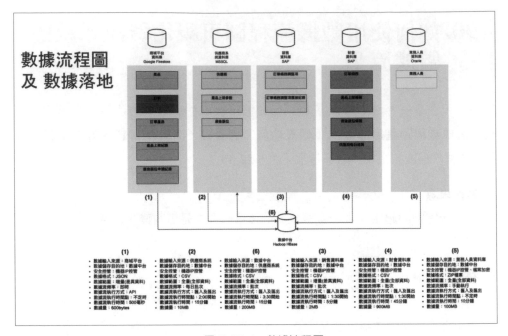

▲ 圖 5-22-4　數據流程圖

在＜第 21 章：系統架構圖－數據部分＞我們介紹了數據輸入介面、數據輸出（查詢功能及報表功能）及數據儲存目的地（數據落地）。以及數據儲存有三種形式：

- 交易記錄（transaction log）
- 批次備份（batch backup）
- 即時抄寫（real-time copy）

在數據流中，即使數據還在處理過程中，為了滿足數據處理需求和方便驗證數據，我們仍然需要將數據儲存下來。這種數據儲存在數據流中被稱為數據落地，目的是區隔數據流最終的數據儲存目的地。**數據落地有三個準則：**

- **數據有經過計算時需要數據落地，以能反推計算邏輯**
  數據落地提供計算邏輯的可反推性，能夠提高系統測試及維護階段的作業效率。

- **數據變更時需要數據落地，以保留變更記錄**

  系統變更的數據都應該被保留下來，實際上會視數據量及合規需要進行數據留存。

- **跨系統的數據進出時需要數據落地，以提供查核使用**

  在不同系統的數據同步情境下，來源系統和目的地系統都應該保留同步時的數據，以做為數據正確傳送或是否有缺失的判斷依據。

這三個準則是最理想的情況，在數據流設計階段，我們應該盡量考慮這些數據落地的需求。因為一旦進入系統開發階段，要增加數據落地的需求將變得非常困難。

如果沒有數據落地，將產生以下問題：

- 數據輸出（報表功能）無法快速還原業務邏輯，資訊人員也不容易知道數據問題的成因。
- 數據儲存目的地只有變更後的數據，要確認是哪一個業務邏輯導致的數據變更，需要資訊人員經過查詢才可得知。
- 跨系統的數據同步發生異常時，無法確認問題原因。

《實務小技巧》

數據落地的準則其實只要掌握一個要點：在數據流發生後，是否可透過儲存下來的數據回推數據流的過程，無論是驗證數據計算或數據變更。若數據落地的數據不能滿足事後驗證，那麼就表示應該在數據流中增加數據落地的環節。

實務上，相當多的系統分析師會優先掌握「數據流程圖」、「數據模型」及「實體關聯圖」的設計，再進行系統功能程式規格設計，就可以知道數據流的重要性。

但反過來說，如果專案初期數據流就走向固化，或一直推遲數據流應該確認的項目就逕行進入系統開發階段，後期會引發多少的議題也是不意外的。

91. 資料分析報告的用途？

在完成數據流程圖之後，即可展開數據工程技術的評估（圖 5-22-5 左側）。**數據工程技術是指使用各種工具、軟體和框架來處理、整合和管理大量的數據。而數據架構則是呈現數據工程設計的成果。**在資訊系統開發前，透過數據工程技術和數據架構評估，將能夠更有效地應對資訊統專案中的數據挑戰，而這一個完整的評估過程，會全部彙整在數據分析報告或資料分析報告中。評估過程中包含以下各項：

資料庫架構

資料庫是資訊系統儲存和管理數據的核心。關於資料庫的種類在＜第 13 章：數據資產＞中有詳細介紹。

在選擇資訊系統的資料庫架構時，需要考慮數據類型、數據量、性能需求和預算等因素，以及考慮數據的可靠性、安全性和可擴展性。根據實際具體的需求，可能會選擇單一資料庫或組合使用多個資料庫的架構。

資料湖架構

資料湖是集中式且可高度擴展的數據儲存和管理系統，用於保存原始未處理的數據。資料湖可以儲存各種類型和格式的數據，包括結構化數據、半結構化數據和非結構化數據。

資料湖的評估須考慮不同來源擷取數據的技術、各種類型數據的儲存結構及分類、數據安全及權限設計和大量數據的吞吐量能力。

資料倉儲架構

資料倉儲是專門用於支持企業決策和報告的數據儲存和管理系統。資料倉儲透過將多個來源的數據進行彙整成統一數據結構，以提供有一致基礎的數據視圖供分析師或決策者使用。

資料倉儲的評估需要考慮使用何種數據模型和設計，包含維度建模、星型模型或雪花模型等技術，以提供不同的報告和分析所需。還需要考慮數據提取、轉換和載入（ETL）流程的設計技術、數據一致性和數據品質，以及複雜商業需求的數據存取效能。

雲端及地端資料傳輸及整合技術

在現代企業中，越來越多的組織選擇將其數據儲存在雲端環境中，促成了許多雲端及地端數據整合的需求。在評估資料傳輸及整合技術時，需要關注：

- 高速性能和可擴展性
  包含吞吐量、延遲時間和數據處理能力。

- 數據安全措施
  確保數據在傳輸過程中受到加密、身份驗證和存取控制等安全功能的保護。

- 高可靠性的技術
  確保數據在傳輸過程中不會丟失或損壞，包括數據冗餘的設定、故障恢復和災難恢復功能的規劃。

批次及即時資料處理技術

批次處理技術適用於大規模數據處理和定期報表產出,具有高效性和穩定性的優點。即時處理技術則適用於需要即時數據的應用場景,具有即時性和靈活性的優點。但批次處理有數據延遲的缺點,即時處理則需要更複雜的架構技術和成本才能實現,因此兩者的選擇,需要視實際具體的需求而定。

ETL 系統及工具

ETL 是數據擷取(Extract)、數據轉換(Transform)及數據載入(Load)。擷取是指從數據來源中獲取數據;轉換是指對數據進行清洗、轉換和處理;載入是指將轉換後的數據匯入到目的地資料庫、資料湖或資料倉庫的過程。

一個優秀的 ETL 系統及工具,應該具備多項關鍵特性,包括:

- 必須能確保數據的準確性,避免任何數據遺失或錯誤的情況發生。
- 能應對數據來源中的異常錯誤和故障。
- 應具備處理不斷增長的大量數據的能力。
- 考慮到數據安全,可以支援數據加密和權限控制等安全措施。
- 提供易於監控性能和執行結果的介面。
- 利用自動化工具和技術,提升 ETL 系統的效率。

數據量評估

數據量評估不僅能確定資源需求,還能預測數據工程可能面臨的挑戰和困難。數據量直接關係到儲存容量、計算效能和流量頻寬三個關鍵部分的資源需求。評估結果的準確性將直接反映在成本費用上。若評估結果與實際數據相去甚遠,將導致系統一上線就運行效率低下,或是浪費龐大的費用。

除了數據量評估，還需要對數據結構進行評估，無論是結構化還是非結構化數據，我們都可以根據其結構來選擇適當的數據工程技術和工具。同時，瞭解數據的屬性，如數據範圍、分佈等，才能夠選擇合適的分析方法論，例如使用監督式模型或非監督模型。

在數據量評估中，最常用的方法是抽樣，透過代表性的數據子集來評估整體數據量。對於新建資訊系統，常常使用數據模擬方法來預估數據量，即透過模擬少量符合實際數據特徵和分佈的數據子集來評估整體數據量。

▌ 資料視覺化工具

透過有效的資料視覺化，以更直觀和易於理解的方式呈現數據，幫助企業做出更明智的決策。

資料視覺化工具評估主要關注數據源整合的容易度、功能豐富性和靈活性、易用性和學習曲線、團隊協作和共享功能，以及表現性能和可擴展性等。

▌ 資料探勘及機器學習平台

資料探勘及機器學習平台的評估需要考慮以下幾個關鍵點：

- 具備直觀且易於使用的使用者介面。
- 能夠輕鬆整合其他相關工具和系統。
- 能夠有效運用硬體資源，提高訓練和預測的效率。
- 具備優秀的擴展性，能夠應對不斷增長的數據量。
- 提供完善的數據安全和模型安全措施。

此外，平台還需具備以下特點以增加數據分析的效率：

- 能夠處理大規模數據，並支援各種數據類型，包括結構化和非結構化數據。

- 提供多種特徵選擇方法，以從原始數據中提取有價值的特徵數據。
- 提供廣泛常用的機器學習演算法和模型，並能夠對這些模型進行準確評估。
- 提供可解釋性和可視化工具，以深入理解模型的預測結果。

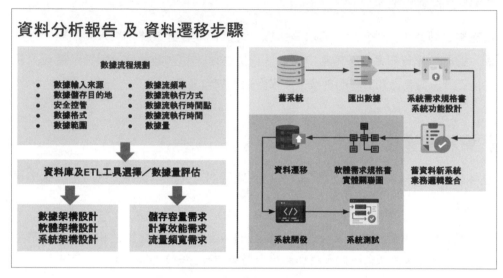

▲ 圖 5-22-5　資料分析報告及資料遷移步驟

總結來說，評估數據工程技術時要考慮的共通因素有：

- **性能和可擴展性**
- **數據整合能力**
- **數據安全措施**
- **易於使用介面**
- **與現有系統的兼容性**

藉由充分考慮這些共同因素，以及上述各個面向的評估重點，我們可以選擇合適的數據工程技術及規劃適當的數據架構，並確保其能夠滿足資訊系統專案的需求。

《實務小技巧》

在需求發展階段的「系統流程圖」製作時，若能邀請資訊人員一起參與，並同時評估初步的「系統架構圖」及「資料分析報告」會能得到較充分的評估時間。上述各項評估涉及的資訊範圍及技術領域相當廣泛，且通常也會涉及外部廠商或軟體平台的導入，因此有充足的評估時間進行時，才能獲得較全面的數據架構。

若是在資訊系統專案進入到系統分析階段才開始評估上述項目時，通常都無法有完整的規劃，但無論如何，仍不可跳過此步驟，以避免數據需求無法實現。

92. 如何規劃有效的資料遷移步驟？

數據遷移是指將數據從一個資訊系統或資料庫轉移到另一個資訊系統或資料庫的過程。**這個過程通常會涉及將數據從較舊的資料庫轉移到較現代的資料庫，以及將舊業務邏輯轉換成新業務邏輯**。數據遷移的方式主要有兩種：

- **一次性遷移**

  透過一次性操作將所有數據從來源資料庫傳輸及轉換到目的地資料庫。此方法適用於小規模的遷移或可以容忍資訊系統停機的情況。若遷移的數據非常大量，風險就會非常高。

- **分階段遷移**

  將數據遷移過程分為數個較小的階段來進行。每個階段都著重於遷移特定數據集或功能，新舊資料同時併存一段時間。在執行傳輸及轉換過程中，能更好的

控制風險,並能夠在進入下一階段之前進行數據的驗證。若遷移的數據彼此關聯緊密,使用分階段遷移會提高遷移的複雜度。

無論選擇哪種遷移策略,都需要在系統分析階段就要同步進行數據遷移,這非常重要,千萬不要將數據遷移放到系統測試時才進行。如果在系統測試階段才發現舊數據與新系統需求不相容,或者在那時才確認舊數據的轉換邏輯,以及透過舊資料才發現新系統需求沒有覆蓋到所有的業務邏輯,那就需要再回頭進行需求變更,而這將增加相當高的成本。因此,在系統分析階段就進行數據遷移是無論如何都不可簡化的工作方式。

完整的資料遷移步驟分為二個部分,分別在需求發展階段及系統分析階段執行。商業分析師在「需求發展階段」時執行動作包含(圖 5-22-5 右側上方):

- **匯出舊系統數據**

  最佳情況是需求發展階段就執行此動作,資訊人員也可提早準備資料遷移的程式開發,最晚要在系統分析階段執行。

- **系統需求規格書系統功能設計**

  確認新需求有覆蓋所有舊資料的業務情境。

- **舊資料新系統業務邏輯整合**

  將舊資料轉換的邏輯記錄至領域模型中。

在「系統分析階段」,系統分析師的執行動作包含(圖 5-22-5 右側下方):

- **軟體需求規格書實體關聯圖**

  設計實體關聯圖時,包含領域模型的舊資料轉換的邏輯。

- **資料遷移**

  將舊系統數據導入至新系統的資料庫,並驗證舊資料轉換的邏輯。

- **系統開發**

  程式設計包含舊資料的操作。

- **系統測試**

  確認舊資料可在新系統正常操作。

資訊系統隨著企業業務的發展，將數據從舊有資訊系統傳輸到另一個新建立資訊系統的需求變得不可避免。而資料遷移的作業複雜度被稱為是系統設計的怪獸，越早執行，才越容易打敗這隻怪獸。

重點總結

在數位化過程中，數據架構的考量不僅限於業務端的需求，還包括數據應用系統設計、數據工程技術、數據儲存方式和數據流設計等因素。只有合適地設計和規劃數據架構，才能確保數據能夠有效地被儲存、管理和應用，進而實現業務的數位化轉型。

數據流是指數據在資訊系統中移動和處理的過程，我們介紹了六種數據流需求情境，以及需求情境的細部項目，且透過數據流程圖來具體描述數據流的需求。

接著介紹了數據儲存目的地與數據落地的差異。其中數據落地有三個判斷準則，在數據流設計階段，我們應該盡量考慮這些數據落地的需求。

在完成數據流程圖之後，即可展開數據工程技術的評估。數據工程技術是指使用各種工具、軟體和框架來處理、整合和管理大量的數據。而數據架構則是呈現數據工程設計的成果。而這一個完整的評估過程，會全部彙整在數據分析報告或資料分析報告中。我們介紹了評估過程應考慮的九個面向及共通因素。

最後我們說明了數據遷移的兩種方式，以及完整的資料遷移步驟，以能提早執行因應資料遷移的作業複雜度所帶來的風險。

在完成系統架構圖、數據流程圖及資料分析報告後，我們已經準備好資訊系統的基礎架構，接下來我們就要把資訊系統所需要的數據放入至這些基礎架構中。

自我測驗

1. 數據架構受哪些層面及過程的影響？
2. 資訊系統的中台架構與業務活動的關係是什麼？
3. 數據流有哪三個過程？
4. 數據流需求情境有哪六種？
5. 數據流程圖組成有哪些部分？
6. 數據落地的三個準則是什麼？
7. 資料分析報告內容包含哪九個面向？
8. 數據遷移的方式有哪兩種？
9. 數據遷移應該在什麼階段執行？

23

數據模型－使用及分析資訊系統的數據

"The future belongs to those who believe they can change the world."
- Nelson Mandela
「未來屬於那些相信自己能改變世界的人。」－納爾遜‧曼德拉
南非國父、革命家及慈善家

《在開始之前的準備》

數據模型的製作時間點應該位於數據流程圖之後，及系統功能程式規格設計之前。此時 UI/UX 產品設計師有可能還在進行系統功能原型設計的一些細節。同時，一些經驗豐富的系統分析師也會在此時設計實體關聯圖。數據模型最晚則是在系統開發之前完成。

實際上，更常發生的是另一種情況，即缺乏資料分析報告、數據流程圖和數據模型的情況下，UI/UX 產品設計師完成系統功能原型後，系統分析師直接進行系統功能程式規格的設計。他們透過設計每個系統功能程式規格中的資料庫和資料表，再推導出實體關聯圖，進而再由數據工程師或數據分析師彙整成數據模型。

這種情境你是否熟悉？且在這種情境下，經常遇到數據需求未實現，或系統功能表面上看似已滿足系統需求，但實際上數據卻錯綜複雜或有缺失，導致一個看似簡單的數據需求變得極其困難實施，甚至無法實現。或是專案後期提取數據時困難重重。

這些問題都是因為系統分析過程中省略了太多需求分析步驟所導致的。然而，改變並不困難，只需要按部就班逐步執行需求分析步驟，就能夠實現改善。

這是軟體需求規格書中實現系統需求最關鍵的部分，請持續關注最後這一章節。

類別	需求發展階段					系統分析階段			
	商業需求	系統需求	商業需求分析	系統需求分析	可行性分析	系統規劃	需求分析	系統設計
			商業需求清單表	系統需求清單表	專案計劃書	軟體需求規格書		
			商業需求規格書	系統需求規格書				
A	商業規則		◎ 業務流程圖 ◎ 業務作業清單 ◎ 使用案例			(整合至下方規格中)		
	限制要求							
B	既有資訊系統	系統對接需求	◎ 系統流程圖			系統架構圖 (軟體/硬體/網路)		
	數據需求		◎ 領域模型 ◎ 數據資產 (數據輸出說明)	系統功能線框圖 (系統功能視覺稿) 系統功能需求說明 系統功能測試案例	工作說明書 專案時程檔 (工作量評估 及WBS)	資料分析報告 (含數據遷移)	數據流程圖	數據模型
C	-	功能性需求	◎ 使用案例循序圖 ◎ 系統功能清單 ◎ 系統功能流程圖			系統開發標準	實體關聯圖	系統功能程式規格
							系統功能原型	系統功能測試規格
D	-	非功能需求	非功能需求清單					
	-	品質要求	品質要求清單			服務級別協定		
	需求管理階段							
	需求追溯矩陣							

▲ 圖 5-23-1　軟體需求規格書的數據模型

93. 商業分析師如何確認系統需求？

在開始數據模型的內容之前，讓我們先整理一下「需求發展階段」和「系統分析階段」規格書之間的關係。以商業分析師的角度來看系統分析階段的軟體需求規格書，應該優先關注以下幾個對應關係（圖 5-23-2）：

- 「業務流程圖」的數位化作業，是否有呈現在「系統功能原型」的設計中。
- 「使用案例圖」的案例，是否有呈現在「系統功能原型」的設計中。

- 「領域模型」的實體，是否有呈現在「實體關聯圖」的設計中（圖 5-23-2 的 ❶）。
- 「循序圖」的系統功能及訊息流，是否有呈現在「系統功能程式規格」及「實體關聯圖」的設計中（圖 5-23-2 的 ❷及 ❸）。
- 「系統功能線框圖」是否有呈現在「系統功能原型」的設計中。
- 「測試案例」是否有呈現在「系統功能測試規格」的設計中。

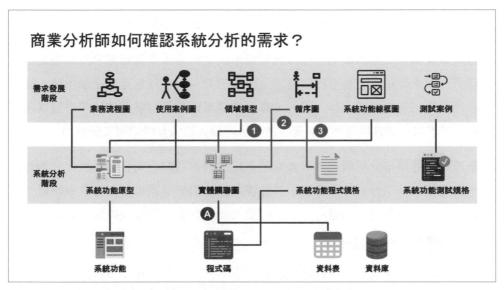

▲ 圖 5-23-2　需求發展階段和系統分析階段規格書之間的關係

實際上，這些文件之間的對應關係是交錯的。例如，在製作系統功能程式規格時，系統分析師需要參考業務流程圖和使用案例圖進行設計。**這裡列出的對應關係是指商業分析師在確認系統分析階段的軟體需求規格書是否符合系統需求規格書時，應該關注的重點對應關係。**其中，有三個關鍵點（圖 5-23-2 的 ❶、 ❷及 ❸）容易出現需求不一致或缺失的情況：

1. 「領域模型」是需求發展階段提出的數據需求，所有的數據需求應該在「實體關聯圖」中找得到對應。如果找不到對應，就需要進行確認。

2.「循序圖」描述的訊息流和數據落地需求是否在「實體關聯圖」中找得到對應，如果找不到對應，也需要進行確認。

需要注意的是，數據落地的需求常常被忽略。**在系統功能原型上可見的欄位不一定具有數據落地功能，必須透過實體關聯圖的確認才能確定數據落地需求是否被實現。**

3.「循序圖」描述的系統功能和業務邏輯是否都包含在「系統功能原型」和「系統功能程式規格」中，如果缺少或不一致，也需要進行確認。

透過文章型描述的需求說明，在系統分析階段就很難確認軟體需求規格書是否符合需求。如果無法確認是否符合需求，後續的需求管理就會變得更加困難，往往會導致大量的需求變更工作。因此，**有效的需求確認過程需要依賴需求發展階段的系統需求規格書結構清晰，以及系統分析階段資訊人員的軟體工程實力。**

這是否意味著商業分析師需要學會閱讀系統分析階段的所有技術文件呢？實際上不一定需要。商業分析師透過確認前述優先關注的對應關係是否包含系統需求規格書的需求，就已經可以避免大部分的重大需求缺失。至於技術架構是否正確，則應由系統架構師進行確認。

在系統測試階段，還有一次機會可以進行系統需求確認。除了根據測試案例進行系統功能測試外，我們還可以根據「資料庫的資料表」驗證「領域模型」和「循序圖」的訊息流和數據落地需求（圖 5-23-2 的**Ⓐ**）。因此，**如果商業分析師能夠自行操作後端資料庫，就可以提高系統測試的深度，更加明確地確認數據需求是否得到實現。**

實際上，商業分析師通常在系統上線後才開始瞭解系統產生的數據（例如用於數據分析），這時又需要經歷數據提取和數據清理的痛苦過程。因此，**如果能夠在系統測試階段確認系統產生的數據，就可以加快和提高後期數據分析的效率和品質。**

《實務小技巧》

其實只要掌握一個準則，**當資訊人員提供任何系統功能測試時，同時也要進行數據的確認**。若商業分析能自行操作後端資料庫，這是最直接的數據確認方式。若有技術上的限制，透過資訊人員數據提取後確認，也是常使用的方法。最不合適的方式是僅透過系統功能畫面上的數據確認，請務必避免僅測試系統功能畫面的情況。

商業分析師如果想要自行操作後端資料庫，就必須學會資料庫的語法或程式語言。雖然現在有很多不同品牌和技術的資料庫，但關聯式資料庫仍然佔有相當大的比例，因此 SQL 是讀取資料庫的首選查詢語言。或者，在需求發展階段就可以提出數據需求，將系統數據同步至商業分析師可以讀取的資料庫，再透過資料視覺化工具（例如 Tableau 或 PowerBI 等）讀取系統產生的數據。

總結來說，無論系統技術的多樣性，需求發展階段提出的系統需求，尤其是數據落地需求，最終都應該要有具體呈現，無論是實現在系統功能上還是產生數據並儲存在可見的目的地中，以便商業分析師進行需求的確認。

94. 什麼是數據模型，以及數據建模技術有哪些？

在需求發展階段，透過「領域模型」描述了數據需求，那麼系統分析階段是如何描述數據設計的呢？答案是透過不同類型的「數據模型」來呈現。在資訊系統中不同面向操作數據時，會使用不同的「數據建模技術」。儘管商業分析師不需要掌握所有的數據模型類型和數據建模技術，但瞭解數據模型的結構對商業分析師來說非常的有幫助。

數據模型（Data Model）包括以下數種類型：

- **概念模型（Conceptual Model）**

  呈現業務層面數據的概念和關係。它用於理解和溝通業務需求，將實體之間的數據關係可視化。概念模型即為＜第 12 章：領域模型＞，是商業分析師應該掌握的數據模型。

- **邏輯模型（Logical Model）**

  將概念模型轉化為具體技術性的說明。它定義了數據的結構、約束和操作。邏輯模型通常使用實體關聯圖（Entity Relationship Diagram, ERD）或類似的表示方法，以在資料庫中實現資料表的設計。這是系統分析師最常製作的數據模型。

- **物理模型（Physical Model）**

  定義數據在資料庫管理系統中的物理結構和特性，例如數據索引的設計、數據儲存空間分配等。物理模型的設計直接影響資料庫的性能和效率。這是資料庫管理師最常製作的數據模型。

不同的數據建模技術（Data Modeling Technique）適合不同的數據類型和不同的數據應用場景，目前主流的數據建模技術有：

- **實體關聯建模（Entity-Relationship Modeling）**

  透過實體（Entity）表示現實世界中的對象，使用關聯（Relationship）表示對象之間的關係，使用屬性（Attribute）表示對象的特徵，以呈現現實世界中的數據樣貌。通常用於資訊系統專案中設計關聯式資料庫時使用。

- **維度建模（Dimensional Modeling）**

  透過分析現實世界使用數據的行為，將數據分解為可管理的維度，並將事實（Fact）與維度（Dimension）相關聯。通常用於資料倉儲或商業智慧設計資料庫時使用。

- **物件導向建模（Object-Oriented Modeling）**

  將數據組織成物件（Object）的結構，每個物件具有屬性（Field）和方法（Method）。通常用於物件導向程式中設計程式如何操作數據時使用。

- **圖形資料建模（Graph Data Modeling）**

  透過節點（Node）表示實體（Entity）中的一個實例（Instance），及邊緣（Edge）表示實例間的關係（Relationship），來呈現現實世界中網絡數據的關係。通常用於設計圖形資料庫時使用。

常見的數據建模技術應用場景有：

- **資訊系統的數據模型**

  數據模型扮演數據需求與資料庫設計之間的橋樑。

- **資料倉儲及商業智慧的數據模型**

  數據模型為報表需求和企業決策提供企業內一致基礎的數據視圖。

- **機器學習及人工智慧的數據模型**

  新型態的數據建模技術（例如圖形資料建模）所產出的數據模型，提供這些高級分析場景的獨特需求。

在商業分析師的角度來看，深入瞭解「概念模型」（領域模型）能夠更具體地呈現資訊系統中的數據需求，而對「邏輯模型」（實體關聯圖）的理解則有助於確保系統分析師的資料庫設計是否符合需求。 系統分析師通常使用「實體關聯建模」來實現邏輯模型，而數據工程師則運用「維度建模」來實現資料倉儲和商業智慧資料庫中的邏輯模型。瞭解這些數據模型能夠讓我們在資訊系統專案中更好地理解不同團隊成員之間的責任界線，進而更進一步提升合作效率。

《實務小技巧》

簡化來説，商業分析師製作概念模型，資訊人員製作邏輯模型。邏輯模型無論是使用哪一種數據建模技術，只要是在關聯式資料庫裡，看起來都是一張張的資料表實體，所以常常會被誤會所有的邏輯模型都是同樣的技術產出。

但實際上並不是的喔，這就像是企業裡每個單位都會使用 Excel，但財務單位及行銷單位製作的表格一定不相同，但表格格式都是 Excel 的二維表格。

所以商業分析師不用著重在數據建模技術，只要關注邏輯模型（實體關聯圖）的數據如何對應到概念模型（領域模型）的數據需求即可。

---

95. 關聯式資料庫基礎概念

資料庫管理系統

在資料庫管理系統（Database Management System, DBMS）的三層架構中，各層級扮演著不同的角色（圖 5-23-3）：

- **物理層（Physical Level）：資料庫**
  數據實際儲存的位置，主要議題為資料庫效能及成本費用等。

- **概念層（Conceptual Level）：資料表**
  數據以資料表的形式呈現，供資料庫使用者操作數據使用，主要議題為數據模型的設計。

- **外部層（External Level）：程式碼或應用程式**

  實際使用數據的介面，主要議題為數據使用及數據分析等。

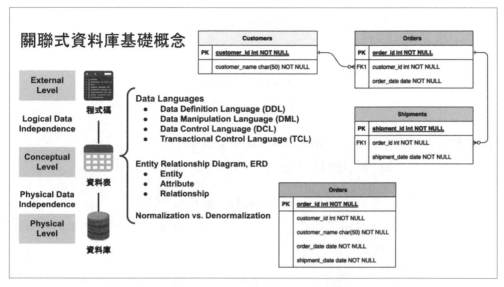

▲ 圖 5-23 3　關聯式資料庫基礎概念

從理論上看，這三個層次應該相互獨立，但在實務中，外部層和概念層很難明確區分。因為概念層和外部層都是在系統分析階段由系統分析師設計的，以滿足系統需求規格書中的要求。

從商業分析師的角度來看，外部層涉及各種系統架構和程式語言，**概念層則是數據儲存的目的地，也與領域模型和循序圖中的訊息流及數據落地相對應**。因此，商業分析師如果能具備一定的資料庫操作技能，就能更好地瞭解系統產生的數據，進而提高後期數據分析的效率和品質。因此，現在我們來看看概念層中的邏輯數據有哪些基本概念。

數據語言

關聯式資料庫的數據語言包括以下幾種類型：

1. **數據定義語言（Data Definition Language, DDL）**
   包含建立、刪除、重新命名等資料表（Table）的操作。

2. **數據操作語言（Data Manipulation Language, DML）**
   包含查詢、插入、更新、刪除等資料（Data）的操作。

3. **數據控制語言（Data Control Language, DCL）**
   包含授予或撤銷使用者的 DML 權限（Permission）的操作。

4. **交易控制語言（Transactional Control Language, TCL）**
   包含取消、送交、保存點等資料庫交易（Transaction）的操作（指會異動資料的 DML 操作，例如更新、刪除等）。

以商業分析師的角度來看數據語言，商業分析師要可以自行讀取資料庫的數據，首要當然是學習 DML，尤其是查詢（SELECT）語法。本章節後續介紹 SQL 語法時，即以查詢語法為主。

實體關聯圖

實體關聯圖（Entity Relationship Diagram, ERD）是資料庫中「資料表與資料表關係」的一種邏輯模型，採用實體關聯建模技術製作，能夠清晰呈現資料之間的關聯。實體關聯圖有以下元素：

- **實體（Entity）**
  每個實體代表一張資料表，而每張資料表包含多個欄位（欄位即屬性），這些欄位需要指定數據類型，例如文字、整數、日期等。

- **屬性（Attribute）**

  最重要的屬性是欄位（Column）和主鍵（Primary Key）。主鍵是資料表中的唯一識別值，可以由一個或多個欄位組成。

- **關係（Relationship）**

  描述兩個實體之間的關係，可能是一對一、一對多、多對一或多對多關係。

《更進一步學習》

實體關聯建模技術除了製作邏輯模型外，也被使用在製作概念模型。這也是為什麼實體關聯圖實務上會有多種呈現樣貌。還有另一個原因，不同軟體所呈現的實體關聯圖的元素樣貌也不相同。

以圖 5-23-3 右側的客戶資料（Customers）與訂單資料（Orders）為例，兩張表透過客戶編號（customer_id）欄位建立一對多的關聯，客戶資料的客戶編號是一，訂單資料的客戶編號是多，多的圖示為一個圓圈。不同的軟體會有不同的表示方式。

因此，在閱讀實體關聯圖之前，務必要先確認該圖是概念模型還是邏輯模型，以及使用的軟體，並確認該軟體如何表示各種實體及實體之間的關聯。

通常，要瞭解關聯式資料庫中儲存的資料，我們會從實體關聯圖開始，以初步瞭解整個資料庫的數據結構。然而在實際應用中，有些系統可能因為年代久遠或在系統分析階段缺乏嚴謹執行而沒有相應的實體關聯圖文件可供參考。此時，我們只能依賴反向工程技術，或透過 SQL 語法直接操作數據來確認資料表之間的關係，以還原出資料結構。這些臨時措施會導致長期以來無法使用正確的數據，同時也是阻礙實現數據價值的根本原因。

▎正規化

正規化（Normalization）是指將實體的欄位進行分析後，抽取出相同數據單獨存放在另一個實體的過程，以消除數據冗餘（Data Redundancy）。例如圖 5-23-3 中的客戶資料（Customers）及運送資料（Shipments）就被單獨抽取出來成為獨立的實體，以減少在訂單中重覆儲存客戶姓名（customer_name），以及避免需要提早儲存運送日期（shipment_date）的情況。

正規化具有以下優點：

- **減少數據儲存量**

  透過抽取實體的過程，減少了重覆數據的儲存，進而降低了儲存成本。

- **確保數據一致性**

  由於重覆數據成為獨立的實體，不會發生數據不一致的情況。舉例來說，只要客戶編號（customer_id）相同，客戶姓名（customer_name）就不會存在不同的情況。

- **數據設計可高度管理**

  在將所有資料表和欄位加入已正規化的實體關係圖（ERD）時，需要經過嚴格的正規化設計過程，確保資料表設計的一致性，不受不同系統分析師的個人設計影響。

雖然正規化具有這些優點，但也存在一些缺點：

- **使用數據時需耗費效能組合數據**

  大部分情況下，使用數據時需要檢索相關實體的數據，這就需要進行 SQL 程式開發和數據提取的過程。

- **數據更新有時間性或版本要求時的限制**

  若需要修改被抽取出的獨立實體數據，例如客戶姓名在某一時間點前為 A，之後為 B，就需要修改獨立實體的設計。

● **與新的業務邏輯不相容時，修改系統工作增加**

　　當新的業務邏輯的實體關係無法與原有實體關係相容時，修改系統的工作將變得更加繁重。

在 1990 年代初期，儲存成本相當昂貴，因此正規化設計是必要的手段。然而，隨著技術的發展，儲存成本迅速下降（圖 5-23-4 左側上方），不再需要透過正規化來減少數據量，同時也失去了正規化的其他優點。現今的實務設計並不是絕對的正規化或反正規化（Denormalization），而是依賴系統提供的功能性質來判斷適用多少程度的正規化。舉例如下：

● 若是輸入簡單但多元的數據，例如遊戲 APP 所產生的數據，那麼就不需要使用正規化的設計；

● 若是輸入複雜但邏輯要求嚴謹的數據，例如金流所產生的數據，那麼就比較合適使用正規化的設計。

這些例子說明了正規化和反正規化的設計差異。根據當前資料庫技術的發展，不論是簡單多元還是複雜嚴謹的數據，我們都可以透過不同的設計方式來實現需求。因此，在接觸到資料庫或數據時，我們應該在進行數據探索和分析之前，具備這些基本概念知識，以避免基於錯誤的數據基礎進行不適當的數據解讀。

96. 非關聯式資料庫基礎概念-文件型

NoSQL 資料庫是指 Not only SQL，不是 Not SQL 喔！ NoSQL 資料庫提供非結構化和半結構化數據的儲存和查詢方法，跟 SQL 資料庫相比較，在各方面都有顯著的差異，以下列出基礎概念差異的一部分：

● **數據模型的差異**

　　SQL 資料庫：需要先預定義資料表的數據模型，包括行、列、主鍵等。

NoSQL 資料庫：不需要預定義數據模型，且允許使用不固定的數據結構，例如在文件型資料庫裡，各筆數據的結構可以不相同（圖 5-23-4 左側下方）。

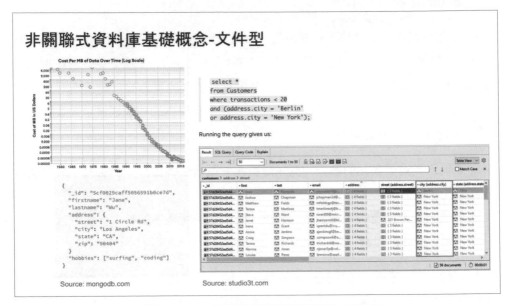

▲ 圖 5-23-4　非關聯式資料庫基礎概念 - 文件型

- **可擴展性的差異**

  SQL 資料庫：通常採用垂直擴展（scale-up），即需要透過升級硬體來增加數據處理能力。垂直擴展最終會有上限，且會呈現成本遞增的趨勢。

  NoSQL 資料庫：通常為水平擴展（scale-out），即把數據分佈在多個機器上，透過分散式運算以處理更大的數據量。

- **查詢語言的差異**

  SQL 資料庫：使用結構化查詢語言（SQL）。

  NoSQL 資料庫：不同 NoSQL 資料庫，查詢語言各有不同（圖 5-23-4 右側）。

- **適用情境的差異**

  SQL 資料庫：適合在複雜查詢、高度要求一致性和資料關係的數據，例如財務數據。

  NoSQL 資料庫：適合大量非結構化或半結構化數據，例如社交網絡、物聯網數據等。

NoSQL 資料庫的類型：

- **列式儲存（Column Store）**

  常用於分析型系統或大數據的場景，例如報表系統或金融商品即時報價等。

- **文件型（Document）**

  常用於 Web、App 的數據，例如 API 普遍採用 JSON 格式溝通，在儲存 JSON 數據時就會使用文件型資料庫。

- **鍵值對（Key Value）**

  常用於 Web、App 的數據，例如網站的快取暫存數據。

- **圖形型（Graph）**

  常用於社群或關聯數據，例如關係人交易系統。

由這些類型可以看出來，資訊系統專案在不同情境下，會應用不同的 NoSQL 資料庫，而且不同的 NoSQL 資料庫所使用的查詢語言又不相同，導致增加了資訊系統在系統測試階段時的難度。那麼有沒有什麼方式可以在採用這些新資料庫的時候，讓系統測試階段仍然可以順利進行呢？要掌握這兩個準則：

- 每一個系統功能測試，無論是系統功能畫面或 API，也無論中間使用了多少資訊技術，**最終必須有一個數據輸出功能（查詢功能）或可操作的數據儲存目的地，以具體進行測試數據的確認**。例如，設計一個 API 記錄查詢功能，或直接連接至文件型資料庫進行查詢。

- 或透過資訊人員執行數據工程工作（轉檔、寫程式碼等），**將 NoSQL 資料庫的數據轉換成關聯式資料庫供查詢使用；或將 NoSQL 資料庫連接至 Tableau、PowerBI 等視覺化工具，透過工具的操作來確認 NoSQL 資料庫裡的數據。**

97. SQL查詢語法基礎概念

學習 SQL 查詢語法就像學習英文文法一樣，只要掌握句型，就能創造出自己需要的數據！基本句型（圖 5-23-5 左側上方）：

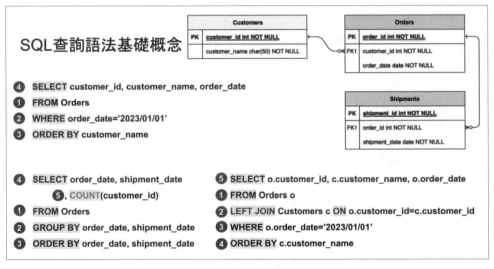

▲ 圖 5-23-5　SQL 查詢語法基礎概念

1. 從 FROM 開始，這裡輸入的是資料表的名稱，注意，有些資料庫有區分英文大小寫，以下步驟皆要注意。
2. 再來輸入 WHERE 的篩選數據條件，先寫欄位名稱，再來是輸入運算式，包含「＝」、「＞」、「＜」、「＞＝」、「＜＝」、「！＝」或「＜＞」表示不等於。
3. 再來輸入 ORDER BY 的欄位順序，可以以多個欄位排序，以逗號分隔欄位，欄

位的順序就是排序的順序，例如先按 A 欄位排序，再按 B 欄位排序。若要反排序，增加「DESC」即可，例如「ORDER BY order_date DESC, shipment_date」。

4. 最後才輸入 SELECT 所需要呈現的欄位，可以呈現多個欄位，以逗號分隔欄位，欄位的順序就是呈現的順序。

按這句型思考，SQL 查詢語法是不是很簡單呢！

接著我們來看函數（function）（圖 5-23-5 左側下方）：

1. FROM 輸入資料表的名稱。

2. WHERE 輸入篩選數據條件。

3. GROUP BY 輸入群組的欄位順序，例如將資料使用 order_date 做小計。可以以多個欄位群組，以逗號分隔欄位，例如按 A 欄位及 B 欄位小計。

4. SELECT 輸入需要呈現的欄位。

5. 在希望增加函數的位置，增加一個虛擬欄位，例如增加了一個使用 COUNT 計算的欄位。函數的寫法跟 EXCEL 類似，EXCEL 是使用 A1 來表示儲存格，在 SQL 裡直接使用欄位名稱來進行函數的計算。

如果我需要的數據分別存在不同的資料表裡呢？首先要先看實體關聯圖裡的資料表關聯，要先找到這兩張表是使用什麼欄位做關聯，例如 Orders 資料表跟 Customers 資料表是透過 customer_id 這個欄位串連在一起的，表示 Orders 裡的 customer_id 應該可以在 Customers 裡找到。就像是 Excel 裡的 Vlookup 函數的意思一樣（圖 5-23-5 右側下方）。

1. FROM 輸入資料表的名稱。

2. LEFT JOIN 輸入要關聯的資料表名稱，在 ON 的後面增加關聯的欄位名稱。

3. WHERE 輸入篩選數據條件。

4. ORDER BY 輸入排序的欄位，也可以使用 GROUP BY 輸入群組的欄位。

5. SELECT 輸入需要呈現的欄位。

透過有結構的 SQL 語法，也可以像 Excel 一樣快速得到自己想要取得的數據，是不是很想再多學一點呢？以下介紹幾個熱門的線上學習 SQL 的網站：

W3Schools

https://www.w3schools.com/sql/default.asp

透過 SQL 語法的介紹及範例線上演練，逐步熟悉 SQL 關鍵字使用方式。

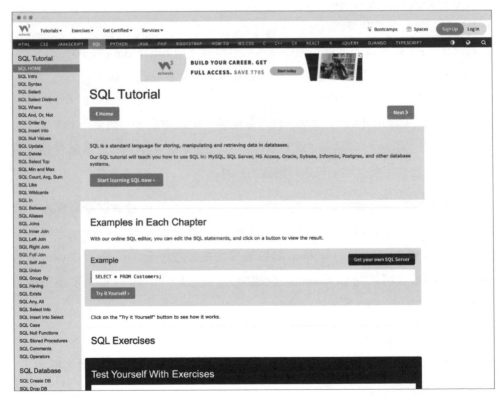

▲ 圖 5-23-6　W3Schools

Programiz

https://www.programiz.com/sql/online-compiler/

提供一組實際的資料表，透過實際線上演練 SQL 語法及資料讀取結果，培養對資料表關聯的概念。

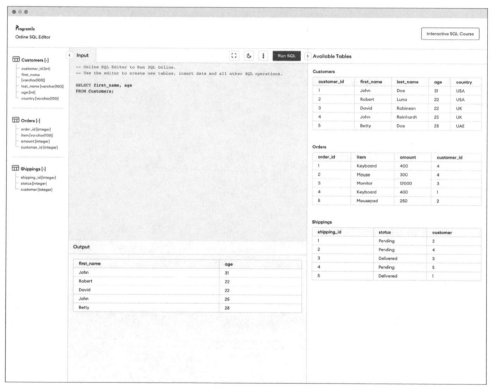

▲ 圖 5-23-7 Programiz

SQL-Practice

https://www.sql-practice.com/

提供一組實際的資料表，及測試題目（圖 5-23-8 右側的 View All Questions 按鈕），檢驗自己是否可將實際商業問題轉換為 SQL 語法。

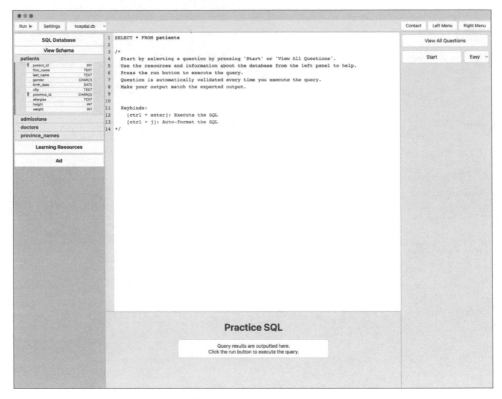

▲ 圖 5-23-8　SQL-Practice

DataLemur

https://datalemur.com/sql-interview-questions

收集了全球大型公司面試 SQL 考題，測驗看看是否能挑戰成功！

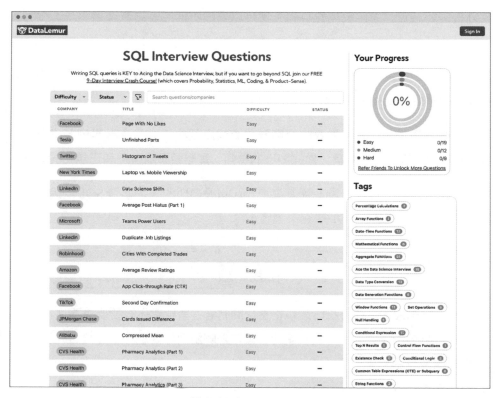

▲ 圖 5-23-9　DataLemur

重點總結

商業分析師應該關注需求發展階段和系統分析階段規格書之間的關係，以確認軟體需求規格書的設計都有符合系統需求規格書的需求。此外，我們說明了如果商業分析師能夠自行操作後端資料庫，就可以更加明確地確認數據需求是否得到實現。

為了能確認數據需求，因此商業分析師需要瞭解數據模型的概念。我們說明了數據模型的類型，以及主流的數據建模技術。

另一方面，商業分析師也需要瞭解關聯式資料庫及非關聯式資料庫的基礎概念，包括資料庫管理系統的架構、數據語言的種類、實體關聯圖模型和正規化的觀念。

最後，我們介紹了 SQL 查詢語法基礎概念，以及熱門的線上學習 SQL 的網站，希望能打開商業分析師的 SQL 學習樂趣喔！

自我測驗

1. 需求發展階段和系統分析階段規格書之間有哪些對應關係需要優先關注？
2. 商業分析師能夠自行操作資料庫時，會帶來哪兩個好處？
3. 數據模型有哪三種？
4. 目前主流的數據建模技術有哪些？
5. 什麼是資料庫管理系統的三層架構？
6. 數據語言有哪幾種？哪一種對商業分析師而言最重要？
7. 實體關聯圖的重要性是什麼？
8. 正規化有什麼優缺點？
9. 採用 NoSQL 資料庫時，如何進行數據需求的確認？

A

AIPRM for ChatGPT
設定步驟

在本書中提到的 ChatGPT 案例，需要在 Chrom 安裝 AIPRM for ChatGPT 的擴充功能。以下為安裝步驟。

人類專家的提醒：在使用 ChatGPT 時，仍應透過人類專家謹慎判斷 ChatGPT 提供的回答後，才可正式使用喔。

1. 到 OpenAI 註冊帳號。

▲ 圖 A-1-1　AIPRM for ChatGPT 設定步驟

2. 帳號註冊完成後，點選 ChatGPT。

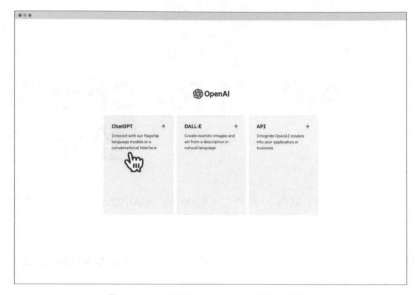

▲ 圖 A-1-2　AIPRM for ChatGPT 設定步驟

3. 有一些說明及警語，閱讀完畢，點選 Next。

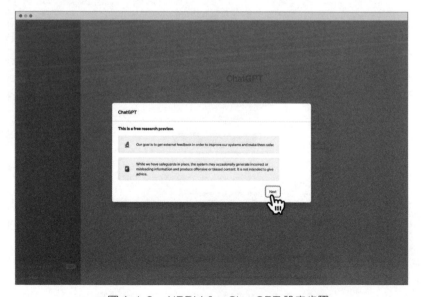

▲ 圖 A-1-3　AIPRM for ChatGPT 設定步驟

4. 開始使用 ChatGPT。輸入問題後，點選箭號送出。

▲ 圖 A-1-4　AIPRM for ChatGPT 設定步驟

5. 在 Google 搜尋 AIPRM，點選 AIPRM for ChatGPT。點選加到 Chrome 進行安裝。

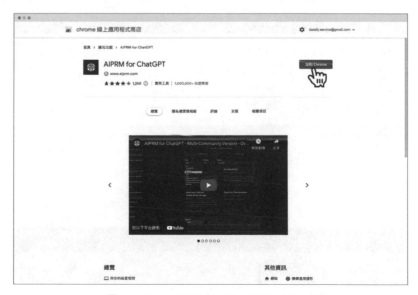

▲ 圖 A-1-5　AIPRM for ChatGPT 設定步驟

6. 安裝完成後，點選 Continue。

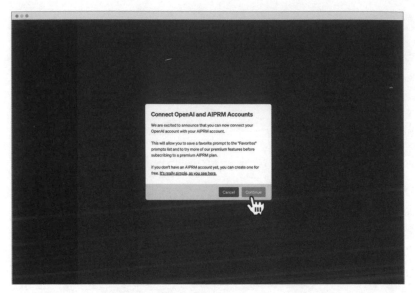

▲ 圖 A-1-6　AIPRM for ChatGPT 設定步驟

7. 註冊 AIPRM 帳號。

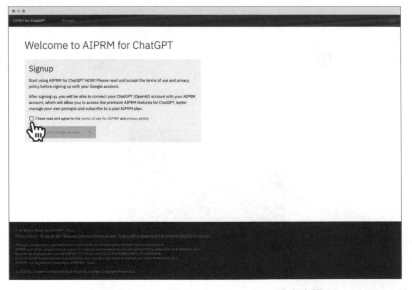

▲ 圖 A-1-7　AIPRM for ChatGPT 設定步驟

8. 驗證 Email。點選 Continue。

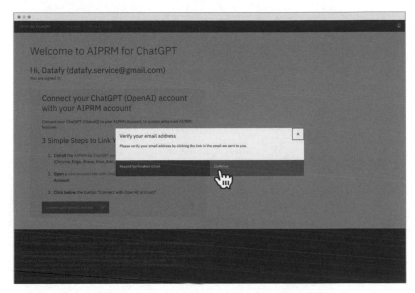

▲ 圖 A-1-8　AIPRM for ChatGPT 設定步驟

9. 點選與 OpenAI 帳號連結。

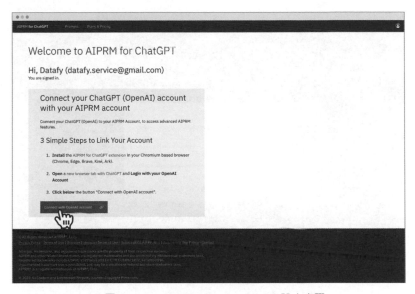

▲ 圖 A-1-9　AIPRM for ChatGPT 設定步驟

10.驗證 Email 成功後，開始使用 ChatGPT。

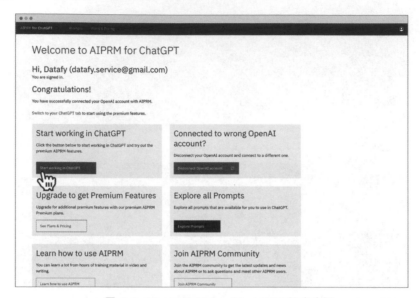

▲ 圖 A-1-10　AIPRM for ChatGPT 設定步驟

11.閱讀條款後，點選 Confirm。

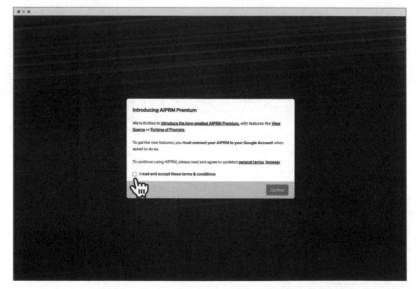

▲ 圖 A-1-11　AIPRM for ChatGPT 設定步驟

12.ChatGPT 的頁面就會出現提示語模板。先點選想要的模板，再開始跟 ChatGPT 對話即可。

▲ 圖 A-1-12　AIPRM for ChatGPT 設定步驟

B

常見的製作UML工具

在本書中提到的各種 UML 圖，透過 UML 工具來製作會更加得心應手。以下介紹幾個著名的 UML 工具（排序為推薦順序）。

draw.io

https://www.drawio.com/

draw.io 是一個免費的網頁版圖表製作工具，提供了豐富的預先建立形狀、拖放功能和協作功能。draw.io 著稱的是簡單性和易用性，而且與多個雲端空間（Dropbox、Google Drive、GitHub 等）整合度高，成為製作 UML 圖和其他視覺圖表的常見選擇。

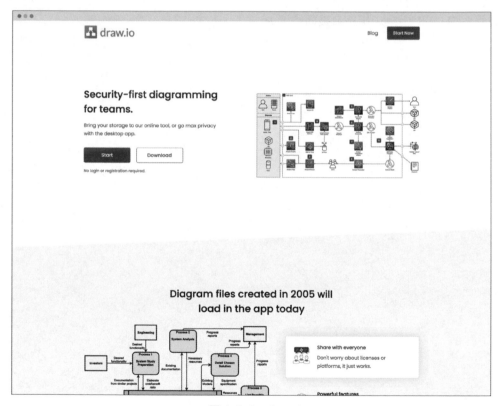

▲ 圖 A-2-1　draw.io

Lucidchart

https://www.lucidchart.com/pages/

Lucidchart 是一個網頁版圖表製作工具，並提供同步協作功能，使多個使用者可以同時編輯和討論圖表。Lucidchart 被廣泛應用於軟體開發、專案管理和流程設計等領域。

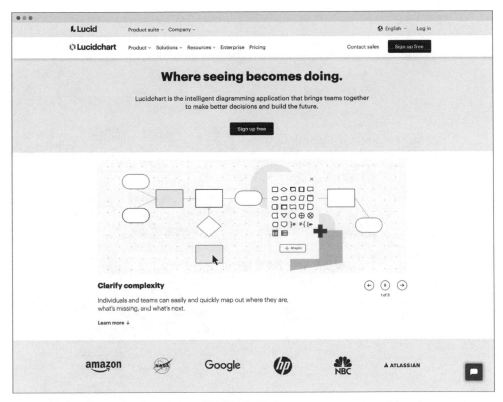

▲ 圖 A-2-2　Lucidchart

▍Visual Paradigm

https://www.visual-paradigm.com/

Visual Paradigm 是一個全面的 UML 建模工具，使用者可以輕鬆地建立和編輯各種 UML 圖表。Visual Paradigm 還提供了產出程式碼和反向工程的功能，可以將 UML 圖表轉換為多種程式語言的程式碼。此外，它支援同步協作，使多個使用者可以同時編輯和討論圖表。Visual Paradigm 被廣泛應用於軟體開發、系統分析等領域。

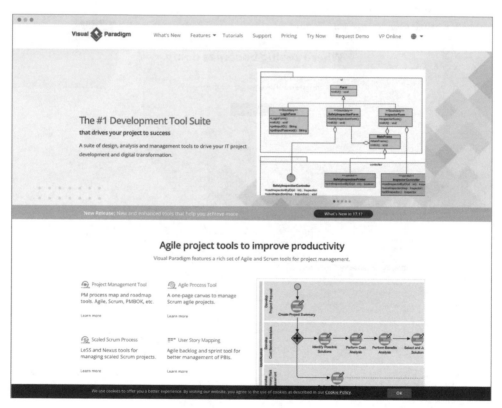

▲ 圖 A-2-3　Visual Paradigm

▌ Sparx Systems Enterprise Architect

https://sparxsystems.com/products/ea/editions/professional.html

Sparx Systems Enterprise Architect 是一個強大的 UML 建模工具,且具備軟體工程功能,可以從 UML 模型產出多種程式語言的程式碼,以及模型和程式碼之間的雙向同步。此外,它還支援需求管理功能,讓使用者可以追蹤和管理系統的需求。Sparx Systems Enterprise Architect 廣泛應用於軟體開發、系統分析和企業架構設計等領域。

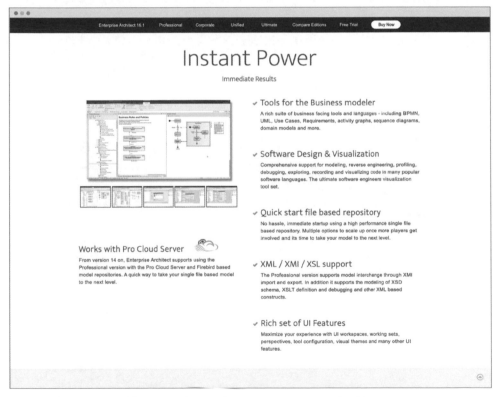

▲ 圖 A-2-4　Sparx Systems Enterprise Architect

Astah UML

https://astah.net/

Astah UML 是一個輕量級且直觀的 UML 建模工具，提供易於使用的圖表編輯工具。Astah UML 還提供了產出程式碼的功能，可以將 UML 圖表轉換為多種程式語言的程式碼。

▲ 圖 A-2-5　Astah UML

▌ Modelio

https://www.modelio.org/index.htm

Modelio 是一個開源的 UML 建模工具，提供易於使用的圖表編輯工具。且具備從 UML 模型產出多種程式語言的程式碼功能，以及模型和程式碼之間的雙向同步。此外，它還支援需求管理功能，用於追蹤和管理系統的需求。

▲ 圖 A-2-6　Modelio

讀者回函

讀 者 回 函

GIVE US A PIECE OF YOUR MIND

感謝您購買本公司出版的書，您的意見對我們非常重要！由於您寶貴的建議，我們才得以不斷地推陳出新，繼續出版更實用、精緻的圖書。因此，請填妥下列資料(也可直接貼上名片)，寄回本公司(免貼郵票)，您將不定期收到最新的圖書資料！

購買書號： 書名：

姓　　名：＿＿＿＿＿＿＿＿＿＿＿＿＿＿＿＿＿＿

職　　業：□上班族 □教師 □學生 □工程師 □其它

學　　歷：□研究所 □大學 □專科 □高中職 □其它

年　　齡：□10~20 □20~30 □30~40 □40~50 □50~

單　　位：＿＿＿＿＿＿＿＿＿＿ 部門科系：＿＿＿＿＿＿

職　　稱：＿＿＿＿＿＿＿＿＿＿ 聯絡電話：＿＿＿＿＿＿

電子郵件：＿＿＿＿＿＿＿＿＿＿＿＿＿＿＿＿＿＿

通訊住址：□□□＿＿＿＿＿＿＿＿＿＿＿＿＿＿＿＿
＿＿＿＿＿＿＿＿＿＿＿＿＿＿＿＿＿＿＿＿＿＿＿＿

您從何處購買此書：

□書局＿＿＿＿ □電腦店＿＿＿＿ □展覽＿＿＿＿ □其他＿＿＿＿

您覺得本書的品質：

內容方面： □很好 □好 □尚可 □差

排版方面： □很好 □好 □尚可 □差

印刷方面： □很好 □好 □尚可 □差

紙張方面： □很好 □好 □尚可 □差

您最喜歡本書的地方：＿＿＿＿＿＿＿＿＿＿＿＿＿＿＿＿

您最不喜歡本書的地方：＿＿＿＿＿＿＿＿＿＿＿＿＿＿

假如請您對本書評分，您會給(0~100分)：＿＿＿＿＿ 分

您最希望我們出版那些電腦書籍：

請將您對本書的意見告訴我們：

您有寫作的點子嗎？□無 □有 專長領域：＿＿＿＿＿

歡迎您加入博碩文化的行列哦！

請沿虛線剪下寄回本公司

Give Us a Piece Of Your Mind

廣　告　回　函
台灣北區郵政管理局登記證
北 台 字 第 4 6 4 7 號
印 刷 品 · 免 貼 郵 票

221

博碩文化股份有限公司　產品部

台灣新北市汐止區新台五路一段112號10樓Ａ棟

博碩文化

博碩文化